Wolfgang Fischer | Ingo Lieb

Einführung in die Komplexe Analysis

Bachelorkurs Mathematik

Herausgegeben von:
Prof. Dr. Martin Aigner,
Prof. Dr. Heike Faßbender,
Prof. Dr. Jürg Kramer,
Prof. Dr. Peter Gritzmann,
Prof. Dr. Volker Mehrmann,
Prof. Dr. Gisbert Wüstholz

Die Reihe ist zugeschnitten auf den Bachelor für mathematische Studiengänge. Sie bietet Studierenden einen schnellen Zugang zu den wichtigsten mathematischen Teilgebieten. Die Auswahl der Themen entspricht gängigen Modulen, die in einsemestrigen Lehrveranstaltungen abgehandelt werden können. Die Studierenden lernen Begriffe, Strukturen und Methoden und können das Wissen mit tiefer gehenden Erläuterungen und Übungen intensivieren. Die Lehrbücher geben eine Einführung in ein mathematisches Teilgebiet. Sie sind im Vorlesungsstil geschrieben und benutzerfreundlich gegliedert. Beim Bachelor bauen viele Vorlesungen, die bisher für höhere Semester gehalten wurden, nun schon auf den Grundvorlesungen auf. Daher werden einführende Lehrbücher mit einer überschaubaren Stoffauswahl notwendig. Die Reihe gibt eine solide Grundausbildung in Mathematik und leitet zum selbständigen mathematischen Denken an. Ergänzend werden auch fachübergreifende Kompetenzen vermittelt.

Lars Grüne / Oliver Junge
Gewöhnliche Differentialgleichungen

Wolfgang Fischer / Ingo Lieb
Einführung in die Komplexe Analysis

Volker Kaibel
Mathematische Optimierung

www.viewegteubner.de

Wolfgang Fischer | Ingo Lieb

Einführung in die Komplexe Analysis

Elemente der Funktionentheorie

STUDIUM

VIEWEG+
TEUBNER

Bibliografische Information der Deutschen Nationalbibliothek
Die Deutsche Nationalbibliothek verzeichnet diese Publikation in der
Deutschen Nationalbibliografie; detaillierte bibliografische Daten sind im Internet über
<http://dnb.d-nb.de> abrufbar.

Prof. Dr. Wolfgang Fischer
Universität Bremen
Fachbereich Mathematik und Informatik
Bibliothekstraße 1
28359 Bremen

E-Mail: fischer@math.uni-bremen.de

Prof. Dr. Ingo Lieb
Rheinische Friedrich-Wilhelms-Universität Bonn
Mathematisches Institut
Endenicher Allee 60
53115 Bonn

E-Mail: ilieb@math.uni-bonn.de

1. Auflage 2010

Alle Rechte vorbehalten
© Vieweg+Teubner | GWV Fachverlage GmbH, Wiesbaden 2010

Lektorat: Ulrike Schmickler-Hirzebruch | Nastassja Vanselow

Vieweg+Teubner ist Teil der Fachverlagsgruppe Springer Science+Business Media.
www.viewegteubner.de

Umschlaggestaltung: KünkelLopka Medienentwicklung, Heidelberg
Druck und buchbinderische Verarbeitung: Ten Brink Meppel
Gedruckt auf säurefreiem und chlorfrei gebleichtem Papier.

ISBN 978-3-8348-0663-5

Vorwort

Zum wichtigsten Werkzeug der Mathematik gehören die elementaren Funktionen: rationale Funktionen, Exponentialfunktion, trigonometrische Funktionen, ... Ihre wesentlichen Eigenschaften, insbesondere ihre innere Verwandtschaft, werden erst sichtbar, wenn man als Argument auch komplexe Zahlen zulässt. Dafür muss man die Differential- und Integralrechnung im Bereich der komplexen Zahlen entwickeln – also „komplexe Analysis" oder „Funktionentheorie" treiben. Das tun wir in diesem Buch. Dabei lassen wir uns von folgenden Überlegungen leiten:

1. Die Theorie soll zu einem tieferen Verständnis der elementaren Funktionen führen. Dementsprechend behandeln wir diese bereits eingehend im ersten Kapitel und nehmen ihre Theorie im dritten Kapitel wieder auf. – Die Funktionentheorie ist auch die natürliche Grundlage zur Einführung und Untersuchung vieler „nicht elementarer" Funktionen. Als einzige solche Klasse besprechen wir hier die elliptischen Funktionen und ihre Anwendung auf elliptische Integrale.

2. Wie mittlerweile üblich (vgl. [FL1] und [RS1]) arbeiten wir zunächst mit einer lokalen Version der Cauchyschen Sätze, die für die meisten Anwendungen ausreicht. In Kapitel IV formulieren wir dann mittels des Begriffs der Umlaufszahl eine globale Version dieser Sätze; dazu verwenden wir den eleganten Dixonschen Beweis. Es folgt dann schnell der Residuensatz, der eine wichtige Methode zur Berechnung bestimmter Integrale liefert.

3. Die Grundbegriffe der Funktionentheorie mehrerer Variabler gehören inzwischen zum Standardwissen der komplexen Analysis. Wir stellen sie, über die Kapitel verteilt, an geeigneter Stelle dar. Insbesondere beschreiben wir die Nullstellenmengen holomorpher Funktionen mit Hilfe des Weierstraßschen Vorbereitungssatzes. – Mit dieser Konzeption heben wir uns zwar von der üblichen Literatur ab, finden uns aber in Übereinstimmung mit einem Teil der „klassischen" Literatur, z.B. mit dem schönen Lehrbuch von H. Kneser [K].

4. Eine schöne Anwendung relativ elementarer funktionentheoretischer Methoden bietet das Poincaré-Modell der (ebenen) hyperbolischen Geometrie. Wir behandeln es auch in der Hoffnung, das Interesse von Lehramtsstudenten an der elementaren Geometrie und ihren Grundlagen zu fördern.

Mit diesem Buch wenden wir uns an Mathematik- und Physik-Studenten der Bachelor-Studiengänge, ebenso an Lehramtsstudenten, und stellen die unerlässlichen Grundlagen der komplexen Analysis dar. Das hat einerseits wesentliche Einschränkungen in der Stoffauswahl zur Folge. So gehen wir praktisch nirgends auf Fragen zur Funktionentheorie beliebiger Gebiete ein (die letztlich in die Theorie der Steinschen Mannigfaltigkeiten münden), auch verzichten wir auf das Studium der analytischen Fortsetzung (das zur Theorie der Riemannschen Flächen führt). Andererseits behandeln wir die rationalen und die anderen elementaren Funktionen einigermaßen ausführlich: gerade für angehende Lehrer ist dieser Teil der komplexen Analysis unverzichtbar. Für Physikstudenten mag sich die Darstellung des Residuenkalküls als nützlich erweisen.

Wir hoffen, dass die – zum Teil mit Lösungen versehenen – Aufgaben zum Verständnis beitragen. Die historischen Anmerkungen zu Beginn eines jeden Kapitels, gelegentlich auch im Haupttext, sollen einen Einblick in die Ideengeschichte geben. Für eine ausführliche Darstellung verweisen wir auf die Literatur, z.B. auf das Werk von Remmert und Schumacher [RS1, RS2].

Es bleibt die angenehme Pflicht des Dankes. Frau U. Schmickler-Hirzebruch vom Vieweg+Teubner Verlag hat das Entstehen des Buches mit stetem Interesse begleitet. Herr V. Ilstein hat den größten Teil des Manuskriptes in LaTeX übertragen, weitere Teile wurden von Frau H. Eckl-Reichelt bearbeitet. Herr D. Fischer half beim Korrekturlesen. Herr A. Grenzebach hat die Bilder gezeichnet und mit großer Kompetenz das endgültige LaTeX-Dokument erstellt. Die Universitäten Bonn und Bremen haben unsere Arbeit unterstützt. Wir danken ihnen allen sehr herzlich.

Bonn und Bremen, im September 2009 *W. Fischer, I. Lieb*

Hinweise für Vorlesungen

Der Stoffumfang des Buches entspricht einer einsemestrigen vierstündigen Vorlesung. Je nach Studiengang und Aufbau des Bachelor-Studiums lassen sich natürlich Teile des Textes verwenden. Im Einzelnen:

Vorausgesetzt wird elementare Analysis in mehreren Variablen, wie sie typischerweise im ersten Studienjahr eines jeden Mathematikstudiums unterrichtet wird, die erforderlichen Kenntnisse in linearer Algebra sind minimal. Die Abschnitte I.1–3 dürften in den üblichen Einführungsvorlesungen in die Analysis enthalten sein und wären dann im Kurs über komplexe Analysis nicht mehr notwendig – wohl aber für das Selbststudium in einem Buch.

Die – im Inhaltsverzeichnis eigens markierten – Abschnitte I.4–8, II.1–6, III.1, 3 und 5 sowie IV.1–3 enthalten den nicht mehr reduzierbaren Kern der Funktionentheorie. Sie lassen sich in einer zweistündigen Vorlesung darstellen. Darauf aufbauend bestehen (je nach zur Verfügung stehender Zeit und je nach Hörerkreis) mehrere Wahlmöglichkeiten:

1. Für Mathematikstudentinnen und -studenten, die ihren Studienschwerpunkt in die reine Mathematik legen und daher ihre Grundausbildung in komplexer Analysis vertiefen wollen, ist der gesamte Inhalt des Buches von Nutzen; in diesem Fall könnte die Vorlesung einfach dem Aufbau des Buches folgen.

2. Bei einem angestrebten Schwerpunkt in angewandter Mathematik könnten das gesamte Kapitel III, ferner die Abschnitte IV.4, 5 und 7 (Residuentheorie, elliptische Funktionen) als Spezialisierung gewählt werden.

3. Für Studierende der Physik ist der Residuenkalkül IV.4 wichtig.

4. Angehende Lehrerinnen und Lehrer benötigen das gesamte Kapitel III mit seiner ausführlichen Darstellung auch der rationalen Funktionen; für diesen Interessentenkreis haben wir ferner die geometrischen Aspekte der komplexen Analysis in III.4 und IV.8–10 herausgearbeitet. Dieser Teil des Kapitels ist von den übrigen völlig unabhängig. Falls für diese Inhalte – Automorphismen von Sphäre, Ebene und Halbebene, hyperbolische Geometrie – die Vorlesungszeit nicht ausreicht, käme dieser Stoff auch für ein – eventuell didaktisch orientiertes – Seminar im „Bachelor Lehramt" in Frage.

Andere Verwendungsmöglichkeiten sind selbstverständlich denkbar: für Erfahrungsberichte sind wir dankbar.

Lesehinweis

Die Kapitel sind in Abschnitte gegliedert. Innerhalb eines jeden Abschnitts sind die Sätze und die Definitionen getrennt voneinander durchnumeriert. Ein Verweis wie auf „Satz 3.4" bezieht sich auf den vierten Satz im dritten Abschnitt des laufenden Kapitels; bei Verweisen auf Sätze aus anderen Kapiteln wird die Kapitel-Nummer vorangestellt.

Inhaltsverzeichnis

x

Kapitel I.

Analysis in der komplexen Ebene

Durch Einführung einer geeigneten Multiplikation zusätzlich zur Vektoraddition wird die Ebene $\mathbb{R}^2$ zum Körper $\mathbb{C}$ der komplexen Zahlen (I.2). Holomorphe Funktionen bilden eine Teilklasse der reell differenzierbaren komplexwertigen Funktionen (I.4, 5, 9); sie werden durch die Cauchy-Riemannschen Differentialgleichungen charakterisiert (I.5, 9). Die Wirtinger-Ableitungen (I.5, 9) erlauben eine besonders elegante Formulierung der Grundbegriffe der komplexen Analysis. – Beispiele für holomorphe Funktionen sind konvergente Potenzreihen (ihre Holomorphie ergibt sich aus allgemeinen Sätzen der Analysis, aber auch aus später – in Kapitel II – formulierten Ergebnissen über Folgen holomorpher Funktionen (I.6)); ferner liefern die holomorph nach $\mathbb{C}$ fortgesetzten elementaren reell-analytischen Funktionen wichtige Beispiele. Die Theorie dieser Funktionen wird in I.7 direkt über $\mathbb{C}$ aufgebaut, insbesondere treten die Zahlen e und π hier auf; im folgenden Paragraphen wird dann der Zusammenhang mit der Kreismessung hergestellt. Dieser Paragraph (I.8) enthält mit der Theorie der Kurvenintegrale das wesentliche Werkzeug der komplexen Analysis. Der letzte Paragraph (I.9) schließlich hebt die Beschränkung auf eine komplexe Veränderliche auf und formuliert die Grundbegriffe der Theorie mehrerer komplexer Variabler.

Historischer Anlass zur Einführung der komplexen Zahlen war das Studium von Gleichungen 3. und 4. Grades. Die italienische Schule der Algebra (Cardano, Bombelli, Tartaglia 16. Jh.) löste erstmals diese Gleichungen durch Formeln (Radikalausdrücke), deren Interpretation die Einführung „imaginärer" Zahlen unumgänglich machte. Als Argument elementarer Funktionen tauchen komplexe Zahlen im 18. Jh. auf, vor allem bei Euler, von dem die Bezeichnung i für die imaginäre Einheit herrührt. Die Interpretation durch Punkte einer Ebene, von der wir hier ausgehen, erfolgte um 1800 durch Gauß, Wessel und Argand: wir reden heute noch von der Gaußschen Zahlenebene. Das 19. Jh. bringt noch Verallgemeinerungen der komplexen Zahlen (Quaternionen, Oktaven) durch Hamilton (1843) und Cayley (vgl. [E]). – Die Definition der komplexen Differenzierbarkeit mittels Differenzenquotienten in Nachbildung des Begriffes der reellen Differenzierbarkeit von Funktionen einer Veränderlichen ist vermutlich fast so alt wie der Gebrauch komplexer Zahlen als Argument von Funktionen; bei Cauchy und Riemann finden sich explizite Definitionen, die auch die Charakterisierung durch die Cauchy-Riemannschen Differentialgleichungen liefern (Cauchy 1841, Riemann 1851). Der Zusammenhang mit reeller Differenzierbarkeit in 2 bzw. $2n$ Variablen wird erst klar, wenn der letztere Begriff klar herausgebildet ist. Das erfolgte überraschend spät (Stolz 1893, Young 1909). Die von uns gewählte „quotientenfreie" Formulierung taucht bei Carathéodory (1950) [C] auf: sie bietet sowohl für die komplexe als auch für die reelle Analysis große technische Vorteile – siehe [GFL] –, insbesondere, wenn man sie im auf Poincaré und Wirtinger ($\sim$ 1900) zurückgehenden Kalkül der Wirtinger-Ableitungen vornimmt (vgl. [GF]). – Holomorphe Funktionen hießen früher „regulär(-analytisch)", bei Riemann auch einfach „stetig". – Die topologischen Grundbegriffe und Grundtatsachen über Konvergenz und Stetigkeit (I.1, 6) sind im Lauf der Entwicklung der Analysis nach und nach eingeführt und geklärt worden; Potenzreihen und gleichmäßige Konvergenz sind für Weierstraß das wesentliche Werkzeug der Funktionentheorie (ab etwa 1860). – Eine systematische Theorie von Funktionen mehrerer komplexer Veränderlicher beginnt zwar mit Riemann und Weierstraß, wird aber erst im 20. Jh. wirklich ausgebaut – siehe [GF].

1. Der $\mathbb{R}^n$

Wir werden Differential- und Integralrechnung im Bereich der komplexen Zahlen entwickeln. Da – wie wir im nächsten Abschnitt genau ausführen werden – komplexe Zahlen nichts anderes als Paare reeller Zahlen sind, wollen wir zunächst wesentliche Begriffe und Aussagen über den $\mathbb{R}^2$ und seine Abbildungen zusammenstellen. Dabei ist es zweckmäßig, die Dimensionszahl nicht festzulegen, d.h. gleich den $\mathbb{R}^n$ mit beliebigem n zu betrachten. Die meisten Leser werden mit den folgenden Ergebnissen vertraut sein und brauchen sich nur die Bezeichnungen zu merken. Also:

$$\mathbb{R}^n = \{\mathbf{x} = (x_1, \ldots, x_n) \colon x_\nu \in \mathbb{R}\}$$

ist der *n-dimensionale Vektorraum aller n-Tupel reeller Zahlen* mit den Verknüpfungen

$$\mathbf{x} + \mathbf{y} = (x_1, \ldots, x_n) + (y_1, \ldots, y_n) = (x_1 + y_1, \ldots, x_n + y_n), \tag{1}$$
$$\alpha\mathbf{x} = \alpha(x_1, \ldots, x_n) = (\alpha x_1, \ldots, \alpha x_n), \tag{2}$$

für $\alpha \in \mathbb{R}$, $\mathbf{x}, \mathbf{y} \in \mathbb{R}^n$. Durch

$$|\mathbf{x}| = \left(\sum_{\nu=1}^{n} x_\nu^2\right)^{1/2}$$

wird die *euklidische Norm* auf dem $\mathbb{R}^n$ eingeführt, mit den grundlegenden Normeigenschaften

$$|\mathbf{x}| \geq 0, \quad |\mathbf{x}| = 0 \text{ genau für } \mathbf{x} = 0 \in \mathbb{R}^n, \tag{3}$$
$$|\alpha\mathbf{x}| = |\alpha||\mathbf{x}| \text{ für } \alpha \in \mathbb{R}, \tag{4}$$
$$|\mathbf{x} + \mathbf{y}| \leq |\mathbf{x}| + |\mathbf{y}| \text{ (Dreiecksungleichung)}. \tag{5}$$

Ist $\mathbf{x}_0 \in \mathbb{R}^n$ und $\varepsilon > 0$ eine reelle Zahl, so bezeichnet

$$D_\varepsilon(\mathbf{x}_0) = U_\varepsilon(\mathbf{x}_0) = \{\mathbf{x} \colon |\mathbf{x} - \mathbf{x}_0| < \varepsilon\}$$

die *ε-Umgebung* (offene Kugel vom Radius ε) von $\mathbf{x}_0$; für $n = 1$ ist das ein offenes Intervall, für $n = 2$ eine offene Kreisscheibe mit Mittelpunkt $\mathbf{x}_0$ und Radius ε. Eine *Umgebung U* von $\mathbf{x}_0$ ist eine Teilmenge des $\mathbb{R}^n$, die eine ε-Umgebung von $\mathbf{x}_0$ enthält. *Offene Mengen* sind Mengen, die Umgebung für jeden ihrer Punkte sind; ihre

Komplemente heißen *abgeschlossen*. Eine offene Menge nennen wir auch *Bereich*. Aus den Grundeigenschaften der Norm (3)–(5) erhält man die wesentlichen Aussagen über offene Mengen, die wir als Satz formulieren.

Satz 1.1.

   i. Die leere Menge $\emptyset$ und der ganze Raum $\mathbb{R}^n$ sind offen.

   ii. Mit U und V ist auch $U \cap V$ offen.

   iii. Sind alle U_i, $i \in I$, offen im $\mathbb{R}^n$, dann auch

$$U = \bigcup \{U_i : i \in I\}.$$

   iv. (Hausdorff-Eigenschaft) Zu $\mathbf{x} \neq \mathbf{y}$ im $\mathbb{R}^n$ existieren offene Mengen U und V mit

$$\mathbf{x} \in U, \quad \mathbf{y} \in V, \quad U \cap V = \emptyset.$$

Im Allgemeinen ist eine Menge M weder offen noch abgeschlossen. Man führt daher ein:

$$\overset{\circ}{M} = \bigcup \{U : U \subset M, \ U \text{ offen}\}$$
$$\overline{M} = \bigcap \{A : A \supset M, \ A \text{ abgeschlossen}\}$$

als *offenen Kern* (Inneres, Menge der Innenpunkte) bzw. *abgeschlossene Hülle* von M. $N \subset M$ heißt *dicht* in M, wenn $\overline{N} \supset M$ gilt. Zum Beispiel ist $\mathbb{Q}^n$ dicht in $\mathbb{R}^n$ („überall dicht") – und abzählbar!

Die Begriffe des *Grenzwertes* und des *Häufungspunktes* einer Punktfolge beruhen auf dem Umgebungsbegriff: *die Folge $\mathbf{x}_\nu$ konvergiert gegen $\mathbf{x}_0 \in \mathbb{R}^n$, wenn in jeder Umgebung U von $\mathbf{x}_0$ fast alle $\mathbf{x}_\nu$ liegen* (d.h. mit Ausnahme höchstens endlich vieler ν gilt $\mathbf{x}_\nu \in U$). Schreibweise:

$$\mathbf{x}_\nu \to \mathbf{x}_0 \text{ oder } \lim_{\nu \to \infty} \mathbf{x}_\nu = \mathbf{x}_0.$$

Liegen in jeder Umgebung U von $\mathbf{x}_0$ noch unendlich viele $\mathbf{x}_\nu$ (d.h. für unendlich viele ν gilt $\mathbf{x}_\nu \in U$), so heißt $\mathbf{x}_0$ ein *Häufungspunkt* von $\mathbf{x}_\nu$. Mittels der Norm lässt sich die Konvergenz so ausdrücken:

Es ist $\lim_{\nu \to \infty} \mathbf{x}_\nu = \mathbf{x}_0$ genau dann, wenn es zu jedem $\varepsilon > 0$ ein ν_0 mit $|\mathbf{x}_\nu - \mathbf{x}_0| < \varepsilon$ für $\nu \geq \nu_0$ gibt.

Diese Charakterisierung der Konvergenz führt zu einem etwas allgemeineren Begriff:

Die Folge $\mathbf{x}_\nu$ heißt eine Cauchy-Folge, wenn es zu jedem $\varepsilon > 0$ einen Index ν_0 gibt, so dass für alle $\nu, \mu \geq \nu_0$ stets $|\mathbf{x}_\nu - \mathbf{x}_\mu| < \varepsilon$ wird.

Wesentliche Eigenschaften dieser Begriffe stellen wir im folgenden Satz zusammen:

Satz 1.2.

   i. Eine Folge hat höchstens einen Grenzwert.

   ii. Die konvergenten Folgen sind genau die Cauchy-Folgen (Cauchysches Konvergenzkriterium).

   iii. Eine Folge konvergiert genau dann, wenn sie beschränkt ist und einen einzigen Häufungspunkt besitzt.

   iv. Jede beschränkte Folge hat Häufungspunkte.

   v. Jeder Häufungspunkt einer Folge $\mathbf{x}_\nu$ ist Grenzwert einer Teilfolge von $\mathbf{x}_\nu$.

Dabei heißt eine Folge $\mathbf{x}_\nu$ *beschränkt*, wenn es ein $R > 0$ mit $|\mathbf{x}_\nu| \leq R$ für alle ν gibt. Entsprechend werden *beschränkte Mengen* definiert.

Für die Betrachtung von Abbildungen, die nur auf Teilmengen $M \subset \mathbb{R}^n$ definiert sind,

$$f\colon M \to \mathbb{R}^m,$$

ist es zweckmäßig, relativ offene Mengen einzuführen:

Definition 1.1. *Eine Teilmenge $U \subset M$ heißt relativ offen (oder offen in M), wenn es eine offene Menge $U' \subset \mathbb{R}^n$ mit*

$$U = U' \cap M$$

gibt.

Genauso kann man von *Relativumgebungen* (bezüglich M) sprechen. Damit können wir an den Stetigkeitsbegriff erinnern: *Eine Abbildung*

$$f\colon M \to \mathbb{R}^m$$

heißt in $\mathbf{x}_0 \in M$ stetig, wenn es zu jeder Umgebung V von $f(\mathbf{x}_0)$ eine Relativumgebung U von $\mathbf{x}_0$ in M mit $f(U) \subset V$ gibt. Ist f in allen $\mathbf{x}_0 \in M$ stetig, so heißt f stetig auf M.

Es ergibt sich leicht:

Satz 1.3.

   i. f ist in $\mathbf{x}_0$ genau dann stetig, wenn es zu jedem $\varepsilon > 0$ ein $\delta > 0$ so gibt, dass für $|\mathbf{x} - \mathbf{x}_0| < \delta$ und $\mathbf{x} \in M$ stets $|f(\mathbf{x}) - f(\mathbf{x}_0)| < \varepsilon$ wird.

   ii. f ist genau dann auf M stetig, wenn das Urbild jeder offenen Menge des $\mathbb{R}^m$ unter f (relativ) offen in M ist.

   iii. (Folgenkriterium) f ist in $\mathbf{x}_0$ genau dann stetig, wenn für jede Folge $\mathbf{x}_\nu \in M$ mit $\mathbf{x}_\nu \to \mathbf{x}_0$ auch

$$f(\mathbf{x}_\nu) \to f(\mathbf{x}_0)$$

   gilt.

Anders gesagt:

$$f(\lim_{\nu \to \infty} \mathbf{x}_\nu) = \lim_{\nu \to \infty} f(\mathbf{x}_\nu),$$

die „Operatoren" f und $\lim_{\nu \to \infty}$ vertauschen!

Mittels des Stetigkeitsbegriffes können wir auch *Grenzwerte von Funktionen* oder *Abbildungen* einführen:

Es sei $f\colon M \to \mathbb{R}^m$ und $\mathbf{x}_0 \in \overline{M \setminus \{\mathbf{x}_0\}}$. *Dann definieren wir*

$$\lim_{\mathbf{x} \to \mathbf{x}_0} f(\mathbf{x}) = \mathbf{y}_0,$$

wenn die durch $\hat{f}(\mathbf{x}) = f(\mathbf{x})$ *für* $\mathbf{x} \neq \mathbf{x}_0$, $\hat{f}(\mathbf{x}_0) = \mathbf{y}_0$ *auf* $M \cup \{\mathbf{x}_0\}$ *erklärte Abbildung in* $\mathbf{x}_0$ *stetig ist.*

Um Beispiele stetiger Abbildungen zu erhalten, sind die folgenden formalen Eigenschaften des Stetigkeitsbegriffes hilfreich:

a) Die identische Abbildung $\mathbf{x} \mapsto \mathbf{x}$ ist stetig.

b) Die Zusammensetzung (Hintereinanderausführung) stetiger Abbildungen ist stetig.

Abbildungen $f\colon M \to \mathbb{R} = \mathbb{R}^1$ nennen wir natürlich *(reelle) Funktionen*. Man sieht sofort:

c) Konstante Funktionen sind stetig.

d) Die Koordinatenfunktionen sind stetig:

$$\mathbf{x} = (x_1, \ldots, x_n) \mapsto x_\nu \in \mathbb{R}.$$

e) Die Vektorraumoperationen

$$(\mathbf{x}, \mathbf{y}) \mapsto \mathbf{x} + \mathbf{y}, \quad (\alpha, \mathbf{x}) \mapsto \alpha \mathbf{x}$$

sind stetig von $\mathbb{R}^n \times \mathbb{R}^n \to \mathbb{R}^n$ bzw. von $\mathbb{R} \times \mathbb{R}^n \to \mathbb{R}^n$.

Hieraus entnimmt man, dass *Summe und Produkt stetiger Funktionen wiederum stetig sind, ebenso ist mit* $f\colon M \to \mathbb{R}$ *auch* $1/f$ *in allen Punkten mit* $f(\mathbf{x}) \neq 0$ *stetig.* Es folgt: *Alle Polynome in den* x_ν *sind stetig, ebenso alle rationalen Funktionen außerhalb der Nullstellen ihrer Nenner.*

Eine Abbildung

$$f\colon M \to \mathbb{R}^m$$

wird durch m Funktionen gegeben: jede Koordinate y_μ von $\mathbf{y} = f(\mathbf{x})$ ist eine Funktion von $\mathbf{x}$; es ist also

$$f = (f_1, f_2, \ldots, f_m) \text{ mit } f_\mu = y_\mu \circ f$$

und f ist genau dann stetig, wenn alle f_μ es sind.

Im nächsten Paragraphen werden wir die spezielle Abbildung

$$\mathbb{R}^4 = \mathbb{R}^2 \times \mathbb{R}^2 \to \mathbb{R}^2$$

mit

$$(x_1, y_1) \times (x_2, y_2) \mapsto (x_1 x_2 - y_1 y_2, \; x_1 y_2 + y_1 x_2) \tag{6}$$

betrachten: sie ist nach dem eben Gesagten stetig!

Mittels des Folgenkriteriums lassen sich aus den Aussagen über stetige Funktionen leicht analoge Aussagen über Grenzwerte aufstellen, z.B.

$$\lim_{\nu \to \infty} (\mathbf{x}_\nu + \mathbf{y}_\nu) = \lim_{\nu \to \infty} \mathbf{x}_\nu + \lim_{\nu \to \infty} \mathbf{y}_\nu;$$

ebenso gilt: *eine Folge* $\mathbf{x}_j = (x_{1j}, \ldots, x_{nj})$ *konvergiert genau dann gegen den Punkt* $\mathbf{x}_0 = (x_{10}, \ldots, x_{n0})$, *wenn die* $x_{\nu j}$ *gegen* $x_{\nu 0}$ *konvergieren,* $\nu = 1, 2, \ldots, n$. Der Leser wird weitere derartige Aussagen kennen und leicht beweisen können.

Wir benötigen noch die wichtigen Begriffe der *Kompaktheit* und des *Zusammenhanges*. Es sei immer M eine Teilmenge des $\mathbb{R}^n$.

Definition 1.2. *Ein Weg in* M *von* $\mathbf{x}$ *nach* $\mathbf{y}$ *ist eine stetige Abbildung* $w \colon [a, b] \to M$ *eines abgeschlossenen Intervalls nach* M *mit* $w(a) = \mathbf{x}$, $w(b) = \mathbf{y}$.

Man nennt $\mathbf{x}$ und $\mathbf{y}$ *Anfangs-* bzw. *Endpunkt* von w und sagt, w *verbinde* $\mathbf{x}$ *mit* $\mathbf{y}$ (in M). Die Bildmenge $w([a, b])$ heißt *Spur* des Weges – in Zeichen: Sp w.

Definition 1.3. M *heißt (wegweise) zusammenhängend, wenn je zwei Punkte in* M *durch einen Weg in* M *verbindbar sind. Eine offene zusammenhängende Menge heißt ein Gebiet.*

Es sei wieder $M \subset \mathbb{R}^n$ eine Teilmenge. „Verbindbarkeit" ist offenbar eine Äquivalenzrelation auf M (vgl. Aufgabe 4); die zugehörigen Klassen nennt man *Wegkomponenten*. M hängt genau dann zusammen, wenn es genau eine Wegkomponente, nämlich M, gibt. Unter den Wegkomponenten des Komplements einer kompakten Menge ist genau eine unbeschränkt.

Aus Eigenschaft b des Stetigkeitsbegriffes folgt sofort:

Satz 1.4. *Das stetige Bild einer zusammenhängenden Menge ist zusammenhängend.*

Wir werden häufig die im folgenden Satz formulierte Eigenschaft zusammenhängender Mengen ausnutzen:

Satz 1.5. *Es sei* M *zusammenhängend,* U *und* V *relativ offene Teilmengen von* M *mit* $M = U \cup V$, $U \cap V = \emptyset$. *Dann ist* U *oder* V *leer.*

Ist $M \subset \mathbb{R}^n$ selbst offen, so ist diese Eigenschaft auch hinreichend für den Zusammenhang von M – vgl. Aufgabe 5.

Wichtige Sätze über stetige Abbildungen gelten für kompakte Mengen. Zunächst die Definition!

Definition 1.4. *Eine Teilmenge* $K \subset \mathbb{R}^n$ *heißt kompakt, wenn jede offene Überdeckung von* K *eine endliche Teilüberdeckung enthält.*

Also: ist

$$K = \bigcup_{i \in I} U_i,$$

alle U_i relativ offen in K, so existiert eine endliche Teilmenge $J \subset I$, so dass schon

$$K = \bigcup_{i \in J} U_i$$

gilt. Als äquivalente Charakterisierungen der Kompaktheit notieren wir: *K ist genau dann kompakt, wenn K abgeschlossen und beschränkt ist.* Das ist genau dann der Fall, wenn *jede Punktfolge in K Häufungspunkte in K hat.* Wichtig ist wieder

Satz 1.6. *Das stetige Bild einer kompakten Menge ist kompakt.*

Daraus folgert man

Satz 1.7. *Jede auf einer nichtleeren kompakten Menge stetige reelle Funktion nimmt dort Maximum und Minimum an.*

Schließlich benötigen wir in Kapitel II

Satz 1.8. *Es seien die* $K_\nu \subset \mathbb{R}^n$ *kompakte nichtleere Mengen mit* $K_\nu \supset K_{\nu+1}$, $\nu = 1, 2, \ldots$ *Dann ist*

$$K = \bigcap K_\nu$$

kompakt und nichtleer.

Beweis: Die Kompaktheit von K ist klar. Wir wählen nun für jedes ν einen Punkt $\mathbf{x}_\nu \in K_\nu$. Da K_1 kompakt ist und alle $\mathbf{x}_\nu$ zu K_1 gehören, hat die Folge mindestens einen Häufungspunkt $\mathbf{x}_0 \in K_1$. Es sei nun μ beliebig. $\mathbf{x}_0$ ist auch Häufungspunkt der Folge $\mathbf{x}_\mu, \mathbf{x}_{\mu+1}, \ldots$, die ganz zu K_μ gehört. Wegen der Kompaktheit von K_μ gilt $\mathbf{x}_0 \in K_\mu$. Es folgt: $\mathbf{x}_0 \in K_\mu$ für alle μ, d.h. $\mathbf{x}_0 \in K$. $\qquad \square$

Zum Schluss noch eine nützliche Sprechweise: eine offene Menge U liegt *relativ kompakt* in der offenen Menge V,

$$U \subset\subset V,$$

wenn $\overline{U}$ kompakt ist und $\overline{U} \subset V$ gilt.

Aufgaben

1. Verifiziere die „Cauchy-Schwarzsche Ungleichung":

$$\mathbf{x} \cdot \mathbf{y} \leq |\mathbf{x}| \cdot |\mathbf{y}|,$$

wobei $\mathbf{x} \cdot \mathbf{y} = \sum\limits_{\nu=1}^{n} x_\nu y_\nu$ ist. Leite hieraus die Dreiecksungleichung (5) her.

2. Es sei $M \subset \mathbb{R}^n$, $\partial M = \overline{M} \setminus \overset{\circ}{M}$ heißt Rand von M. Dann ist ∂M abgeschlossen (Beweis!). Untersuche, ob $\partial M = \partial \overline{M} = \partial \overset{\circ}{M}$ gilt.

3. Es sei $U \subset \mathbb{R}^n$ offen und nicht leer. Zeige: es gibt eine Folge $\mathbf{x}_\nu \in U$, die als Menge der Häufungspunkte genau ∂U hat.

4. Zeige, dass „Verbindbarkeit" eine Äquivalenzrelation ist.

5. Beweise Satz 1.5 und den darauf folgenden Zusatz.

2. Die komplexe Ebene

Die Ebene $\mathbb{R}^2$ ist ein 2-dimensionaler reeller Vektorraum. Zu den grundlegenden Entdeckungen der Mathematik gehört die Einführung einer Multiplikation auf $\mathbb{R}^2$, die zusammen mit der Vektorraumaddition den $\mathbb{R}^2$ zu einem Körper macht – zum *Körper $\mathbb{C}$ der komplexen Zahlen*. Das führen wir nun aus – wobei der mit den komplexen Zahlen schon vertraute Leser nur die Bezeichnungen zur Kenntnis nehmen muss.

Wir bezeichnen jetzt die Elemente des $\mathbb{R}^2$ generell mit $z, w, z_1, \ldots$, also z.B.

$$z_1 = (x_1, y_1), \qquad z_2 = (x_2, y_2), \tag{1}$$

und nennen sie *komplexe Zahlen*; für $\mathbb{R}^2$ schreiben wir $\mathbb{C}$. *Summe und Produkt* der Zahlen (1) werden durch

$$z_1 + z_2 = (x_1 + x_2, y_1 + y_2) \tag{2}$$
$$z_1 \cdot z_2 = (x_1 x_2 - y_1 y_2, x_1 y_2 + y_1 x_2) \tag{3}$$

eingeführt; das sind bis auf die Bezeichnungen die Formeln (1) und (6) des vorigen Paragraphen. Fundamental ist

Theorem 2.1. $\mathbb{C}$ *bildet mit den Verknüpfungen* (2) *und* (3) *einen Körper – den Körper der komplexen Zahlen.*

Die Verifikation der Körperaxiome ist leicht, wir notieren nur, dass $(0,0)$ das Null-element und $(1,0)$ das Einselement ist und dass für $z = (x,y) \neq (0,0)$ das Inverse durch

$$z^{-1} = \left(\frac{x}{x^2 + y^2}, \frac{-y}{x^2 + y^2} \right)$$

gegeben wird. Natürlich müssen wir die etwas umständliche Schreibweise vereinfachen. Das geht so:

Wir bezeichnen die komplexen Zahlen $(x,0)$ auf der x-Achse einfach mit x, führen die spezielle komplexe Zahl

$$i = (0,1)$$

ein und können dann eindeutig

$$z = (x,y) = x + iy = x + yi \tag{4}$$

mit $x, y \in \mathbb{R}$ und

$$i^2 = -1 \tag{5}$$

schreiben. Die Multiplikationsdefinition (3) entsteht dann durch „Ausdistribuieren" unter Beachtung von (5). Man beachte noch die Regeln

$$(x_1, 0) + (x_2, 0) = (x_1 + x_2, 0), \quad (x_1, 0) \cdot (x_2, 0) = (x_1 x_2, 0),$$

die aussagen, dass durch $x \mapsto (x,0)$ der Körper $\mathbb{R}$ isomorph in $\mathbb{C}$ eingebettet wird: *wir werden $\mathbb{R}$ als Teilkörper von $\mathbb{C}$ ansehen.*

Definition 2.1. *Für $z = x + iy$ heißt x der Realteil von z, y der Imaginärteil:*

$$x = \operatorname{Re} z, \qquad y = \operatorname{Im} z.$$

Zahlen mit Imaginärteil 0 sind reell, mit Realteil 0 heißen sie rein imaginär. Dementsprechend reden wir von der x-Achse als reeller Achse, von der y-Achse als imaginärer. Die Zahl i heißt gelegentlich „imaginäre Einheit".

Die euklidische Norm

$$|z| = |x + iy| = \sqrt{x^2 + y^2}$$

nennen wir den *Betrag* oder *Absolutbetrag* der komplexen Zahl z und notieren

Satz 2.2.

   i. $|z| \geq 0$, $\quad |z| = 0$ *genau für $z = 0$.*

   ii. $|zw| = |z||w|$.

   iii. $|z + w| \leq |z| + |w|$.

Die Eigenschaften i und iii sind Spezialfälle von I.1, (3) und (5); Eigenschaft ii kann leicht direkt bewiesen werden, folgt aber eleganter aus den späteren Überlegungen (siehe (7) und (10)).

Die Betragsfunktion setzt den Absolutbetrag reeller Zahlen in natürlicher Weise auf die ganze komplexe Ebene fort. Im Gegensatz dazu lässt sich die Anordnung $\leq$ der reellen Zahlen nicht auf $\mathbb{C}$ fortsetzen. Das liegt an Gleichung (5). In einem angeordneten Körper sind Quadrate niemals negativ, damit hätte man gleichzeitig

$$1 = 1^2 \geq 0, \qquad -1 = i^2 \geq 0,$$

also $-1 \leq 0 \leq -1$ und somit $-1 = 0$, was unmöglich ist.

Als besonders nützlich wird sich die folgende Konstruktion erweisen:

Definition 2.2. *Die zu $z = x + iy$, $x, y \in \mathbb{R}$, konjugiert komplexe Zahl ist*

$$\overline{z} = x - iy.$$

Offenbar ist

$$\overline{z + w} = \overline{z} + \overline{w}, \tag{6}$$

$$\overline{zw} = \overline{z} \cdot \overline{w}, \tag{7}$$

$$\overline{\overline{z}} = z, \tag{8}$$

d.h. $z \mapsto \overline{z}$ ist ein Automorphismus des Körpers $\mathbb{C}$, dessen Quadrat die Identität ist. Wir notieren die wichtigen Formeln

$$\operatorname{Re} z = \frac{1}{2}(z + \overline{z}), \quad \operatorname{Im} z = \frac{1}{2i}(z - \overline{z}), \tag{9}$$

$$|z|^2 = z\overline{z}, \quad |\overline{z}| = |z|, \tag{10}$$

$$\frac{1}{z} = \frac{\overline{z}}{|z|^2}. \tag{11}$$

Es ist wichtig, die hier eingeführten Operationen geometrisch zu veranschaulichen. Für die Addition ist das einfach: es handelt sich ja um die Vektoraddition im $\mathbb{R}^2$, die wie üblich durch Aneinandersetzen von Pfeilen dargestellt wird. Auch die komplexe Konjugation hat eine unmittelbare geometrische Interpretation als Spiegelung an der reellen Achse. Um die Multiplikation zu verstehen, führen wir in der Ebene Polarkoordinaten ein:

$$z = x + iy = r(\cos\varphi + i\sin\varphi)$$

mit $r = |z|$ und $\tan\varphi = y/x$. Ist dann

$$w = u + iv = \rho(\cos\psi + i\sin\psi),$$

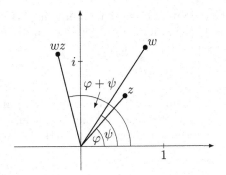

Bild 1. Multiplikation in $\mathbb{C}$

so errechnet man

$$zw = r\rho((\cos\varphi\cos\psi - \sin\varphi\sin\psi) + i(\cos\varphi\sin\psi + \sin\varphi\cos\psi))$$
$$= r\rho(\cos(\varphi + \psi) + i\sin(\varphi + \psi)).$$

Also: Multiplikation von z mit w bedeutet Drehung um den Winkel ψ und Streckung bzw. Stauchung um den Faktor $\rho = |w|$, insgesamt also eine „Drehstreckung".

Abschließend schauen wir uns noch einige Punktmengen in der komplexen Ebene an, wobei wir so viel wie möglich den Betrag und die komplexe Konjugation zur Beschreibung benutzen:

Die offenen bzw. abgeschlossenen Kreisscheiben

$$D_r(z_0) = \{z\colon |z - z_0| < r\}$$
$$\overline{D_r(z_0)} = \{z\colon |z - z_0| \le r\}$$

sind schon in I.1 eingeführt worden; ihr Rand ist die Kreislinie

$$\partial D_r(z_0) = \{z\colon |z - z_0| = r\}.$$

Für $r = 1$ bezeichnen wir $D_1(0)$ einfach mit $\mathbb{D}$: das ist der Einheitskreis, sein Rand $\mathbb{S} = \partial\mathbb{D}$ ist die Menge aller komplexen Zahlen vom Betrag 1. Die Kreislinie $\mathbb{S}$ ist unter der Multiplikation komplexer Zahlen eine Gruppe; ebenso ist die *punktierte Ebene* $\mathbb{C}^* = \mathbb{C} \setminus \{0\}$ eine multiplikative Gruppe. Die Abbildung

$$\varphi\colon \mathbb{C}^* \to \mathbb{S} \quad\text{mit } \varphi(z) = \frac{z}{|z|}$$

ist stetig und surjektiv. Da $\mathbb{C}^*$ offensichtlich zusammenhängt, ist auch $\mathbb{S}$ – und sind daher alle Kreislinien – als zusammenhängend erkannt.

Kreislinien und Geraden lassen sich in $\mathbb{C}$ einheitlich beschreiben: die Punktmenge

$$L = \{z\colon az\overline{z} + \overline{b}z + b\overline{z} + c = 0\} \tag{12}$$

ist eine Kreislinie oder Gerade, falls a und c reell und $ac - b\bar{b} < 0$ ist. Genau im Falle $a = 0$ ist L eine Gerade (siehe Aufgabe 5). Jedes solche L teilt die Ebene in zwei Teilgebiete, deren gemeinsamer Rand L ist:

$$H_\pm = \left\{ z\colon az\bar{z} + \bar{b}z + b\bar{z} + c \lessgtr 0 \right\}.$$

Im Falle $a = 0$ handelt es sich um zwei Halbebenen, sonst um Inneres bzw. Äußeres der Kreislinie L. Wir werden später sehen, dass diese Gemeinsamkeit zwischen Kreisen und Halbebenen nicht nur formalen Charakter hat (III.4). Abschließend stellen wir noch den Fall $L = \mathbb{R}$ heraus:

$$\mathbb{H} = \{ z\colon z = x + iy, y > 0 \}$$

ist die obere Halbebene.

Aufgaben

1. Skizziere die folgenden Punktmengen in $\mathbb{C}$:
$$M_1 = \left\{ z\colon \left| z - \frac{1}{2} \right| > \frac{1}{2},\ |z| < 1 \right\},$$
$$M_2 = \{ z = x + iy\colon (x/a)^2 + (y/b)^2 > 1 \} \text{ für } a, b > 0,$$
$$M_3 = \{ z\colon \bar{b}z + b\bar{z} + c = 0 \} \text{ für } b \in \mathbb{C}, b \neq 0, \text{ und } c \in \mathbb{R}.$$

2. Es sei $\operatorname{Re} z_0 > 0$. Beschreibe die Punktmengen
$$\{ z\colon |z_0 - z| < |\bar{z}_0 + z| \}, \quad \{ z\colon |z_0 - z| = |\bar{z}_0 + z| \}, \quad \{ z\colon |z_0 - z| > |\bar{z}_0 + z| \}.$$

3. Bestätige die folgenden Gleichungen
$$|w + z|^2 + |w - z|^2 = 2(|w|^2 + |z|^2),$$
$$|\bar{w}z \pm 1|^2 \pm |z - w|^2 = (|w|^2 \pm 1)(|z|^2 \pm 1).$$

4. Berechne alle ganzzahligen Potenzen von
$$i, \quad 1 + i, \quad \frac{1 + i}{\sqrt{2}}, \quad \frac{(1 - i)^5}{(1 + i)^3}.$$

5. Durch $\alpha x + \beta y + \gamma = 0, (\alpha, \beta) \neq (0, 0) \in \mathbb{R}^2$, wird eine Gerade gegeben. Schreibe sie in der Form $\bar{b}z + b\bar{z} + c = 0$ mit geeigneten $b \in \mathbb{C}, c \in \mathbb{R}$. Schreibe entsprechend den Kreis mit der Gleichung $\alpha(x^2 + y^2) + \beta x + \gamma y + \delta = 0$ in der Form (12).

6. Beschreibe in Analogie zur Spiegelung $z \mapsto \bar{z}$ an der reellen Achse die Spiegelung an der imaginären Achse bzw. an einer beliebigen Geraden in $\mathbb{C}$.

7. Zeige: Jede komplexe Zahl hat Quadratwurzeln in $\mathbb{C}$. Folgere: Jede quadratische Gleichung über $\mathbb{C}$ ist lösbar in $\mathbb{C}$.

3. Funktionen

Es sei $M \subset \mathbb{R}^n$ eine Teilmenge. Wir betrachten Abbildungen

$$f\colon M \to \mathbb{C} \tag{1}$$

und nennen sie (komplexwertige) Funktionen von n reellen Veränderlichen. Natürlich ist der Fall $M \subset \mathbb{C}^m (= \mathbb{R}^{2m})$ hierin enthalten; f ist dann eine komplexwertige Funktion von m komplexen Veränderlichen. In diesem Buch wird fast immer $m = 1$ sein, d.h. M eine Teilmenge von $\mathbb{C}$. – Der Fall reellwertiger Funktionen ist offenbar als Sonderfall in (1) enthalten, wegen $\mathbb{R} \subset \mathbb{C}$. Beispiele solcher Funktionen sind uns mit der Addition und Multiplikation komplexer Zahlen schon begegnet:

$$\mathbb{C} \times \mathbb{C} \to \mathbb{C},$$
$$(z_1, z_2) \mapsto z_1 + z_2,$$
$$(z_1, z_2) \mapsto z_1 \cdot z_2;$$

wir wollen uns weitere Beispiele ansehen. Natürlich werden sich alle diese Beispiele unter die in I.1 angeführten Begriffe einordnen: es handelt sich ja jeweils um Abbildungen in den $\mathbb{R}^2$. Wir wählen jetzt immer $M = \mathbb{C}$.

a) Es sei $f(z) = c \in \mathbb{C}$ für alle z: konstante Funktionen;

b) $f(z) = z$: die identische Abbildung;

c) $f(z) = \overline{z}$: die Spiegelung an der reellen Achse;

d) $f(z) = az$: Drehstreckung bzw. (für $a = 0$) konstante Abbildung $f(z) = 0$;

e) $f(z) = \operatorname{Re} z$: Projektion auf die reelle Achse;

f) $f(z) = i \operatorname{Im} z$: Projektion auf die imaginäre Achse;

g) $f(z) = |z|$: Betragsfunktion;

h) $p(z) = a_n z^n + a_{n-1} z^{n-1} + \ldots + a_1 z + a_0$, für $a_\nu \in \mathbb{C}$: Polynom in z (vom Grad n, falls $a_n \neq 0$);

i) $f(z) = p(z)/q(z)$, wobei p und q Polynome sind: rationale Funktionen. In diesem Fall ist f in allen Punkten z mit $q(z) \neq 0$ definiert.

Jede komplexe Funktion kann eindeutig in Real- und Imaginärteil zerlegt werden:

$$f = g + ih = \operatorname{Re} f + i \operatorname{Im} f,$$

wobei g und h reelle Funktionen sind. Entsprechend kann man f mit einer Spiegelung zusammensetzen:

$$\overline{f} = \overline{g + ih} = g - ih,$$

ebenso mit der Betragsfunktion:

$$|f| = |g + ih| = \sqrt{g^2 + h^2}.$$

Als Beispiel nehmen wir $f(z) = z^2$. Dann ist mit $z = x + iy$

$$\operatorname{Re} f(z) = x^2 - y^2,$$
$$\operatorname{Im} f(z) = 2xy,$$
$$\overline{f(z)} = \bar{z}^2,$$
$$|f(z)| = |z|^2 = x^2 + y^2.$$

j) Allgemeiner als Polynome in z sind Polynome in den zwei reellen Veränderlichen x, y (mit $z = x + iy$). Sie lassen sich auch als Polynome in den Variablen z und $\bar{z}$ schreiben:

$$f(z) = \sum_{\substack{\varkappa = 0 \dots k \\ \lambda = 0 \dots \ell}} a_{\varkappa\lambda} z^\varkappa \bar{z}^\lambda, \quad a_{\varkappa\lambda} \in \mathbb{C}.$$

Mit den letzteren Funktionen werden wir nur selten zu tun haben.

Wir notieren nun als Konsequenz aus den ersten beiden Paragraphen

Satz 3.1. *Die obigen Funktionen sind stetig (die rationalen Funktionen dort, wo sie definiert sind).*

Wie lassen sich komplexe Funktionen einer komplexen Veränderlichen veranschaulichen? Der Graph einer solchen Funktion ist eine Teilmenge des $\mathbb{C}^2 = \mathbb{R}^4$ und entzieht sich der Anschauung. Eine gute Möglichkeit der Darstellung von $f = g + ih$ ist die Zeichnung der Niveaulinien von g, h oder $|f|$, d.h. einiger der Linien

$$\{z\colon \operatorname{Re} f(z) = \text{const}\}, \quad \{z\colon \operatorname{Im} f(z) = \text{const}\}, \quad \{z\colon |f(z)| = \text{const}\};$$

wir illustrieren das an der Funktion $w = z^2$:

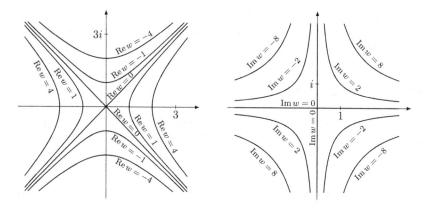

Bild 2. Niveaulinien von $\operatorname{Re} w$ und $\operatorname{Im} w$ zu $w = z^2$

Aufgaben

1. Man bestimme Real- und Imaginärteil der folgenden Funktionen und skizziere Niveaulinien (mit Computerhilfe):
$$z^3; \quad 1/z; \quad z + 1/z.$$

2. Für welche Wahl der reellen Koeffizienten a, b, c ist das Polynom $ax^2 + 2bxy + cy^2$ Realteil oder Imaginärteil eines komplexen Polynoms in $z = x + iy$?

3. Jedes Polynom
$$\sum_{\substack{0 \le \varkappa \le k \\ 0 \le \lambda \le \ell}} a_{\varkappa\lambda}\, x^\varkappa\, y^\lambda$$

mit $a_{\varkappa\lambda} \in \mathbb{C}$ lässt sich in der Form
$$\sum_{\substack{0 \le \mu \le m \\ 0 \le \nu \le n}} A_{\mu\nu}\, z^\mu\, \bar{z}^\nu$$

mit $A_{\mu\nu} \in \mathbb{C}$ schreiben. Beweise das durch Berechnung der $A_{\mu\nu}$ aus den $a_{\varkappa\lambda}$.

4. Holomorphe Funktionen

Wir kommen nun zum zentralen Begriff der Funktionentheorie.

Definition 4.1. *Es sei f eine auf der offenen Menge $U \subset \mathbb{C}$ erklärte (komplexe) Funktion. f heißt in $z_0 \in \mathbb{C}$ (komplex) differenzierbar, wenn es eine in z_0 stetige Funktion Δ auf U gibt, so dass für alle $z \in U$*

$$f(z) = f(z_0) + (z - z_0)\Delta(z) \tag{1}$$

gilt. Ist f in allen $z_0 \in U$ komplex differenzierbar, so heißt f holomorph auf U. f heißt holomorph in z_0, wenn es eine offene Umgebung von z_0 gibt, in der f holomorph ist.

Wir nennen die durch (1) eindeutig bestimmte Zahl $\Delta(z_0)$ den Wert der Ableitung von f in z_0,

$$\Delta(z_0) = \frac{df}{dz}(z_0) = f'(z_0);$$

bei einer auf ganz U komplex differenzierbaren Funktion f können wir dann in jedem Punkt $z \in U$ den Wert der Ableitung feststellen und erhalten damit die Ableitung

$$f'(z) = \frac{df}{dz}(z)$$

als Funktion auf ganz U. Entsprechend lassen sich, falls existent, höhere Ableitungen

$$f''(z) = \frac{d}{dz}f'(z) = \frac{d^2 f}{dz^2}(z),$$

$$\vdots$$

$$f^{(n)}(z) = \frac{d^n f}{dz^n}(z) = \frac{d}{dz}\frac{d^{n-1} f}{dz^{n-1}}(z)$$

definieren. Im nächsten Kapitel werden wir zeigen, dass bei einer holomorphen Funktion alle diese höheren Ableitungen existieren! Das lässt sich hier aber noch nicht einsehen. – Wir setzen gelegentlich $f^{(0)} = f$.

Nun zu Beispielen!

i. Ist $f(z) \equiv c$ (konstante Funktion), so ist $f(z) = f(z_0) + 0(z - z_0)$, d.h. $f'(z) \equiv 0$.

ii. Für $f(z) \equiv z$ gilt $z = z_0 + 1(z - z_0)$, also $f'(z) \equiv 1$.

iii. Im Unterschied zu den ersten beiden Beispielen ist die Funktion $f(z) = \bar{z}$ nirgends komplex differenzierbar: Hätte man nämlich gemäß (1)

$$\bar{z} - \bar{z}_0 = \Delta(z)(z - z_0)$$

mit einer in z_0 stetigen Funktion Δ, so gälte für alle z, für die $z - z_0$ reell $\neq 0$ ist,

$$z - z_0 = \Delta(z)(z - z_0), \quad \text{d.h. } \Delta(z) \equiv 1,$$

aber für alle z, für die $z - z_0 \neq 0$ rein imaginär ist – also $\bar{z} - \bar{z}_0 = -(z - z_0)$:

$$-(z - z_0) = \Delta(z)(z - z_0), \quad \text{d.h. } \Delta(z) \equiv -1.$$

In z_0 kann Δ nicht stetig sein.

Beispiel *iii* ist überraschend: eine überall stetige nirgends komplex differenzierbare Funktion! Dabei ist die Definition der komplexen Differenzierbarkeit genau der der reellen Differenzierbarkeit in einer Variablen nachgebildet – und im $\mathbb{R}^1$ lassen sich stetige nirgends differenzierbare Funktionen nur sehr mühsam finden. Wir klären die Situation im nächsten Paragraphen. Für den Moment wollen wir aber die formale Gleichheit der Definition reeller und komplexer Differenzierbarkeit bei Funktionen einer Variablen ausnutzen, um die aus der reellen Analysis bekannten Ableitungsregeln aufzustellen. Alle Beweise verlaufen wörtlich wie in $\mathbb{R}$ und werden daher dem Leser überlassen.

Satz 4.1. *Jede in z_0 komplex differenzierbare Funktion ist dort stetig.*

Satz 4.2. *f und g seien in z_0 komplex differenzierbar. Dann gilt: die Funktionen $f + g$, $f \cdot g$ und (falls $f(z_0) \neq 0$) $1/f$ sind in z_0 komplex differenzierbar, mit*

$$(f + g)'(z_0) = f'(z_0) + g'(z_0),$$
$$(fg)'(z_0) = f'(z_0)g(z_0) + f(z_0)g'(z_0),$$
$$\left(\frac{1}{f}\right)'(z_0) = -\frac{f'(z_0)}{f(z_0)^2}.$$

Die auf einer offenen Menge U holomorphen Funktionen bilden also einen Ring (genauer: eine $\mathbb{C}$-Algebra): wir bezeichnen ihn mit $\mathcal{O} = \mathcal{O}(U)$.

Satz 4.3 (Kettenregel). *Es seien $f\colon U \to V$ und $g\colon V \to \mathbb{C}$ Abbildungen offener Teilmengen von $\mathbb{C}$, die in $z_0 \in U$ bzw. $f(z_0) = w_0 \in V$ komplex differenzierbar sind. Dann ist*

$$g \circ f\colon U \to \mathbb{C}$$

in z_0 komplex differenzierbar, mit

$$(g \circ f)'(z_0) = g'(w_0)f'(z_0).$$

Zur Betrachtung von Umkehrfunktionen führen wir folgende Begriffe ein:

Definition 4.2. *Eine Abbildung $f\colon U \to V$ zwischen offenen Teilmengen von $\mathbb{C}$ heißt biholomorph, wenn sie bijektiv und holomorph ist und darüber hinaus auch die Umkehrabbildung f^{-1} holomorph ist.*

Wir zeigen

Satz 4.4. *Es sei $f\colon U \to \mathbb{C}$ eine holomorphe Funktion mit nirgends verschwindender Ableitung. Dann gilt:*

i. *Zu jedem $z_0 \in U$ existiert eine Umgebung $U(z_0)$, so dass die Gleichung $f(z) = f(z_0)$ in $U(z_0)$ nur die Lösung $z = z_0$ hat.*

ii. *f ist eine offene Abbildung (d.h. die Bilder offener Mengen unter f sind wieder offen).*

Beweis: Ohne Einschränkung sei $z_0 = 0$ und $f(z_0) = 0$. Aussage *i* ist fast trivial: wegen der Holomorphie hat man die Zerlegung

$$f(z) = z\Delta(z) \tag{2}$$

mit einer in 0 stetigen Funktion Δ, die dort den Wert

$$\Delta(0) = f'(0) \neq 0$$

annimmt. Demgemäß ist Δ in einer Umgebung von 0 von Null verschieden, somit folgt aus $0 = z\Delta(z)$, dass $z = 0$ ist. Den Beweis der zweiten Behauptung verschieben wir auf den nächsten Paragraphen. $\square$

Jetzt folgt wie in der reellen Analysis einer Variablen auf Grund der Stetigkeit der Umkehrfunktion.

Satz 4.5. *Die Abbildung $f\colon U \to V$ ist genau dann biholomorph, wenn sie holomorph und bijektiv mit nirgends verschwindender Ableitung ist. In diesem Fall ist*

$$\left(f^{-1}\right)'(w) = \frac{1}{f'(z)} \quad \text{für } w = f(z).$$

Die beiden vorigen Sätze sind Spezialfälle des allgemeineren Umkehrsatzes der reellen Analysis – vgl. [GFL]; ihr Beweis im vorliegenden Fall ist aber besonders einfach. Beide Sätze werden im zweiten Kapitel erheblich verschärft: *Holomorphe bijektive Abbildungen sind biholomorph.*

Wir fügen nun die Beispiele dieses Paragraphen mit den obigen Regeln zusammen und erhalten

Satz 4.6. *Polynome in z,*

$$p(z) = \sum_{\nu=0}^{n} a_\nu z^\nu,$$

sind holomorph auf $\mathbb{C}$; die Ableitung ist wieder ein Polynom

$$p'(z) = \sum_{\nu=1}^{n} \nu a_\nu z^{\nu-1}.$$

Satz 4.7. *Rationale Funktionen*

$$f(z) = \frac{p(z)}{q(z)}$$

sind außerhalb der Nullstellen ihres Nenners holomorph, die Ableitung ist wieder eine rationale Funktion.

Bei den Polynomen und den rationalen Funktionen handelt es sich um die einfachsten Funktionsklassen; wir werden sie genauer im dritten Kapitel untersuchen.

Aufgaben

1. Zeige: Eine Funktion f ist genau dann komplex differenzierbar in z_0 nach Def. 4.1, wenn

$$\lim_{z \to z_0} \frac{f(z) - f(z_0)}{z - z_0}$$

   existiert.

2. Berechne die Ableitung von $f(z) = \frac{az+b}{cz+d}$.

3. Wo sind die Funktionen $\operatorname{Re} z$, $\operatorname{Im} z$, $|z|$, $|z|^2$ komplex differenzierbar?

4. Beweise die Sätze 4.1 bis 4.3 und 4.5.

5. Eine auf $\mathbb{C}$ reellwertige holomorphe Funktion ist konstant. Beweis?

5. Reelle und komplexe Differenzierbarkeit

Da komplexwertige Funktionen einer komplexen Veränderlichen nichts weiter sind als Abbildungen (von Teilmengen) des $\mathbb{R}^2$ in den $\mathbb{R}^2$, ist der Begriff der (reellen) Differenzierbarkeit auf sie anwendbar. Wir formulieren ihn in der für jetzt passenden Weise.

Eine Funktion

$$f = g + ih \colon U \to \mathbb{C}, \quad U \subset \mathbb{C} \text{ offen}, \tag{1}$$

ist in $z_0 = x_0 + iy_0 \in U$ *reell differenzierbar, wenn es in* z_0 *stetige Funktionen* $\Delta_1, \Delta_2 \colon U \to \mathbb{C}$ *so gibt, dass für alle* $z = x + iy \in U$

$$f(z) = f(z_0) + (x - x_0)\Delta_1(z) + (y - y_0)\Delta_2(z) \tag{2}$$

gilt. Δ_1 und Δ_2 sind nicht eindeutig bestimmt, wohl aber ihre Werte in z_0:

$$
\begin{aligned}
\Delta_1(z_0) &= f_x(z_0) = \frac{\partial f}{\partial x}(z_0) \\
\Delta_2(z_0) &= f_y(z_0) = \frac{\partial f}{\partial y}(z_0)
\end{aligned}
\tag{3}
$$

Man sieht sofort, dass die Bedingung äquivalent zur Differenzierbarkeit der reellen Funktionen g und h ist, mit

$$f_x = g_x + ih_x, \quad f_y = g_y + ih_y. \tag{4}$$

Wir wollen aber die Zerlegung in Real- und Imaginärteil vermeiden und uns auch in (2) von den reellen Koordinaten x und y befreien. Dazu notieren wir

$$x - x_0 = \frac{1}{2}(z - z_0 + \bar{z} - \bar{z}_0), \quad y - y_0 = \frac{1}{2i}(z - z_0 - (\bar{z} - \bar{z}_0)) \tag{5}$$

und setzen (5) in (2) ein. Die leichte Umrechnung liefert:

Die Funktion $f \colon U \to \mathbb{C}$ *ist in* $z_0 \in U$ *reell differenzierbar, wenn es in* z_0 *stetige Funktionen* $\Delta, E \colon U \to \mathbb{C}$ *so gibt, dass stets*

$$f(z) = f(z_0) + (z - z_0)\Delta(z) + (\bar{z} - \bar{z}_0)E(z) \tag{2'}$$

gilt. Die Werte $\Delta(z_0)$ *und* $E(z_0)$ *sind durch* f *eindeutig bestimmt.*

In der Tat erhält man Δ und E aus (2) und (5):

$$\Delta = \frac{1}{2}(\Delta_1 - i\Delta_2), \quad E = \frac{1}{2}(\Delta_1 + i\Delta_2). \tag{6}$$

Definition 5.1. *Die Werte* $\Delta(z_0)$ *und* $E(z_0)$ *in der Zerlegung* (2′) *einer in* z_0 *reell differenzierbaren Funktion* f *heißen Wirtinger-Ableitungen von* f *in* z_0; *Bezeichnung:*

$$\Delta(z_0) = \frac{\partial f}{\partial z}(z_0) = f_z(z_0),$$

$$E(z_0) = \frac{\partial f}{\partial \overline{z}}(z_0) = f_{\overline{z}}(z_0).$$

Aus (6) ergibt sich unter Berücksichtigung von (3):

$$f_z = \frac{1}{2}(f_x - if_y) \tag{7}$$

$$f_{\overline{z}} = \frac{1}{2}(f_x + if_y). \tag{8}$$

Aus (2′) ist der Zusammenhang zwischen reeller und komplexer Differenzierbarkeit sofort ersichtlich:

Theorem 5.1. *Die Funktion* $f: U \to \mathbb{C}$ *ist in* $z_0 \in U$ *genau dann komplex differenzierbar, wenn sie dort reell differenzierbar ist und*

$$\frac{\partial f}{\partial \overline{z}}(z_0) = 0$$

erfüllt. Dann ist $f'(z_0) = \frac{\partial f}{\partial z}(z_0)$.

Beweis: Ist f komplex differenzierbar, so besteht die Zerlegung I.4 (1), das ist gerade (2′) mit $E(z) \equiv 0$, also insbesondere $f_{\overline{z}}(z_0) = 0$. Außerdem ist dann

$$f'(z_0) = \Delta(z_0) = f_z(z_0).$$

Gilt umgekehrt $f_{\overline{z}}(z_0) = 0$, so können wir (2′) folgendermaßen schreiben (für $z \neq z_0$):

$$f(z) = f(z_0) + (z - z_0)\left(\Delta(z) + \frac{\overline{z} - \overline{z}_0}{z - z_0}E(z)\right).$$

Die Funktion

$$\Delta(z) + \frac{\overline{z} - \overline{z}_0}{z - z_0}E(z)$$

ist wegen $E(z_0) = f_{\overline{z}}(z_0) = 0$ und

$$\left|\frac{\overline{z} - \overline{z}_0}{z - z_0}\right| = 1$$

stetig durch $\Delta(z_0)$ nach z_0 fortsetzbar. Damit ist f in z_0 komplex differenzierbar. $\qquad\square$

Definition 5.2. *Der Differentialoperator*

$$\frac{\partial}{\partial \overline{z}} = \frac{1}{2}\left(\frac{\partial}{\partial x} + i\frac{\partial}{\partial y}\right)$$

heißt Operator der Cauchy-Riemannschen Differentialgleichungen.

In der Forderung nach komplexer Differenzierbarkeit ist also die gleichzeitige Forderung nach dem Bestehen einer zusätzlichen partiellen Differentialgleichung enthalten: *holomorphe Funktionen sind die differenzierbaren Lösungen der Cauchy-Riemannschen Differentialgleichungen*

$$\frac{\partial f}{\partial \overline{z}}(z) \equiv 0. \tag{9}$$

Das macht plausibel, dass holomorphe Funktionen besondere Eigenschaften haben, die reell differenzierbaren Funktionen im Allgemeinen nicht zukommen – weder in einer noch in zwei Variablen.

Eine „reelle" Interpretation der Cauchy-Riemannschen Differentialgleichungen ist besonders wichtig:

Es sei f zweimal differenzierbar und genüge der Gleichung (9). Dann ist erst recht

$$\frac{\partial^2 f}{\partial z \partial \overline{z}}(z) \equiv 0. \tag{10}$$

Eine einfache Rechnung zeigt, dass

$$\frac{\partial^2}{\partial z \partial \overline{z}} = \frac{1}{4}\left(\frac{\partial^2}{\partial x^2} + \frac{\partial^2}{\partial y^2}\right) = \frac{1}{4}\Delta \tag{11}$$

ist. Der Operator Δ heißt Laplaceoperator, die Lösungen von $\Delta f = 0$ harmonische Funktionen. Da Δ ein reeller Differentialoperator ist – d.h. $\Delta \overline{f} = \overline{\Delta f}$ –, ist eine Funktion genau dann harmonisch, wenn ihr Real- und ihr Imaginärteil harmonisch sind. Insgesamt gilt

Satz 5.2. *Zweimal differenzierbare holomorphe Funktionen sind harmonisch, ebenso ihre Real- und Imaginärteile.*

Wir werden sehen, dass die Differenzierbarkeitsvoraussetzung überflüssig ist – siehe Theorem II.3.4 Umgekehrt lässt sich zeigen, dass reelle harmonische Funktionen lokal Realteil (oder Imaginärteil) holomorpher Funktionen sind – siehe [FL1].

Dieser Zusammenhang zwischen der Laplace-Gleichung und der Funktionentheorie ist für viele Fragen von entscheidender Bedeutung. Er besteht allerdings nur in der Theorie einer komplexen Veränderlichen. Wir werden ihn in diesem Buch nicht weiter ausnutzen, geben aber wenigstens die Cauchy-Riemannschen Differentialgleichungen noch in reeller Schreibweise an. Sie lauten, mit

$$f = g + ih,$$

folgendermaßen:

$$g_x = h_y, \quad g_y = -h_x;$$

die Gradienten und damit auch die Niveaulinien von g und h stehen also – in allen Punkten, in denen die Gradienten nicht verschwinden – senkrecht aufeinander.

Als weitere Folgerung aus Theorem 5.1 notieren wir

Satz 5.3. *Ist $f: G \to \mathbb{C}$ auf einem Gebiet holomorph und ist $f' \equiv 0$, so ist f konstant.*

Denn aus den Cauchy-Riemannschen Differentialgleichungen ergibt sich dann

$$f_z = 0, \quad f_{\bar{z}} = 0, \quad f_x = 0, \quad f_y = 0.$$

Das Beweisverfahren lässt sich auf allgemeinere Situationen anwenden – siehe Aufgabe 5.

Wir können nun den Beweis von Satz 4.4 zu Ende führen und bemerken zunächst: Sind f und g holomorphe Funktionen, so ist $f \cdot \bar{g}$ reell differenzierbar, und es gilt

$$\frac{\partial}{\partial z}\big[f(z)\bar{g}(z)\big] = f'(z)\bar{g}(z). \tag{12}$$

Kehren wir zur Situation von Satz 4.4 zurück!

Nach Satz 4.4.i gibt es ein $r > 0$, so dass f auf $\overline{D_r(0)}$ die einzige Nullstelle $z = 0$ hat; insbesondere ist $|f(z)| > 0$ auf $\partial D_r(0) = \{z : |z| = r\}$, und wegen der Kompaktheit dieser Menge gibt es ein $\varepsilon > 0$ mit

$$|f(z)| \geq 2\varepsilon \quad \text{für } |z| = r. \tag{13}$$

Wir zeigen, dass

$$D_\varepsilon(0) \subset f\big(D_r(0)\big) \tag{14}$$

gilt: das impliziert die Behauptung. Es sei also $w_1 \in D_\varepsilon(0)$. Die Funktion

$$g(z) = |f(z) - w_1|^2$$

ist reell differenzierbar und genügt wegen (13) folgenden Ungleichungen:

$$\begin{aligned}
g(0) &= |w_1|^2 < \varepsilon^2 \\
g(z) &= |f(z) - w_1|^2 > \varepsilon^2 \quad \text{für } |z| = r.
\end{aligned} \tag{15}$$

Als stetige Funktion nimmt g das Minimum auf $\overline{D_r(0)}$ an, wegen (15) wird dieses Minimum im Innern von $\overline{D_r(0)}$ angenommen, etwa in $z_1 \in D_r(0)$. Dort verschwinden alle partiellen Ableitungen von g, insbesondere haben wir

$$0 = g_z(z_1) = f'(z_1)\big(\overline{f(z_1)} - \overline{w}_1\big). \tag{16}$$

Wegen $f'(z_1) \neq 0$ ist $w_1 = f(z_1)$.　　　　　　　　　　　　　　　　　□

Schließlich sei noch auf die Kettenregel für Wirtinger-Ableitungen hingewiesen: wir stellen sie als Aufgabe 1, benötigen aber hier schon den folgenden Spezialfall:

Lemma 5.4. *Es sei $f \colon U \to \mathbb{C}$ eine reell differenzierbare Funktion auf der offenen Menge $U \subset \mathbb{C}$ und $w \colon [a,b] \to U$ eine differenzierbare Abbildung (d.h. ein differenzierbarer Weg in U). Dann ist für $t \in [a,b]$*

$$\frac{\partial}{\partial t}(f \circ w)(t) = \big(f_z(w(t)) \quad f_{\overline{z}}(w(t))\big) \begin{pmatrix} \dot{w}(t) \\ \dot{\overline{w}}(t) \end{pmatrix} = f_z(w(t))\dot{w}(t) + f_{\overline{z}}(w(t))\dot{\overline{w}}(t).$$

Dabei haben wir $\frac{\partial w}{\partial t}$ mit $\dot{w}$ bezeichnet und Matrizenmultiplikation „Zeile×Spalte" verwandt.

Dieses Lemma ziehen wir für eine weitere Interpretation der komplexen Differenzierbarkeit heran. Zunächst eine Erinnerung an lineare Algebra:

Eine komplex-lineare Abbildung $l \colon \mathbb{C} \to \mathbb{C}$ ist durch die Bedingungen

$$l(z + w) = l(z) + l(w) \tag{17}$$
$$l(rz) = rl(z) \tag{18}$$

für $z, w, r \in \mathbb{C}$ gekennzeichnet; gilt (18) nur für reelles r, so ist l reell-linear. Jede komplex-lineare Abbildung hat die Form

$$w = l(z) = az$$

mit eindeutig bestimmtem $a \in \mathbb{C}$; jede reell-lineare Abbildung ist von der Gestalt

$$w = l(z) = az + b\overline{z} = \big(a \quad b\big) \begin{pmatrix} z \\ \overline{z} \end{pmatrix} \tag{19}$$

mit eindeutig bestimmtem $\big(a \quad b\big) \in \mathbb{C}^2$. Also ist l genau dann komplex linear, wenn $b = 0$ ist.

Definition 5.3. *Es sei $f \colon U \to \mathbb{C}$ in z_0 reell differenzierbar. Die durch den Vektor $\big(f_z(z_0) \quad f_{\overline{z}}(z_0)\big)$ gemäß (19) erklärte reell lineare Abbildung von $\mathbb{C}$ in sich heißt Tangentialabbildung von f in z_0.*

Damit gilt

Satz 5.5. *Eine Funktion f ist in z_0 genau dann komplex differenzierbar, wenn ihre Tangentialabbildung komplex linear ist.*

Betrachten wir nun wieder einen differenzierbaren Weg w mit Anfangspunkt z_0, also $w \colon [a, b] \to \mathbb{C}$, $w(a) = z_0$. Wir nehmen $\dot{w}(a) \neq 0$ an. Dann kann $\dot{w}(a)$ als Richtungsvektor von w in a interpretiert werden. Ist $v \colon [a, b] \to \mathbb{C}$ ein weiterer derartiger Weg mit Richtungsvektor $\dot{v}(a)$, so ist der durch sie eingeschlossene Winkel $\sphericalangle(w, v)$ definitionsgemäß der orientierte Winkel zwischen $\dot{w}(a)$ und $\dot{v}(a)$, $\sphericalangle(\dot{w}(a), \dot{v}(a))$. Unter einer reell differenzierbaren Funktion f gehen die Wege w und v in Wege $f \circ w$ bzw. $f \circ v$ über, die im Punkte $f(z_0)$ sich unter dem Winkel

$$\sphericalangle(f \circ w, f \circ v) = \sphericalangle\left(\frac{\partial}{\partial t}(f \circ w)(a), \frac{\partial}{\partial t}(f \circ v)(a)\right)$$

schneiden. Ist nun f in z_0 komplex differenzierbar und $f'(z_0) \neq 0$, so gilt nach Lemma 5.4

$$\sphericalangle\left(\frac{\partial}{\partial t}(f \circ w)(a), \frac{\partial}{\partial t}(f \circ v)(a)\right) = \sphericalangle\big(f'(z_0)\dot{w}(a), f'(z_0)\dot{v}(a)\big) = \sphericalangle\big(\dot{w}(a), \dot{v}(a)\big),$$

d.h. die Bildwege $f \circ w$ und $f \circ v$ schließen denselben Winkel ein. Aus demselben Lemma schließt man auch die Umkehrung dieser Aussage. Wir definieren also:

Definition 5.4. *Eine Abbildung $f \colon U \to V$ heißt konform oder winkeltreu, wenn sie umkehrbar differenzierbar ist und wenn für jedes $z \in U$ und beliebige differenzierbare Wege w und v mit Anfangspunkt z in U gilt:*

$$\sphericalangle(w, v) = \sphericalangle(f \circ w, f \circ v).$$

Wir haben damit gezeigt:

Theorem 5.6. *Eine Abbildung $f \colon U \to V$ ist genau dann konform, wenn sie biholomorph ist.*

Aufgaben

1. Formuliere und beweise die Kettenregel für Wirtinger-Ableitungen.
   Zeige weiter:
   $$\overline{\frac{\partial f}{\partial z}} = \frac{\partial \overline{f}}{\partial \overline{z}}.$$

2. Welche der folgenden reellen Funktionen sind Realteile holomorpher Funktionen?
   $$x^3 - y^3, \quad x^3 y - x y^3, \quad e^x \cos x, \quad e^x \cos y.$$

3. Es sei $f \colon U \to V$ holomorph und zweimal komplex differenzierbar, $\varphi \colon V \to \mathbb{C}$ sei zweimal reell differenzierbar. Zeige
   $$\Delta(\varphi \circ f) = [(\Delta\varphi) \circ f] \cdot |f'|^2.$$

   Folgere: mit φ ist auch $\varphi \circ f$ harmonisch.

4. Die Abbildung $f = g + ih \colon U \to \mathbb{C}$ sei reell differenzierbar.
Die reelle bzw. komplexe Funktionalmatrix ist

$$J_f^{\mathbb{R}} = \begin{pmatrix} g_x & g_y \\ h_x & h_y \end{pmatrix} \quad \text{bzw.} \quad J_f^{\mathbb{C}} = \begin{pmatrix} f_z & f_{\overline{z}} \\ \overline{f_z} & \overline{f_{\overline{z}}} \end{pmatrix}.$$

Zeige $\det J_f^{\mathbb{C}} = \det J_f^{\mathbb{R}}$. Zeige insbesondere: ist f holomorph, so ist diese Determinante $= |f'|^2$.

5. Es sei φ eine stetig differenzierbare Funktion der zwei komplexen Variablen v und w, es gelte $\frac{\partial \varphi}{\partial w} \neq 0$. Weiter sei f auf dem Gebiet G holomorph mit

$$\varphi(f(z), \overline{f(z)}) \equiv 0.$$

Dann ist f konstant. – Das bedeutet: liegen die Werte einer holomorphen Funktion auf einem (hinreichend glatten) Kurvenstück, so ist die Funktion konstant. Das ist eine wesentliche Verallgemeinerung der Aussage, dass reellwertige holomorphe Funktionen konstant sind.

6. Gleichmäßige Konvergenz und Potenzreihen

Bereits in der reellen Analysis werden wichtige elementare Funktionen durch Grenzprozesse aus einfacheren Funktionen – in der Regel aus Polynomen – erzeugt. Dieses Verfahren überträgt sich natürlich auf die komplexe Analysis, liefert die Fortsetzung der elementaren reellanalytischen Funktionen von der reellen Geraden in die komplexe Ebene und führt zu vertiefter Einsicht in ihre Eigenschaften. – Wir erinnern zunächst an grundlegende Begriffe.

Eine unendliche Reihe

$$\sum_{\nu=0}^{\infty} a_\nu$$

komplexer Zahlen *konvergiert* genau dann, wenn die Folge

$$s_n = \sum_{\nu=0}^{n} a_\nu$$

ihrer Partialsummen konvergiert; der Limes s der Folge s_n ist dann definitionsgemäß die Summe der Reihe:

$$s = \sum_{\nu=0}^{\infty} a_\nu.$$

Die Reihe *konvergiert absolut*, wenn die Reihe der Absolutbeträge $|a_\nu|$ konvergiert. In diesem Fall konvergiert $\sum_{\nu=0}^{\infty} a_\nu$ auch *unbedingt*, d.h. sie konvergiert bei beliebiger Umordnung ihrer Summanden (gegen immer dieselbe Summe). Ist $|a_\nu| \leq |b_\nu|$ für fast alle ν, so folgt aus der absoluten Konvergenz von $\sum_{\nu=0}^{\infty} b_\nu$ die von $\sum_{\nu=0}^{\infty} a_\nu$ (*Vergleichskriterium*). Ebenso stehen die aus der reellen Analysis geläufigen *Quotienten-* und *Wurzelkriterien* für absolute Konvergenz zur Verfügung. Sie beruhen auf einem Vergleich mit der geometrischen Reihe, die wir hier für komplexes z angeben:

Satz 6.1. *Die geometrische Reihe $\sum_{\nu=0}^{\infty} z^\nu$ konvergiert (und zwar absolut) genau für $|z| < 1$; für diese z gilt*

$$\sum_{\nu=0}^{\infty} z^\nu = \frac{1}{1-z}.$$

Mit dem Quotientenkriterium folgt hieraus leicht die absolute Konvergenz der Reihen

$$\sum_{\nu=1}^{\infty} \nu\, z^{\nu-1}, \quad \sum_{\nu=2}^{\infty} \nu(\nu-1) z^{\nu-2}, \ldots, \quad \sum_{\nu=k}^{\infty} \nu(\nu-1)\cdots(\nu-k+1) z^{\nu-k}, \tag{1}$$

im Falle $|z| < 1$; ihre Summen werden später berechnet.

Wir betrachten nun Folgen und Reihen von Funktionen. Eine Folge f_ν von auf $M \subset \mathbb{C}$ erklärten Funktionen *konvergiert* gegen die Funktion f, in Zeichen:

$$\lim_{\nu \to \infty} f_\nu = f \text{ oder } f_\nu \to f,$$

wenn für jedes $z \in M$ gilt: $f_\nu(z) \to f(z)$. Viel wichtiger als diese Konvergenz „punktweise" ist die gleichmäßige Konvergenz:

Definition 6.1. *Die Funktionenfolge $f_\nu \colon M \to \mathbb{C}$ konvergiert gleichmäßig auf M gegen die Grenzfunktion f, wenn es zu jedem $\varepsilon > 0$ einen Index ν_0 so gibt, dass für alle $\nu \geq \nu_0$ und alle $z \in M$*

$$|f_\nu(z) - f(z)| < \varepsilon$$

wird. Die Folge f_ν konvergiert auf einer offenen Menge U lokal gleichmäßig gegen f, wenn es zu jedem Punkt $z_0 \in U$ eine Umgebung $V(z_0) \subset U$ gibt, auf welcher f_ν gleichmäßig gegen f konvergiert.

Die lokal gleichmäßige Konvergenz ist natürlich äquivalent zur *kompakten Konvergenz*, d.h. der gleichmäßigen Konvergenz auf jedem kompakten Teil $K \subset U$. Wir übernehmen aus der reellen Analysis

Satz 6.2. *Der gleichmäßige bzw. lokal gleichmäßige Limes stetiger Funktionen ist stetig.*

Satz 6.3. *Es sei f_ν eine Folge holomorpher Funktionen, die auf einem Bereich U gegen f konvergiert, alle Ableitungen f_ν' seien stetig. Die Folge f_ν' dieser Ableitungen konvergiere lokal gleichmäßig gegen eine Grenzfunktion g. Dann ist f holomorph, mit $f' = g$.*

Beweis: Es ist $f_{\nu,z} = f_\nu', f_{\nu,\bar{z}} = 0$. Damit liegt lokal gleichmäßige Konvergenz und Stetigkeit der partiellen Ableitungen nach x und y vor, und der Satz folgt aus bekannten Ergebnissen der Differentialrechnung. $\qquad\square$

Wir werden im zweiten Kapitel Satz 6.3 in stärkerer Form auf einfachere Weise, ohne Rekurs auf die reelle Analysis, erhalten.

Wie üblich lassen sich die Begriffsbildungen und Ergebnisse über Funktionenfolgen in solche über *Funktionenreihen* übersetzen. Der für uns wichtigste Begriff ist der folgende:

Definition 6.2. *Eine unendliche Reihe $\sum_{\nu=0}^{\infty} f_\nu$ von auf der Menge M erklärten Funktionen konvergiert absolut gleichmäßig auf M, wenn die Reihe $\sum_{\nu=0}^{\infty} |f_\nu|$ auf M gleichmäßig konvergiert.*

Als Kriterium hierfür notieren wir

Satz 6.4.

i. $\sum_{\nu=0}^{\infty} f_\nu$ *konvergiert genau dann absolut gleichmäßig auf M, wenn es zu jedem $\varepsilon > 0$ einen Index n_0 so gibt, dass für alle $n, m \geq n_0$ (mit $m \geq n$) und alle $z \in M$*

$$\sum_{\nu=n}^{m} |f_\nu(z)| < \varepsilon$$

wird (Cauchysches Konvergenzkriterium).

ii. *Ist $\sum_{\nu=0}^{\infty} a_\nu$ eine konvergente Reihe positiver Summanden und gilt für fast alle ν und alle $z \in M$:*

$$|f_\nu(z)| \leq a_\nu,$$

so konvergiert $\sum_{\nu=0}^{\infty} f_\nu$ absolut gleichmäßig auf M (Majorantenkriterium).

Lokal absolut gleichmäßige Konvergenz wird natürlich entsprechend Definition 6.1 auch hier eingeführt. Die Sätze 6.2 und 6.3 gelten dann für die Grenzfunktion, d.h. für die Summenfunktion, von lokal absolut gleichmäßig konvergenten Reihen.

Bevor wir wichtige Beispiele studieren, bemerken wir, dass die obigen Begriffsbildungen und Sätze für Abbildungen von Teilmengen des $\mathbb{R}^n$ (oder $\mathbb{C}^n$) in den $\mathbb{R}^m$ (oder $\mathbb{C}^m$) sinnvoll und richtig bleiben; der Betrag ist durch die euklidische Norm (oder irgendeine andere Norm) zu ersetzen.

Eine unendliche Reihe der Form

$$P(z - z_0) = \sum_{\nu=0}^{\infty} a_\nu(z - z_0)^\nu, \quad a_\nu \in \mathbb{C}, \ z_0 \in \mathbb{C},$$

heißt *Potenzreihe* mit *Entwicklungspunkt* z_0 und *Koeffizienten* a_ν. Als Beispiel betrachten wir die geometrische Reihe

$$\sum_{\nu=0}^{\infty} z^\nu = \frac{1}{1-z} \tag{2}$$

(siehe Satz 6.1), man stellt leicht fest, dass sie absolut lokal gleichmäßig im Einheitskreis $\mathbb{D} = \{z : |z| < 1\}$ gegen die Funktion $(1 - z)^{-1}$ konvergiert. Hieraus ergibt sich mittels des Majorantenkriteriums

Satz 6.5. *Die Potenzreihe $\sum_{\nu=0}^{\infty} a_\nu z^\nu$ habe im Punkte $z_1 \neq 0$ beschränkte Summanden: $|a_\nu z_1^\nu| \leq M$, unabhängig von ν. Dann konvergiert sie absolut lokal gleichmäßig im Kreis $D_{|z_1|}(0) = \{z \colon |z| < |z_1|\}$.*

Satz 6.6. *Zu jeder Potenzreihe $P(z) = \sum_{\nu=0}^{\infty} a_\nu z^\nu$ gibt es eine wohlbestimmte Zahl r, $0 \leq r \leq \infty$, so dass $P(z)$ im Kreis $D_r(0)$ absolut lokal gleichmäßig konvergiert, für $|z| > r$ aber divergiert.*

Definition 6.3. *Die in Satz 6.6 eingeführte Zahl heißt Konvergenzradius von $P(z)$, der Kreis $D_r(0)$ der Konvergenzkreis.*

Auch ∞ haben wir dabei als Zahl bezeichnet. Im Falle $r = 0$ nennen wir $P(z)$ *nirgends konvergent*, im Falle $r = \infty$, also $D_r(0) = \mathbb{C}$, *überall konvergent*. Natürlich können wir die Aussagen sofort auf Potenzreihen $P(z - z_0)$ mit beliebigem Entwicklungspunkt übertragen: der Konvergenzkreis hat dann den Mittelpunkt z_0.

Beweis: Es genügt, Satz 6.5 zu beweisen; Satz 6.6 ist eine unmittelbare Konsequenz. Es sei also

$$|a_\nu||z_1|^\nu \leq M$$

für alle ν. Wir wählen z_2 mit $0 < |z_2| < |z_1|$ und erhalten für $|z| \leq |z_2|$:

$$|a_\nu||z|^\nu \leq |a_\nu||z_2|^\nu = |a_\nu||z_1|^\nu \left|\frac{z_2}{z_1}\right|^\nu \leq Mq^\nu$$

mit $q = |z_2|/|z_1| < 1$. Das liefert nach Satz 6.4.*ii* und Satz 6.1 die absolut gleichmäßige Konvergenz im Kreis $D_{|z_2|}(0)$. $\square$

Mit geringer zusätzlicher Mühe könnten wir auch die *Cauchy-Hadamardsche Formel*

$$r = \frac{1}{\limsup \sqrt[\nu]{|a_\nu|}}$$

für den Konvergenzradius zeigen: wir stellen sie als Aufgabe 3.

Im Konvergenzkreis D konvergiert eine Potenzreihe nach Satz 6.2 sicher gegen eine stetige Funktion, die wir auch wieder mit $P(z)$ bezeichnen, es gilt aber mehr:

Theorem 6.7. *Die Summe einer Potenzreihe*

$$P(z) = \sum_{\nu=0}^{\infty} a_\nu z^\nu \tag{3}$$

ist im Konvergenzkreis $D_r(0)$ holomorph; für die Ableitung gilt

$$P'(z) = \sum_{\nu=1}^{\infty} \nu a_\nu z^{\nu-1}, \tag{4}$$

und der Konvergenzkreis von P' stimmt mit dem von P überein.

Beweis: Die Reihe (4) entsteht aus (3) durch gliedweise Differentiation. Wir zeigen also, um Satz 6.3 anzuwenden, die lokal-gleichmäßige Konvergenz von (4) im Konvergenzkreis von (3).

Wie im Beweis von Satz 6.5 wählen wir Punkte $0 < |z_2| < |z_1|, z_1 \in D_r(0)$, und notieren wegen der Konvergenz von (3):

$$|a_\nu||z_1|^{\nu-1} \leq M$$

unabhängig von ν. Ist dann $|z| \leq |z_2|$, so folgt

$$|\nu a_\nu z^{\nu-1}| \leq \nu|a_\nu||z_1|^{\nu-1}\left|\frac{z_2}{z_1}\right|^{\nu-1} \leq M\nu q^{\nu-1}$$

mit $q = |z_2/z_1|$. Vergleich mit der ersten der Reihen (1) liefert dann die gleichmäßige Konvergenz von (4) im Kreis $|z| \leq |z_2|$. Dass der Konvergenzkreis von (4) nicht größer sein kann als der von (3), ist leicht zu sehen: der Leser möge es sich selbst klar machen. $\qquad\square$

Es folgt natürlich, dass Potenzreihen in ihrem Konvergenzkreis beliebig oft komplex differenzierbar sind; alle Ableitungen sind wieder konvergente Potenzreihen und damit holomorph: es gilt

$$P^{(k)}(z) = \sum_{\nu=k}^{\infty} \nu(\nu-1)\cdots(\nu-k+1)a_\nu z^{\nu-k}.$$

Folgerung 6.8 (Identitätssatz für Potenzreihen).

  i. Es sei $P(z) = \sum_{\nu=0}^{\infty} a_\nu z^\nu$ eine konvergente Potenzreihe. Dann ist

$$a_\nu = \frac{P^{(\nu)}(0)}{\nu!}.$$

  ii. Gilt $P(z) \equiv 0$ in einer Umgebung von 0, so ist $a_\nu = 0$ für alle ν.

  iii. Sind $P(z) = \sum_{\nu=0}^{\infty} a_\nu z^\nu$ und $Q(z) = \sum_{\nu=0}^{\infty} b_\nu z^\nu$ konvergente Potenzreihen mit $P(z) = Q(z)$ in einer Umgebung von 0, so ist $a_\nu = b_\nu$ für alle ν.

Beweis: *i* ergibt sich direkt aus der vorstehenden Bemerkung, *ii* aus *i* und *iii* aus *ii*. $\qquad\square$

Wir werden im zweiten Kapitel einen allgemeinen Satz zeigen, der die vorangehenden Sätze enthält. Zunächst aber wenden wir die Informationen von eben zur Berechnung der Summen (1) an: Es ist

$$\frac{d^k}{dz^k}\frac{1}{1-z} = \frac{k!}{(1-z)^{k+1}};$$

k-malige Ableitung der geometrischen Reihe (2) liefert die Reihen (1); also

$$\sum_{\nu=k}^{\infty} \nu(\nu-1)\cdots(\nu-k+1)z^{\nu-k} = \frac{k!}{(1-z)^{k+1}}.$$

Abschließend stellen wir noch einige Fragen, die wir an sich schon hier beantworten könnten, deren Antwort aber im nächsten Kapitel viel leichter gegeben werden kann.

a) Es möge z_1 ein Punkt des Konvergenzkreises D einer konvergenten Potenzreihe mit Summenfunktion $f(z)$ sein:

$$f(z) = \sum_{\nu=0}^{\infty} a_\nu z^\nu.$$

Gibt es dann eine Entwicklung von f in eine Potenzreihe um z_1

$$f(z) = \sum_{\nu=0}^{\infty} b_\nu (z-z_1)^\nu?$$

Was sind die Koeffizienten der neuen Reihe, was ihr Konvergenzkreis? Für den Fall von Polynomen behandeln wir diese Frage als Aufgabe 7.

b) Lassen sich rationale Funktionen um jeden Punkt ihres Definitionsbereiches in Potenzreihen entwickeln? Wie berechnet man gegebenenfalls die Koeffizienten dieser Reihen?

Aufgaben

1. Beweise Satz 6.1.

2. Beweise die Äquivalenz von lokal gleichmäßiger und kompakter Konvergenz auf offenen Mengen in $\mathbb{R}^n$. Gilt diese Äquivalenz auch auf beliebigen Teilmengen des $\mathbb{R}^n$?

3. Beweise die Cauchy-Hadamardsche Formel.

4. Zeige: Existiert $\lim\limits_{n\to\infty} |a_n/a_{n+1}|$, so ist der Konvergenzradius der Reihe $\sum_0^\infty a_n z^n$ gleich diesem Limes.

5. Bestimme die Konvergenzradien der folgenden Reihen:

$$\sum_0^{\infty} n^k z^n, \quad \sum_0^{\infty} z^n/n!, \quad \sum_0^{\infty} n! z^n, \quad \sum_0^{\infty} \frac{(2n)!}{2^n n!} z^n, \quad \sum_0^{\infty} \frac{(2n)!}{(n!)^2} z^n.$$

6. Es sei a_ν eine monoton fallende reelle Zahlenfolge mit dem Grenzwert 0. Die Reihe $\sum a_\nu z^\nu$ habe den Konvergenzradius 1. Zeige: Sie konvergiert für jedes $\delta > 0$ gleichmäßig auf $\overline{\mathbb{D}} \setminus D_\delta(1)$ – also ist 1 der einzige Punkt von $\partial\mathbb{D}$, in dem sie möglicherweise divergiert. Hinweis: Schätze $(1-z)\sum_m^n a_\nu z^\nu$ ab.

7. Es sei $p(z) = \sum_0^n a_\nu z^\nu$ ein Polynom. Für $z_0 \in \mathbb{C}$ setze $p(z) = \sum_0^n b_\nu (z-z_0)^\nu$ und berechne die b_ν mittels der binomischen Formel. Wie hängen die b_ν mit den Ableitungen von p zusammen?

8. Zeige: die Reihe $\sum_0^\infty a_n$ konvergiert genau dann absolut, wenn die vier Teilreihen aus den Summanden a_ν, die jeweils im selben Quadranten $\operatorname{Re} z > 0$, $\operatorname{Im} z \geq 0$ (bzw. $\operatorname{Re} z \leq 0$, $\operatorname{Im} z < 0$ etc.) liegen, konvergieren.

7. Elementare Funktionen

Die elementaren Funktionen (Exponentialfunktion, trigonometrische und hyperbolische Funktionen) zeigen in der reellen Analysis extrem unterschiedliches Verhalten (periodisch – nichtperiodisch, beschränkt – nicht beschränkt) und stehen scheinbar beziehungslos nebeneinander. Durch Einführung der komplexen Zahlen zeigt sich aber ihre innere Verwandtschaft: sie lassen sich sämtlich auf die komplexe Exponentialfunktion zurückführen.

Die Potenzreihe

$$\exp z = \sum_{\nu=0}^{\infty} \frac{z^\nu}{\nu!} \tag{1}$$

konvergiert absolut lokal gleichmäßig auf ganz $\mathbb{C}$ und definiert damit eine holomorphe Funktion, die *(komplexe) Exponentialfunktion*. Es ist

$$\exp 0 = 1, \tag{2}$$

und durch

$$e = \exp 1 = \sum_{\nu=0}^{\infty} \frac{1}{\nu!} \tag{3}$$

wird die *Eulersche Zahl* eingeführt. Da die Koeffizienten der Reihe (1) reell sind, ist

$$\exp \bar{z} = \overline{\exp z}; \tag{4}$$

insbesondere ist die Funktion reell für reelles z und stimmt auf $\mathbb{R}$ mit der reellen Exponentialfunktion überein. Gliedweise Differentiation von (1) liefert

$$\frac{d}{dz} \exp z = \exp z, \tag{5}$$

die *Differentialgleichung der Exponentialfunktion*.

Alles, was nun folgt, ergibt sich als Konsequenz der bisherigen Identitäten.

Es sei $w \in \mathbb{C}$ fest. Dann gilt mit (5)

$$\frac{d}{dz} \exp(w+z)\exp(-z) = \exp(w+z)\exp(-z) - \exp(w+z)\exp(-z) = 0,$$

also

$$\exp(w+z)\exp(-z) \equiv \text{const.} \tag{6}$$

Setzt man $z = 0$, so ergibt sich $\exp w$ als Wert der Konstanten; setzt man dann $w = 0$, so erhält man mit (2):

$$\exp z \exp(-z) = 1; \tag{7}$$

nach Multiplikation von (6) mit $\exp z$ folgt

Satz 7.1 (Additionstheorem).

$$\exp(z + w) = \exp z \cdot \exp w,$$
$$\exp z \neq 0.$$

Für $n \in \mathbb{Z}$ liefert das Additionstheorem

$$\exp n = (\exp 1)^n = e^n;$$

wir schreiben ab jetzt meistens

$$\exp z = e^z \tag{8}$$

auch für beliebiges z in $\mathbb{C}$.

Aus (4) ergibt sich

$$|e^z| = |e^{z/2}|^2 = e^{(z+\bar{z})/2} = e^{\mathrm{Re}\,z}. \tag{9}$$

Die Exponentialfunktion bildet also vertikale Geraden $\mathrm{Re}\,z = \mathrm{const}$ in Kreislinien ab, insbesondere die Gerade $i\mathbb{R} = \{z\colon \mathrm{Re}\,z = 0\}$ in $\mathbb{S} = \{w\colon |w| = 1\}$. Ist ferner $z = x$ reell, so ist nach (9) $e^x = |e^x| > 0$.

Zusammenfassend gilt

Lemma 7.2. *Die Exponentialfunktion ist ein Gruppenhomomorphismus von $\mathbb{C}$ in $\mathbb{C}^*$, der die Untergruppen $\mathbb{R}$ in $\mathbb{R}_{>0}$ und $i\mathbb{R}$ in $\mathbb{S}$ überführt.*

Dabei sind die Verknüpfungen auf $\mathbb{C}$, $\mathbb{R}$ und $i\mathbb{R}$ die Addition, auf $\mathbb{C}^*$, $\mathbb{R}_{>0} = \{x\colon x > 0\}$ und $\mathbb{S} = \{z\colon |z| = 1\}$ die Multiplikation. Es gilt genauer

Satz 7.3. *Die Homomorphismen*

$$\exp\colon \mathbb{C} \to \mathbb{C}^*,$$
$$\exp\colon \mathbb{R} \to \mathbb{R}_{>0},$$
$$\exp\colon i\mathbb{R} \to \mathbb{S}$$

sind surjektiv.

Beweis: Nach Satz 4.4 ist wegen (5) die Exponentialabbildung offen; es sei U ihr Bild in $\mathbb{C}^*$. Ist nun $a \in \mathbb{C}^* \setminus U$, so ist die Nebenklasse

$$aU = \{aw\colon w \in U\}$$

auch offen, und es ist

$$U \cap aU = \emptyset.$$

In der Tat: wäre $b \in U \cap aU$, so hätte man für geeignetes $z, w \in \mathbb{C}$:

$$a\,e^z = b = e^w, \quad a = e^{w-z} \in U.$$

Damit ist $\mathbb{C}^* \setminus U$ offen und wegen des Zusammenhanges von $\mathbb{C}^*$ leer. Das zeigt die erste Surjektivitätsaussage. Nun sei $u \in \mathbb{R}_{>0}$. Es gibt $z = x + iy \in \mathbb{C}$ mit $u = e^z$, also nach (9)

$$u = |u| = e^{\operatorname{Re} z} = e^x.$$

Ist schließlich $|w| = 1$ und $w = e^z$, so folgt $e^{\operatorname{Re} z} = e^x = 1$; wegen der strengen Monotonie von e^x (es ist ja die Ableitung positiv) ist dann $x = 0$. $\qquad\square$

Als nächstes untersuchen wir den Kern N des Homomorphismus $\exp \colon \mathbb{C} \to \mathbb{C}^*$:

$$N = \{z \colon e^z = 1\}.$$

Da es ein $z^* \in \mathbb{C}$ mit $e^{z^*} = -1$ gibt, ist $2z^*$ ein Element $\neq 0$ in N. Wir wissen schon, dass $N \subset i\mathbb{R}$ gilt. Nach Satz 4.4 gibt es eine Umgebung U von 0, so dass $U \cap N = \{0\}$. Da N abgeschlossen ist, gibt es eine kleinste positive Zahl p mit $ip \in N$. Wir führen die Zahl π als $p/2$ ein:

Definition 7.1. *Die Kreiszahl π ist die kleinste positive Zahl, für die*

$$e^{2\pi i} = 1$$

gilt.

Jetzt ist klar, dass N aus allen ganzen Vielfachen von $2\pi i$ besteht: hätte man ein $q \in N$ mit $q \notin \{k \cdot 2\pi i \colon k \in \mathbb{Z}\}$, so könnte man durch Addition eines geeigneten ganzzahligen Vielfachen von $2\pi i$ eine Zahl $q_0 = iq'$ in N angeben, für die $0 < q' < 2\pi$ wäre. – Das Additionstheorem zeigt nun, dass N aus genau den Perioden von e^z besteht, d.h.

$$e^{z+2k\pi i} = e^z, \quad z \in \mathbb{C}, \ k \in \mathbb{Z}. \tag{10}$$

Das notieren wir als

Satz 7.4.

  i. *Die Exponentialfunktion ist periodisch mit Periode $2\pi i$.*

  ii. *Enthält ein Gebiet aus jeder Kongruenzklasse modulo $2\pi i$ höchstens einen Punkt, so wird es durch e^z biholomorph auf sein Bild abgebildet.*

Fassen wir nun die wesentlichen Abbildungseigenschaften der Exponentialfunktion zusammen!

  1) *$t \mapsto e^t$ bildet $\mathbb{R}$ bijektiv auf $\mathbb{R}_{>0}$ ab.*

  2) *$t \mapsto e^{it}$ bildet $[0, 2\pi[$ bijektiv auf $\mathbb{S}$ ab.*

Damit wird eine horizontale Gerade $z = x + iy_0$ bijektiv auf den offenen Strahl L_{y_0}, der von 0 durch den Punkt e^{iy_0} auf dem Einheitskreis geht, abgebildet. Vertikale Geraden $z = x_0 + iy$ gehen in Kreislinien um 0 vom Radius e^{x_0} über; Intervalle der Länge $< 2\pi$ auf solchen Geraden werden dabei bijektiv abgebildet.

Jeder halboffene Horizontalstreifen

$$S_{y_0} = \{z = x + iy \colon y_0 \leq y < y_0 + 2\pi\}$$

wird bijektiv auf $\mathbb{C}^*$ abgebildet; dabei geht die Gerade $z = x + iy_0$ in den Strahl L_{y_0} über, und der offene Streifen biholomorph auf die „geschlitzte" Ebene $\mathbb{C}^* \setminus L_{y_0}$. Für $y_0 = -\pi$ erhält man die längs der negativen reellen Achse „geschlitzte" Ebene $\mathbb{C}^* \setminus \mathbb{R}_{<0}$.

Jetzt werden die übrigen elementaren Funktionen, ausgehend von der Exponentialfunktion, durch die folgenden *Eulerschen Formeln* eingeführt:

Definition 7.2 (Trigonometrische und hyperbolische Funktionen).

    i. $\cos z = \frac{1}{2}(e^{iz} + e^{-iz})$: *Cosinusfunktion*

    ii. $\sin z = \frac{1}{2i}(e^{iz} - e^{-iz})$: *Sinusfunktion*

    iii. $\cosh z = \frac{1}{2}(e^z + e^{-z})$: *Hyperbelcosinus*

    iv. $\sinh z = \frac{1}{2}(e^z - e^{-z})$: *Hyperbelsinus*

Ihre Eigenschaften ergeben sich sofort aus den entsprechenden Eigenschaften der Exponentialfunktion; wir fassen sie zusammen als

Satz 7.5.

    i. $\cos z$ und $\sin z$ sind periodisch von der Periode 2π; $\cosh z$ und $\sinh z$ periodisch mit Periode $2\pi i$.

    ii.

$$\frac{d}{dz}\sin z = \cos z \qquad\qquad \frac{d}{dz}\cos z = -\sin z$$

$$\frac{d}{dz}\sinh z = \cosh z \qquad\qquad \frac{d}{dz}\cosh z = \sinh z$$

    iii.

$$\sin(z + w) = \sin z \cos w + \cos z \sin w$$

$$\cos(z + w) = \cos z \cos w - \sin z \sin w$$

$$\sinh(z + w) = \sinh z \cosh w + \cosh z \sinh w$$

$$\cosh(z + w) = \cosh z \cosh w + \sinh z \sinh w$$

    iv. Für jede der obigen Funktionen gilt: $f(\bar{z}) = \overline{f(z)}$.

    v.

$$\cos z = \sum_{\nu=0}^{\infty}(-1)^\nu \frac{z^{2\nu}}{(2\nu)!} \qquad\qquad \sin z = \sum_{\nu=0}^{\infty}(-1)^\nu \frac{z^{2\nu+1}}{(2\nu+1)!}$$

$$\cosh z = \sum_{\nu=0}^{\infty}\frac{z^{2\nu}}{(2\nu)!} \qquad\qquad \sinh z = \sum_{\nu=0}^{\infty}\frac{z^{2\nu+1}}{(2\nu+1)!}$$

vi. $\qquad e^{iz} = \cos z + i \sin z$

vii. $\qquad \sin^2 z + \cos^2 z \equiv 1$

$$\cosh^2 z - \sinh^2 z \equiv 1.$$

Aus *v* geht hervor, dass für reelles z die obigen Funktionen mit den aus der reellen Analysis bekannten trigonometrischen bzw. hyperbolischen Funktionen übereinstimmen. Die Beziehung *vi* liefert auch die Zerlegung von e^z in Real- und Imaginärteil (ebenfalls als Eulersche Formel bekannt):

$$e^{x+iy} = e^x (\cos y + i \sin y). \tag{11}$$

Für die Nullstellen der trigonometrischen Funktionen gilt:

Satz 7.6. *Die Nullstellen des Sinus sind die reellen Zahlen* $k\pi, k \in \mathbb{Z}$, *die des Cosinus* $\frac{\pi}{2} + k\pi, k \in \mathbb{Z}$.

Beweis: Wir beschränken uns auf den Cosinus. Aus

$$0 = \cos z = \frac{1}{2}(e^{iz} + e^{-iz})$$

folgt

$$e^{2iz} + 1 = 0; \tag{12}$$

die einzigen Lösungen von (12) sind die oben angegebenen. $\qquad \square$

In der reellen Analysis führt man gelegentlich die Kreiszahl π durch die Bedingung ein, dass $\pi/2$ die kleinste positive Nullstelle des Cosinus sein soll – vgl. [GFL]. Damit zeigt der Satz, dass unsere Definition auf dieselbe Zahl π führt wie die elementare Definition. Den Zusammenhang mit dem Kreisumfang stellen wir im nächsten Paragraphen her.

Als Anwendung der bisherigen Definitionen und Beziehungen geben wir die *n-ten Einheitswurzeln* an, d.h. alle n Lösungen der Gleichung

$$X^n = 1$$

in $\mathbb{C}$. Offensichtlich ist

$$\zeta_n = e^{2\pi i/n} = \cos \frac{2\pi}{n} + i \sin \frac{2\pi}{n}$$

eine solche Einheitswurzel; alle übrigen sind die Potenzen ζ_n^h, $h = 0, 1, \ldots, n-1$. Diese Zahlen liegen sämtlich auf der Kreislinie $\mathbb{S}$ und spannen ein regelmäßiges n-Eck mit einer Ecke in 1 auf. Sie bilden eine zyklische Gruppe (bei der Multiplikation) der Ordnung n; in den Aufgaben wird gezeigt, dass alle endlichen Untergruppen (sogar alle abgeschlossenen echten Untergruppen) von $\mathbb{S}$ Gruppen n-ter Einheitswurzeln sind.

Als Konsequenz ergibt sich, dass jede komplexe Zahl $z = |z|\, e^{it}$ n-te Wurzeln besitzt, die in der Gestalt

$$\sqrt[n]{|z|}\, e^{it/n}\, \zeta_n^h, \quad h = 0, \ldots, n-1 \tag{13}$$

geschrieben werden können. Für $z \neq 0$ sind alle diese Wurzeln verschieden.

Abschließend die weiteren trigonometrischen und hyperbolischen Funktionen:

$$\tan z = \frac{\sin z}{\cos z}, \qquad \cot z = \frac{\cos z}{\sin z}, \tag{14}$$

$$\tanh z = \frac{\sinh z}{\cosh z}, \qquad \coth z = \frac{\cosh z}{\sinh z}; \tag{15}$$

sie sind außerhalb der Nullstellen der Nenner holomorph und haben die Perioden π bzw. πi.

Schlussbemerkung: Wir haben in diesem Paragraphen die elementaren reell-analytischen Funktionen e^x usw. zu holomorphen Funktionen in die komplexe Ebene fortgesetzt. In Satz II.4.2 wird gezeigt, dass diese Fortsetzung nur auf eine Weise möglich ist und damit nicht willkürlich.

Aufgaben

1. Es sei $\zeta \neq 1$ eine n-te Einheitswurzel. Zeige
$$1 + 2\zeta + 3\zeta^2 + \ldots + n\zeta^{n-1} = n/(\zeta - 1).$$

2. Gib die Nullstellen von $\cosh z$ und $\sinh z$ an.

3. Jede abgeschlossene echte Untergruppe von $\mathbb{S}$ ist endlich zyklisch, besteht also aus Einheitswurzeln. Beweis?

4. a) Zeige $|\sin z| \leq \sinh |z|$, $|\cos z| \leq \cosh |z|$;
   untersuche das Verhalten der trigonometrischen und hyperbolischen Funktionen bei $\operatorname{Re} z \to \infty$ bzw. $\operatorname{Im} z \to \infty$.
   b) Wo nehmen die Funktionen $\sin, \cos, \tan, \cot$ reelle Werte an, wo rein imaginäre?

5. Drücke die folgenden Summen durch die Exponentialfunktion aus:
$$\sum_{n=0}^{\infty} \frac{z^{4n}}{(4n)!}, \qquad \sum_{n=0}^{\infty} \frac{z^{3n}}{(3n)!}.$$

6. Die Funktion $\tan z$ nimmt die Werte $\pm i$ nicht an, daher ist $\frac{d}{dz}\tan z \neq 0$ überall;
   der Tangens bildet den Streifen $S_0 = \{-\pi/2 < \operatorname{Re} z < \pi/2\}$ biholomorph auf $\mathbb{C} \setminus M$ ab mit $M = \{iy : y \in \mathbb{R}, |y| \geq 1\}$.

7. Zeige: Die Potenzreihe $f(z) = \sum_{n=0}^{\infty} z^{n!}$ hat den Konvergenzradius 1; für jedes feste $\alpha \in \mathbb{Q}$ ist $f(r\, e^{2\pi i\, \alpha})$ unbeschränkt bei $r \to 1$.

8. Integration

Wir führen nun das wichtigste Hilfsmittel der komplexen Analysis ein: die Integration komplexwertiger Funktionen über geeignete Kurven („Integrationswege") in der komplexen Ebene. Definiert wird also:

$$\int_\gamma f(z)\, dz, \tag{1}$$

wobei f eine – i.a. stetige – Funktion und $\gamma\colon [a,b] \to \mathbb{C}$ ein stückweise stetig differenzierbarer Weg im Definitionsbereich von f ist. Für den mit Wegintegralen schon vertrauten Leser: (1) ist das Integral der speziellen Pfaffschen Form $f(z)dz$ über den Weg γ. Wir definieren aber jetzt „ab ovo", setzen also (fast) nichts als bekannt voraus.

Das Integral einer auf einem Intervall $[a,b]$ erklärten Funktion

$$f = g + ih\colon [a,b] \to \mathbb{C}$$

ist die komplexe Zahl

$$\int_a^b f(t)\, dt = \int_a^b g(t)\, dt + i \int_a^b h(t)\, dt; \tag{2}$$

es existiert für integrable Funktionen, z.B. für stückweise stetige Funktionen:

Definition 8.1.

  i. *Die Funktion $f\colon [a,b] \to \mathbb{C}$ heißt stückweise stetig, wenn es eine Zerlegung*

$$a = t_0 < t_1 < t_2 < \ldots < t_n = b \tag{3}$$

  des Intervalls $[a,b]$ in Teilintervalle $[t_{\nu-1}, t_\nu]$ so gibt, dass die Einschränkung von f auf das offene Teilintervall $]t_{\nu-1}, t_\nu[$ stetig ist und stetig in die Punkte $t_{\nu-1}$ und t_ν fortsetzbar ist.

  ii. *f heißt stückweise stetig differenzierbar, wenn die Ableitung f' mit eventueller Ausnahme der Punkte einer Zerlegung (3) existiert und zu einer stückweise stetigen Funktion fortgesetzt werden kann.*

Notieren wir, dass das Funktional

$$I(f) = \int_a^b f(t)\, dt$$

$\mathbb{C}$-linear ist und $I(\overline{f}) = \overline{I(f)}$, also auch

$$I(\operatorname{Re} f) = \operatorname{Re} I(f), \quad I(\operatorname{Im} f) = \operatorname{Im} I(f) \tag{4}$$

erfüllt. Wesentlich ist

Hilfssatz 8.1.

$$\left| \int_a^b f(t)\, dt \right| \le \int_a^b |f(t)|\, dt$$

Beweis: Wir wählen $\alpha \in \mathbb{R}$ so, dass

$$e^{i\alpha} \int_a^b f(t)\, dt \ge 0$$

wird. Dann ergibt sich mit $|e^{i\alpha}| = 1$ und (4):

$$\left| \int_a^b f(t)\, dt \right| = \left| e^{i\alpha} \int_a^b f(t)\, dt \right| = \operatorname{Re} \left(e^{i\alpha} \int_a^b f(t)\, dt \right) = \operatorname{Re} \int_a^b e^{i\alpha} f(t)\, dt$$

$$= \int_a^b \operatorname{Re}(e^{i\alpha} f(t))\, dt \le \int_a^b |e^{i\alpha} f(t)|\, dt = \int_a^b |f(t)|\, dt. \qquad \square$$

Natürlich gelten die wichtigen Sätze der Integralrechnung auch für komplexwertige Funktionen. Wir notieren zur späteren Verwendung

Satz 8.2.

    i. Es sei f auf $[a, b]$ stetig differenzierbar. Dann ist

$$\int_a^b f'(t)\, dt = f(b) - f(a).$$

    ii. (Substitutionsregel) Es sei f auf $[a, b]$ stückweise stetig und $h\colon [\alpha, \beta] \to [a, b]$ stetig, bijektiv, monoton wachsend und stückweise stetig differenzierbar. Dann ist

$$\int_a^b f(s)\, ds = \int_\alpha^\beta f(h(t)) h'(t)\, dt. \tag{5}$$

(Der Integrand auf der rechten Seite von (5) ist in endlich vielen Punkten nicht definiert: das schadet nichts!)

Jetzt können wir die Wege einführen, über die integriert werden soll:

Definition 8.2. *Es sei $M \subset \mathbb{C}$ eine Teilmenge. Ein Integrationsweg in M ist eine stetige, stückweise stetig differenzierbare Abbildung γ eines Intervalls $[a, b]$ nach M.*

Die Begriffe Anfangs- bzw. Endpunkt und Spur von γ hatten wir schon früher eingeführt. $[a, b]$ heißt das Parameterintervall von γ; wir sagen auch, der Weg werde von $\gamma(a)$ nach $\gamma(b)$ durchlaufen. Aus der reellen Analysis übernehmen wir

Satz 8.3. *Integrationswege sind rektifizierbar, ihre Länge wird durch*

$$L(\gamma) = \int_a^b |\gamma'(t)|\, dt \tag{6}$$

gegeben.

Damit kommen wir zur entscheidenden Definition:

Definition 8.3. *Es sei $f\colon M \to \mathbb{C}$ eine stetige Funktion auf der Teilmenge $M \subset \mathbb{C}$ und $\gamma\colon [a,b] \to M$ ein Integrationsweg in M. Das Integral von f über γ wird definiert als*

$$\int_\gamma f(z)\, dz = \int_a^b f(\gamma(t))\gamma'(t)\, dt. \tag{7}$$

Wieder ist der Integrand rechts nur mit Ausnahme endlich vieler Punkte definiert, ist aber stückweise stetig (fortsetzbar).

Beispiele und Rechenregeln:

i. Es seien $a, b \in \mathbb{C}$ und $\gamma\colon [0,1] \to \mathbb{C}$ definiert durch

$$\gamma(t) = a + t(b-a), \quad 0 \le t \le 1.$$

Diesen Weg bezeichnen wir mit $[a,b]$ und nennen ihn die *Strecke von a nach b*. Sind insbesondere a und b reell mit $a < b$, so prüft man sofort

$$\int_{[a,b]} f(z)\, dz = \int_a^b f(t)\, dt$$

nach.

ii. Für $z_0 \in \mathbb{C}$ und $r > 0$ setzen wir

$$\kappa(r; z_0)(t) = z_0 + r\, e^{it}, \quad -\pi \le t \le \pi, \tag{8}$$

und nennen den Integrationsweg (8) die *(positiv orientierte) Kreislinie* um z_0 vom Radius r; ihre Spur ist ja gerade der Kreis $\partial D_r(z_0)$.

Satz 8.3 liefert für die Länge der Kreislinie

$$L\left(\kappa(r; z_0)\right) = \int_{-\pi}^{\pi} |ir\, e^{it}|\, dt = 2\pi r;$$

damit ist die Kreiszahl π, die wir im vorigen Paragraphen über die Periodizität der Exponentialfunktion eingeführt haben, mit der aus der Geometrie bekannten Kreiszahl identifiziert.

iii. Ein besonders wichtiges Beispiel ist

$$\int_{\kappa(r;z_0)} \frac{dz}{z - z_0} = \int_{-\pi}^{\pi} \frac{ir\,e^{it}}{r\,e^{it}}\,dt = 2\pi i. \tag{9}$$

Definition 8.4. *Eine Parametertransformation ist eine Abbildung*

$$h\colon [\alpha, \beta] \to [a, b]$$

mit folgenden Eigenschaften:
   i. h ist stetig, stückweise stetig differenzierbar und bijektiv.
  ii. Es gibt ein $\delta > 0$, so dass $h'(t) \geq \delta$ für alle t, wo es definiert ist, gilt.

h ist dann notwendig streng monoton, und die Umkehrung h^{-1} ist ebenfalls eine Parametertransformation (von $[a, b]$ nach $[\alpha, \beta]$). Ebenso ist die Hintereinanderausführung zweier Parametertransformationen wiederum eine solche. Ist nun $\gamma\colon [a, b] \to \mathbb{C}$ ein Integrationsweg, so ist auch $\gamma \circ h\colon [\alpha, \beta] \to \mathbb{C}$ einer, und zwar mit derselben Spur und demselben Anfangs- und Endpunkt. Wir sagen: $\gamma \circ h$ geht durch *Umparametrisierung* aus γ hervor.

Es möge nun f auf der Spur von γ stetig sein. Nach (5) und (7) gilt

$$\begin{aligned}
\int_\gamma f(z)\,dz &= \int_a^b f\big(\gamma(t)\big)\gamma'(t)\,dt \\
&= \int_\alpha^\beta f\big(\gamma(h(s))\big)(\gamma \circ h)'(s)\,ds \\
&= \int_{\gamma \circ h} f(z)\,dz;
\end{aligned} \tag{10}$$

das Integral ist also gegenüber Umparametrisierung invariant.

Wir werden daher Integrationswege identifizieren, wenn sie durch Umparametrisierung auseinander hervorgehen. – Ganz pedantisch: ein Integrationsweg ist eine Äquivalenzklasse von (parametrisierten) Integrationswegen bezüglich der oben eingeführten Äquivalenzrelation. – Die Abbildungen γ und $\gamma \circ h$ heißen dann Parametrisierungen desselben Integrationsweges.

Die Substitutionsregel kontrolliert auch das Verhalten von Wegintegralen unter holomorphen Abbildungen. Ist γ ein Integrationsweg in der offenen Menge $U \subset \mathbb{C}$, und ist $h\colon U \to V$ eine holomorphe Funktion, so ist $h \circ \gamma$ ein Integrationsweg in V. Für stetiges f in V gilt dann

$$\int_{h \circ \gamma} f(w)\,dw = \int_a^b f\big(h(\gamma(t))\big)h'(\gamma(t))\gamma'(t)\,dt = \int_\gamma (f \circ h)h'(z)\,dz; \tag{11}$$

man beachte den zusätzlich auftretenden Faktor h' im Integranden!

Integrationswege lassen sich in naheliegender Weise zusammensetzen, unterteilen und umkehren:

a) Es seien γ_1 und γ_2 zwei Integrationswege; der Endpunkt von γ_1 sei mit dem Anfangspunkt von γ_2 identisch. Wir dürfen – indem wir gegebenenfalls zu äquivalenten Parametrisierungen übergehen – als Parameterintervalle $[a, b]$ und $[b, c]$ annehmen. Dann ist durch

$$\gamma(t) = \begin{cases} \gamma_1(t) & \text{für } t \in [a, b], \\ \gamma_2(t) & \text{für } t \in [b, c] \end{cases}$$

ein neuer Integrationsweg definiert, der aus γ_1 und γ_2 zusammengesetzt ist. Offenbar gilt für stetiges f:

$$\int_\gamma f(z)\, dz = \int_{\gamma_1} f(z)\, dz + \int_{\gamma_2} f(z)\, dz; \tag{12}$$

wir schreiben daher auch:

$$\gamma = \gamma_1 + \gamma_2$$

(in dieser Reihenfolge!).

b) Ist $\gamma\colon [a, b] \to \mathbb{C}$ ein Integrationsweg und $a = t_0 < t_1 < \ldots < t_r = b$ eine Unterteilung des Parameterintervalls, so ist die Einschränkung $\gamma_j = \gamma\big|[t_{j-1}, t_j]$ ebenfalls ein Integrationsweg, und man hat

$$\gamma = \gamma_1 + \gamma_2 + \ldots + \gamma_r;$$

die Teilwege γ_j entstehen durch *Unterteilung* von γ.

c) Nun sei $\gamma\colon [0, 1] \to \mathbb{C}$ wieder ein Integrationsweg. Wir definieren

$$-\gamma\colon [0, 1] \to \mathbb{C}$$

durch $-\gamma(t) = \gamma(1 - t)$ und nennen $-\gamma$ den *entgegengesetzten Weg* zu γ. Die Spur ist also gleich geblieben, Anfangs- und Endpunkt sind vertauscht. Dann ist offenbar

$$\int_{-\gamma} f(z)\, dz = -\int_\gamma f(z)\, dz. \tag{13}$$

Für $\gamma_1 + (-\gamma_2)$ schreiben wir kurz $\gamma_1 - \gamma_2$.

Wir setzen unsere Beispielliste fort:

iv. Durch $\gamma\colon [a, b] \to \mathbb{C}$ mit $\gamma(t) \equiv c$ wird ein *konstanter Weg* gegeben; jedes Integral hierüber ist Null.

v. Ein Weg heißt *geschlossen*, wenn Anfangs- und Endpunkt übereinstimmen. Z.B. sind die Kreislinien $\kappa(r; z_0)$ geschlossene Wege, ebenso der Rand $\partial\Delta$ des Dreiecks Δ mit den Ecken a, b, c:

$$\partial\Delta = [a, b] + [b, c] + [c, a].$$

vi. Beispiel *iii* (Formel (9)) zeigt, dass der Wert eines Integrals vom Verlauf des Integrationsweges abhängt: andernfalls wäre das Integral über jeden geschlossenen Integrationsweg Null (gleich dem Integral über einen Punktweg). Hier noch zwei typische Beispiele für Integration über die Kreislinie $\kappa(1;0)\colon t \mapsto e^{it}$, $-\pi \leq t \leq \pi$.

$$\int_{\kappa(1;0)} z^n \, dz = i \int_{-\pi}^{\pi} e^{i(n+1)t} \, dt = 0 \quad \text{für } n \neq -1,$$

$$\int_{\kappa(1;0)} \overline{z} \, dz = \int_{\kappa(1;0)} \frac{dz}{z} = 2\pi i.$$

vii. In vielen Fällen schreiben wir anstelle von $\int_\gamma$ auch $\int_{\mathrm{Sp}\,\gamma}$, wenn nämlich klar ist, wie die Punktmenge $\mathrm{Sp}\,\gamma$ parametrisiert werden soll. So würden wir in Beispiel *vi* auch $\int_{\mathbb{S}}$ oder $\int_{|z|=1}$ schreiben.

Wir übersetzen noch Hilfssatz 8.1 in die Sprache der Wegintegrale und erhalten

Satz 8.4 (Standardabschätzung). *Es sei f auf der Spur des Integrationsweges γ stetig. Dann ist*

$$\left| \int_\gamma f(z) \, dz \right| \leq \max_{\mathrm{Sp}\,\gamma} |f| \cdot L(\gamma).$$

Beweis: Da $\mathrm{Sp}\,\gamma$ kompakt ist, ist $|f|$ dort beschränkt, etwa $\leq M$. Dann folgt nach Hilfssatz 8.1

$$\left| \int_\gamma f(z) \, dz \right| = \left| \int_a^b f(\gamma(t))\gamma'(t) \, dt \right| \leq \int_a^b |f(\gamma(t))| \, |\gamma'(t)| \, dt$$

$$\leq M \int_a^b |\gamma'(t)| \, dt = M \cdot L(\gamma). \qquad \square$$

Aus dieser Abschätzung ergibt sich unmittelbar

Satz 8.5. *Es sei f_ν eine Folge stetiger Funktionen auf der Spur des Integrationsweges γ, die dort gleichmäßig gegen eine Grenzfunktion f konvergiert. Dann ist f stetig, und*

$$\int_\gamma f(z) \, dz = \lim_{\nu \to \infty} \int_\gamma f_\nu(z) \, dz.$$

(Integration und Grenzprozess sind also vertauschbar).

Beweis: Die Stetigkeit von f ist bekannt. Damit wird

$$\left| \int_\gamma f(z) \, dz - \int_\gamma f_\nu(z) \, dz \right| = \left| \int_\gamma (f(z) - f_\nu(z)) \, dz \right|$$

$$\leq \max_{\mathrm{Sp}\,\gamma} |f(z) - f_\nu(z)| L(\gamma) \to 0. \qquad \square$$

Zwei weitere Vertauschungssätze sind für die folgenden Kapitel wichtig; in beiden Fällen handelt es sich um Resultate, die in der Integralrechnung im $\mathbb{R}^n$ bewiesen werden; wir geben sie daher ohne Beweis an:

Satz 8.6. *Es sei γ ein Integrationsweg in $\mathbb{C}$, $M \subset \mathbb{R}^n$, $f\colon \mathrm{Sp}\,\gamma \times M \to \mathbb{C}$ eine stetige Funktion.*

  i. Die Funktion

$$\mathbf{x} \mapsto \int_\gamma f(z, \mathbf{x})\, dz = F(\mathbf{x})$$

  ist stetig auf M.

  ii. Ist M offen und hat f eine auf $\mathrm{Sp}\,\gamma \times M$ stetige partielle Ableitung nach x_ν, so ist F stetig partiell nach x_ν differenzierbar, mit

$$\frac{\partial F}{\partial x_\nu}(\mathbf{x}) = \int_\gamma \frac{\partial f}{\partial x_\nu}(z, \mathbf{x})\, dz.$$

  iii. Ist $M \subset \mathbb{C}$ offen und ist f für jedes $z \in \gamma$ komplex nach $w \in M$ differenzierbar, mit auf $\mathrm{Sp}\,\gamma \times M$ stetiger Ableitung $f_w(z, w)$, so ist F holomorph in w, mit

$$F'(w) = \int_\gamma f_w(z, w)\, dz.$$

Aussage *iii* folgt natürlich aus *ii*. Aussage *i* ergibt sich genau wie Satz 8.5 aus der Standardabschätzung (und kann als Verallgemeinerung von Satz 8.5 angesehen werden).

Schließlich liefert der Satz von Fubini über die Vertauschbarkeit von Integrationen

Satz 8.7. *Es seien α und β zwei Integrationswege, die Funktion f sei auf $\mathrm{Sp}\,\alpha \times \mathrm{Sp}\,\beta$ stetig. Dann ist*

$$\int_\alpha \left[\int_\beta f(z, w)\, dw \right] dz = \int_\beta \left[\int_\alpha f(z, w)\, dz \right] dw.$$

Die Integrationstheorie zeigt auch, dass der folgende Satz als Sonderfall von Satz 8.7 angesehen werden kann:

Satz 8.8. *Es seien $a_{\nu\mu}$ für $(\nu, \mu) \in \mathbb{N} \times \mathbb{N}$ komplexe Zahlen. Wenn es eine von n, m unabhängige Schranke K mit*

$$\sum_{\mu=0}^{m} \sum_{\nu=0}^{n} |a_{\nu\mu}| \leq K$$

gibt, so konvergieren die Reihen $\displaystyle\sum_{\nu=0}^{\infty} \left(\sum_{\mu=0}^{\infty} a_{\nu\mu} \right)$ und $\displaystyle\sum_{\mu=0}^{\infty} \left(\sum_{\nu=0}^{\infty} a_{\nu\mu} \right)$, und zwar gegen denselben Grenzwert.

Aufgaben

1. Es sei $f\colon [a, b] \to \mathbb{C}$ eine stetige Funktion. Beweise

$$\left| \int_a^b \operatorname{Re} f(t)\, dt \right| \leq \left| \int_a^b f(t)\, dt \right| \quad \text{und} \quad \left| \int_a^b \operatorname{Im} f(t)\, dt \right| \leq \left| \int_a^b f(t)\, dt \right|.$$

2. Bestimme die Spur des Weges $\gamma(t) = a\, e^{it} + b\, e^{-it}$, $0 \leq t \leq 2\pi$, $a > b > 0$, und berechne

$$\int_\gamma z\, dz \quad \text{sowie} \quad \int_\gamma z^2\, dz.$$

3. Berechne $\int_{\kappa(r;0)} \operatorname{Re} z\, dz$ und $\int_{[a,b]} \operatorname{Re} z\, dz$ $(a, b \in \mathbb{C})$.

9. Mehrere komplexe Variable

Das in den ersten Paragraphen konstruierte Fundament trägt mehr als nur die Theorie der holomorphen Funktionen in der Ebene: wir können mühelos die Begriffe auf Funktionen mehrerer komplexer Veränderlicher ausdehnen. Dabei bleiben die Beweise und Ergebnisse zunächst im wesentlichen unverändert – obwohl die Theorie mehrerer Variabler später zu typischen Fragen führt, die sich in einer Variablen nicht stellen. Nun zu den Einzelheiten!

Im n-dimensionalen komplexen Vektorraum

$$\mathbb{C}^n = \{ \mathbf{z}\colon \mathbf{z} = (z_1, \dots, z_n), z_\nu \in \mathbb{C} \}$$

bezeichnen wir Real- und Imaginärteil der komplexen Koordinatenfunktion z_ν mit x_ν bzw. y_ν und führen anstelle der euklidischen Norm die „Maximumsnorm"

$$|\mathbf{z}| = \max_{\nu = 1, \dots, n} |z_\nu|$$

ein. Wir betrachten auf offenen Mengen $U \subset \mathbb{C}^n$ definierte komplexwertige Funktionen $f\colon U \to \mathbb{C}$.

Definition 9.1. *Eine Funktion $f\colon U \to \mathbb{C}$ ist in $\mathbf{z}_0 \in U$ komplex differenzierbar, wenn es n in $\mathbf{z}_0$ stetige Funktionen $\Delta_1, \dots, \Delta_n\colon U \to \mathbb{C}$ so gibt, dass für alle $\mathbf{z} \in U$*

$$f(\mathbf{z}) - f(\mathbf{z}_0) = \sum_{\nu = 1}^n \Delta_\nu(\mathbf{z})(z_\nu - z_\nu^0) \tag{1}$$

gilt. Eine auf U holomorphe Funktion ist eine in allen $\mathbf{z}_0 \in U$ komplex differenzierbare Funktion. Die Funktion f heißt in $\mathbf{z}_0$ holomorph, wenn sie in einer Umgebung von $\mathbf{z}_0$ holomorph ist.

Die durch (1) eindeutig bestimmten Zahlen $\Delta_\nu(\mathbf{z}_0)$ sind definitionsgemäß die Werte der *komplexen partiellen Ableitungen* von f nach z_ν; Schreibweise

$$\Delta_\nu(\mathbf{z}_0) = \frac{\partial f}{\partial z_\nu}(\mathbf{z}_0) = f_{z_\nu}(\mathbf{z}_0).$$

Für auf ganz U holomorphe Funktionen erhält man dann durch

$$\mathbf{z} \mapsto \frac{\partial f}{\partial z_\nu}(\mathbf{z}), \quad \mathbf{z} \in U,$$

wohlbestimmte neue Funktionen

$$f_{z_\nu} = \frac{\partial f}{\partial z_\nu},$$

die komplexen partiellen Ableitungen von f auf U. Sind sie wiederum holomorph, so kann man *höhere partielle Ableitungen*

$$\frac{\partial^2 f}{\partial z_\nu \partial z_\mu}, \dots, \frac{\partial^{k_1 + \dots + k_n} f}{\partial z_1^{k_1} \cdots \partial z_n^{k_n}}$$

bilden.

Schreiben wir wie in I.5 die Definition der reellen Differenzierbarkeit genauso geschickt hin, als Bestehen der Relation

$$f(\mathbf{z}) - f(\mathbf{z}_0) = \sum_{\nu=1}^{n} \Delta_\nu(\mathbf{z})(z_\nu - z_\nu^0) + \sum_{\nu=1}^{n} E_\nu(\mathbf{z})(\overline{z}_\nu - \overline{z}_\nu^0) \tag{2}$$

mit in $\mathbf{z}_0$ stetigen Funktionen Δ_ν und E_ν, so folgt wie dort:

Die Werte $\Delta_\nu(\mathbf{z}_0)$, $E_\nu(\mathbf{z}_0)$ sind durch f und $\mathbf{z}_0$ eindeutig bestimmt; wir nennen sie die *Wirtinger-Ableitungen von f*:

$$\frac{\partial f}{\partial z_\nu} \text{ und } \frac{\partial f}{\partial \overline{z}_\nu}. \tag{3}$$

Dieselbe Rechnung wie früher (siehe I.5) liefert den Zusammenhang mit den partiellen Ableitungen nach den reellen Koordinaten:

$$\begin{aligned}
f_{z_\nu} &= \frac{\partial f}{\partial z_\nu} = \frac{1}{2}\left(\frac{\partial f}{\partial x_\nu} - i\frac{\partial f}{\partial y_\nu}\right) \\
f_{\overline{z}_\nu} &= \frac{\partial f}{\partial \overline{z}_\nu} = \frac{1}{2}\left(\frac{\partial f}{\partial x_\nu} + i\frac{\partial f}{\partial y_\nu}\right).
\end{aligned} \tag{4}$$

Ebenso zeigt die frühere Diskussion

Theorem 9.1. *Eine Funktion $f: U \to \mathbb{C}$ ist genau dann holomorph, wenn sie reell differenzierbar ist und den Differentialgleichungen*

$$\frac{\partial f}{\partial \overline{z}_\nu} = 0, \quad \nu = 1, \dots, n, \tag{5}$$

genügt. In dem Fall stimmen die Wirtinger-Ableitungen f_{z_ν} mit den komplexen partiellen Ableitungen überein (daher dieselbe Bezeichnung!).

Das System (5) heißt *System der Cauchy-Riemannschen Differentialgleichungen* in n Variablen.

Offensichtlich ist eine holomorphe Funktion von n Veränderlichen in jeder einzelnen Variablen holomorph; allgemeiner: hält man k Veränderliche fest, so ist sie in den übrigen $n - k$ Veränderlichen holomorph.

Die üblichen Rechenregeln für partielle Ableitungen gelten selbstverständlich. Beachtet man noch, dass konstante Funktionen und die Koordinatenfunktionen z_ν – nicht aber die $\bar{z}_\nu$! – offensichtlich holomorph sind, so ergibt sich

Satz 9.2. *Die holomorphen Funktionen auf einer offenen Menge U bilden eine $\mathbb{C}$-Algebra, welche die Polynomalgebra $\mathbb{C}[z_1, \ldots, z_n]$ enthält.*

Aus der Quotientenregel für Ableitungen ergibt sich weiter

Satz 9.3. *Der Quotient holomorpher Funktionen ist holomorph außerhalb der Nullstellen des Nenners; insbesondere sind rationale Funktionen (Quotienten von Polynomen) holomorph in ihrem Definitionsbereich.*

Zur Formulierung der Kettenregel benötigen wir

Definition 9.2. *Es sei $F = (f_1, \ldots, f_m)$ eine Abbildung einer offenen Menge $U \subset \mathbb{C}^n$ in den $\mathbb{C}^m$. F heißt holomorph, wenn alle $f_\mu, \mu = 1, \ldots, m$, holomorph sind.*

Ausführlich: $F(z_1, \ldots, z_n) = (w_1, \ldots, w_m)$ mit

$$w_\mu = f_\mu(z_1, \ldots, z_n), \quad \mu = 1, \ldots, m.$$

Alle f_μ seien holomorph. Ist nun f in einer Umgebung eines Punktes $w_0 = F(z_0)$ holomorph, so gilt für die Funktion $f \circ F$ in einer Umgebung von z_0 die

Kettenregel. *$f \circ F$ ist in z_0 holomorph, mit*

$$\frac{\partial(f \circ F)}{\partial z_\nu}(z_0) = \sum_{\mu=1}^{m} \frac{\partial f}{\partial w_\mu}(F(z_0)) \frac{\partial f_\mu}{\partial z_\nu}(z_0). \tag{6}$$

Die Formel (6) wird in der Regel kürzer geschrieben als

$$\frac{\partial(f \circ F)}{\partial z_\nu} = \sum_{\mu=1}^{m} \frac{\partial f}{\partial w_\mu} \frac{\partial w_\mu}{\partial z_\nu}. \tag{6'}$$

Der Beweis wird wie im Falle einer Variablen erbracht. Alternativ kann man die Formel aus der entsprechenden Formel der reellen Analysis herleiten.

Abschließend wenden wir uns der Integration von Funktionen mehrerer Variabler zu. Der einzige Fall, der für die grundlegenden Ergebnisse benötigt wird, ist der folgende:

Es seien $\gamma_\nu\colon [0,1] \to \mathbb{C}$ Integrationswege, $\nu = 1, \ldots, n$. Durch

$$\Gamma(t_1, \ldots, t_n) = (\gamma_1(t_1), \ldots, \gamma_n(t_n)) \tag{7}$$

wird dann eine Abbildung des n-dimensionalen Würfels

$$Q^n = \{(t_1, \ldots, t_n)\colon 0 \le t_\nu \le 1\} \subset \mathbb{R}^n$$

in den $\mathbb{C}^n$ definiert; wir nennen Γ eine *parametrisierte Integrationsfläche* im $\mathbb{C}^n$, ihre Bildmenge $\Gamma(Q^n)$ heißt auch die *Spur von* Γ. Ist nun f auf der Spur von Γ stetig, so definieren wir

$$\int_\Gamma f(z_1, \ldots, z_n)\, dz_1 \ldots dz_n = \int_{\gamma_n} \cdots \int_{\gamma_2} \left(\int_{\gamma_1} f(z_1, \ldots, z_n)\, dz_1 \right) dz_2 \ldots dz_n, \tag{8}$$

d.h. also: man integriert zunächst bei festen $z_2, \ldots, z_n$ die Funktion

$$z_1 \mapsto f(z_1, z_2, \ldots, z_n)$$

über γ_1, erhält damit eine – nach I.8 stetige! – Funktion von $z_2, \ldots, z_n$, sagen wir $F(z_2, \ldots, z_n)$, integriert dann die Funktion

$$z_2 \mapsto F(z_2, \ldots, z_n)$$

bei festen $z_3, \ldots, z_n$ über γ_2, und fährt so fort. Aus Satz 8.7 folgt, dass es auf die Reihenfolge der Integrationen bei diesem Verfahren nicht ankommt.

Für den mit Differentialformen vertrauten Leser: durch (8) wird das Integral der komplexen $(n,0)$-Form

$$f(z_1, \ldots, z_n)\, dz_1 \wedge \ldots \wedge dz_n$$

über die n-dimensionale Integrationsfläche $\Gamma \subset \mathbb{C}^n = \mathbb{R}^{2n}$ gegeben:

$$\int_\Gamma f(\mathbf{z})\, dz_1 \wedge \ldots \wedge dz_n.$$

Es lassen sich viel allgemeinere Flächen als Γ für die Integration verwenden, doch wird das erst im – hier nicht beabsichtigten – Ausbau der Theorie mehrerer komplexer Variablen benötigt.

Aufgaben

1. Leite die Cauchy-Riemannschen Differentialgleichungen explizit aus der komplexen Differenzierbarkeit her.

2. Es seien $g_1, \ldots, g_n$ und $h_1, \ldots, h_n$ reell differenzierbare Funktionen von n komplexen Veränderlichen. Man leite eine notwendige Bedingung dafür ab, dass es eine reell differenzierbare Funktion f gibt, so dass

a) $\dfrac{\partial f}{\partial z_\nu} = g_\nu$ für $\nu = 1, \ldots, n$,

b) $\dfrac{\partial f}{\partial \bar z_\nu} = h_\nu$ für $\nu = 1, \ldots, n$,

c) $\dfrac{\partial f}{\partial z_\nu} = g_\nu$, $\dfrac{\partial f}{\partial \bar z_\nu} = h_\nu$ für $\nu = 1, \ldots, n$.

3. Leite die Kettenregel (6) her.

4. Eine Abbildung $F\colon U \to V$, U und V offen in $\mathbb{C}^n$, heißt biholomorph, wenn sie bijektiv holomorph ist mit holomorpher Umkehrabbildung F^{-1}. Zeige: F ist biholomorph, wenn sie holomorph und bijektiv ist sowie F^{-1} reell differenzierbar ist.

Kapitel II.

Die Fundamentalsätze der komplexen Analysis

Holomorphe Funktionen unterscheiden sich grundlegend von reell differenzierbaren Funktionen: sie sind beliebig oft (reell und komplex) differenzierbar (II.3, 7), sogar in Potenzreihen entwickelbar (II.4), ihr gesamtes Verhalten wird bereits durch ihre Werte auf beliebig kleinen offenen Mengen festgelegt (II.4, 7), und sie genügen starken Konvergenzsätzen und Abschätzungen (II.5). Alle diese fundamentalen Eigenschaften ergeben sich aus dem Cauchyschen Integralsatz und den zugehörigen Integralformeln (II.1–3). – Meromorphe Funktionen erweitern die Klasse holomorpher Funktionen (II.6); ihr Studium führt auf isolierte Singularitäten und zu Verallgemeinerungen der Potenzreihen durch Einbeziehung negativer Potenzen (Laurentreihen). – Im Falle mehrerer komplexer Veränderlicher schließlich tritt zu den bereits aus der Theorie einer Veränderlichen bekannten Phänomenen eine fundamental neue Erscheinung hinzu: die gleichzeitige holomorphe Fortsetzung aus einem Gebiet in ein größeres Gebiet hinein (II.7). Auch hier ist die Cauchysche Integralformel (in einer Variablen!) das entscheidende Werkzeug.

Der Cauchysche Integralsatz war Gauß schon bekannt (1811), unabhängig von Gauß bewiesen ihn Cauchy (1825) und Weierstraß (1842). Ohne Stetigkeitsvoraussetzung an die Ableitung kommt Goursats Beweis (1900) aus; die elegante Verwendung von Dreieckswegen im zweiten Paragraphen stammt von Pringsheim (1901). Die Cauchyschen Integralformeln sind 1831 von Cauchy für Kreise veröffentlicht worden und wurden von ihm ähnlich wie hier zum Aufbau der Funktionentheorie benutzt. Ebenso gehen auf ihn die Anfänge der Theorie isolierter Singularitäten zurück. Die Theorie normaler Familien (Theorem 5.3) wurde von Montel 1912 entwickelt. Der restliche Inhalt des Kapitels ist mit Ausnahme von II.7 „klassisch": zweifellos war er in der zweiten Hälfte des 19. Jh. bekannt. – Die Überlegungen von II.7 zur Theorie mehrerer komplexer Variablen begannen mit Cauchy und waren den Funktionentheoretikern des ausgehenden 19. Jh. vertraut – mit einer (wesentlichen!) Ausnahme: die Ausnutzung des Cauchy-Integrals für die holomorphe Fortsetzung in mehreren Variablen verdankt man Hartogs (1906), mit ihm beginnt die moderne Theorie der Funktionen mehrerer komplexer Veränderlicher ([GF] und [L]).

1. Stammfunktionen

Der Hauptsatz der reellen Differential- und Integralrechnung zeigt, dass man die Bildung unbestimmter Integrale als Umkehrung der Differentiation betrachten kann. Wir wollen nun die entsprechende Frage für Funktionen einer *komplexen* Veränderlichen untersuchen.

Definition 1.1. *Es sei* $f\colon G \to \mathbb{C}$ *eine stetige Funktion auf dem Gebiet* $G \subset \mathbb{C}$. *Eine Funktion* $F\colon G \to \mathbb{C}$ *heißt Stammfunktion von* f, *wenn sie holomorph ist und* $F' = f$ *erfüllt.*

Beispiel:
Potenzreihen

$$\sum_0^\infty a_n (z - z_0)^n$$

haben auf ihrem Konvergenzkreis die Stammfunktion

$$\sum_0^\infty \frac{a_n}{n+1} (z - z_0)^{n+1}$$

(vgl. I.6); insbesondere haben wir für $\exp z$, $\sin z$, $\cos z$ die bekannten Stammfunktionen. Auf $\mathbb{C} \setminus \{z_0\}$ ist $(z - z_0)^{-n}$ holomorph ($n = 1, 2, 3, \ldots$), für $n \neq 1$ ist

$$\frac{1}{1-n} (z - z_0)^{1-n}$$

eine Stammfunktion, für $n = 1$ gibt es keine auf $\mathbb{C} \setminus \{z_0\}$ definierte Stammfunktion, wie wir bald sehen werden.

Hat $f\colon G \to \mathbb{C}$ eine Stammfunktion F, so kann man Kurvenintegrale von f leicht auswerten: Es sei $\gamma\colon [a, b] \to G$ stetig differenzierbar, dann gilt nach dem reellen Hauptsatz wegen der Stetigkeit von $(f \circ \gamma)\gamma'$

$$\int_\gamma f(z)\,dz = \int_a^b f(\gamma(t))\gamma'(t)\,dt = \int_a^b (F \circ \gamma)'(t)\,dt = F(\gamma(b)) - F(\gamma(a)). \qquad (1)$$

Ist γ nur stückweise stetig differenzierbar, so wählen wir eine Unterteilung

$$a = t_0 < t_1 < \ldots < t_n = b,$$

für die jedes $\gamma_\nu = \gamma\big|[t_{\nu-1}, t_\nu]$ stetig differenzierbar ist, und wenden (1) auf diese Teilwege an:

$$\int_\gamma f(z)\,dz = \sum_1^n \int_{\gamma_\nu} f(z)\,dz$$

$$= \sum_1^n \Big(F(\gamma(t_\nu)) - F(\gamma(t_{\nu-1})) \Big) = F(\gamma(b)) - F(\gamma(a)).$$

Wir haben also gezeigt:

Satz 1.1. *Hat* $f\colon G \to \mathbb{C}$ *die Stammfunktion* F, *so gilt für jeden Integrationsweg* γ *in* G *von* z_0 *nach* z_1:

$$\int_\gamma f(z)\,dz = F(z_1) - F(z_0).$$

In dieser Situation hängt der Wert des Integrals nur von den Endpunkten des Integrationsweges ab, insbesondere gilt für geschlossene Integrationswege γ in G stets

$$\int_\gamma f(z)\,dz = 0. \tag{2}$$

Im Reellen hat jede auf einem Intervall stetige Funktion dort eine Stammfunktion. Im Komplexen haben so einfache Funktionen wie $z \mapsto \operatorname{Re} z$ oder $z \mapsto |z|$ keine Stammfunktion (Aufgabe 2). Nicht einmal die auf $\mathbb{C} \setminus \{0\}$ holomorphe Funktion $z \mapsto 1/z$ hat dort eine Stammfunktion: Das ergibt sich mit (2) aus

$$\int_{|z|=1} \frac{dz}{z} = 2\pi i.$$

(Zur Schreibweise vgl. I.8, Beispiel *vii*).

Die notwendige Bedingung (2) ist auch hinreichend für die Existenz einer Stammfunktion:

Satz 1.2. *Für eine stetige Funktion auf dem Gebiet* $G \subset \mathbb{C}$ *gelte*

$$\int_\gamma f(z)\,dz = 0$$

für jeden geschlossenen Integrationsweg γ *in* G. *Dann hat* f *eine Stammfunktion auf* G.

Beweis: Es sei $a \in G$ fest. Zu jedem $z \in G$ wählen wir einen Integrationsweg γ_z in G von a nach z und setzen

$$F(z) = \int_{\gamma_z} f(\zeta)\,d\zeta.$$

Wir zeigen, dass F in jedem Punkt $z_0 \in G$ komplex differenzierbar ist und $F'(z_0) = f(z_0)$ erfüllt. Ist z ein hinreichend nahe bei z_0 gelegener Punkt, so gilt $[z_0, z] \subset G$ und $\gamma_{z_0} + [z_0, z] - \gamma_z$ ist ein geschlossener Weg in G. Nach Voraussetzung ist

$$\int_{\gamma_{z_0}} f(\zeta)\,d\zeta + \int_{[z_0,z]} f(\zeta)\,d\zeta - \int_{\gamma_z} f(\zeta)\,d\zeta = 0,$$

also

$$F(z) - F(z_0) = \int_{[z_0,z]} f(\zeta)\, d\zeta = \int_0^1 f\big(z_0 + t(z - z_0)\big)(z - z_0)\, dt = (z - z_0)A(z)$$

mit

$$A(z) = \int_0^1 f\big(z_0 + t(z - z_0)\big)\, dt.$$

Es ist $A(z_0) = f(z_0)$ und A ist stetig in z_0, da der letzte Integrand eine stetige Funktion von z ist (in einer Umgebung $U(z_0) \subset G$). $\qquad\square$

Wir bemerken noch, dass unsere Stammfunktion F zwar von a, aber nicht von der Wahl der Verbindungswege γ_z abhängt. Ist nämlich $\widetilde{\gamma}_z$ ein anderer Weg in G von a nach z, so ist $\gamma_z - \widetilde{\gamma}_z$ geschlossen, also

$$\int_{\gamma_z} f(\zeta)\, d\zeta - \int_{\widetilde{\gamma}_z} f(\zeta)\, d\zeta = \int_{\gamma_z - \widetilde{\gamma}_z} f(\zeta)\, d\zeta = 0.$$

Beschränkt man sich auf Gebiete spezieller Gestalt, so kann man die Voraussetzung von Satz 1.2 abschwächen: Statt beliebiger geschlossener Wege benötigt man nur Dreiecksränder.

Definition 1.2. *Ein Gebiet $G \subset \mathbb{C}$ heißt sternförmig, wenn es einen Punkt $a \in G$ gibt, so dass für jedes $z \in G$ die Verbindungsstrecke $[a, z]$ in G liegt.*

Konvexe Gebiete sind natürlich sternförmig.

Satz 1.3. *Es sei $G \subset \mathbb{C}$ ein sternförmiges Gebiet (bez. $a \in G$) und $f : G \to \mathbb{C}$ stetig. Für jedes abgeschlossene Dreieck $\Delta \subset G$ mit a als Ecke gelte*

$$\int_{\partial\Delta} f(\zeta)\, d\zeta = 0.$$

Dann hat f eine Stammfunktion.

Dabei bedeutet Integration über $\partial\Delta$ die Integration über den Streckenzug $[z_0, z_1] + [z_1, z_2] + [z_2, z_0]$, wenn Δ die Ecken z_0, z_1, z_2 hat.

Beweis: Wir behaupten:

$$F(z) = \int_{[a,z]} f(\zeta)\, d\zeta$$

ist eine Stammfunktion von f. Ist $z_0 \in G$ und z so nahe bei z_0, dass $[z_0, z] \subset G$, so liegt das Dreieck Δ mit den Ecken a, z, z_0 in G, und

$$0 = \int_{\partial\Delta} f(\zeta)\,d\zeta = \int_{[a,z]} f(\zeta)\,d\zeta - \int_{[z_0,z]} f(\zeta)\,d\zeta - \int_{[a,z_0]} f(\zeta)\,d\zeta,$$

also

$$F(z) - F(z_0) = \int_{[z_0,z]} f(\zeta)\,d\zeta$$

Hieraus folgt die Behauptung wie im Beweis von Satz 1.2.   □

Bemerkung: Ist G ein beliebiges Gebiet und gilt $\int_{\partial\Delta} f(\zeta)\,d\zeta = 0$ für alle abgeschlossenen Dreiecke $\Delta \subset G$, so hat f jedenfalls *lokale Stammfunktionen*, d.h. jeder Punkt $a \in G$ hat eine Umgebung $U \subset G$, so dass $f|U$ eine Stammfunktion hat. Es genügt nämlich, für U eine in G enthaltene Kreisscheibe um a zu nehmen und Satz 1.3 auf U anzuwenden.

Aufgaben

1. Es sei γ ein Integrationsweg von $i + 1$ nach $2i$. Man berechne die Integrale der folgenden Funktionen über γ:

$$\cos(1 + i)z; \quad iz^2 + 1 - 2iz^{-2}; \quad (z + 1)^3; \quad z\exp(iz^2).$$

2. Auf $\mathbb{C}$ hat $z \mapsto \operatorname{Re} z$ keine Stammfunktion, $z \mapsto |z|$ auch nicht.

3. Man zeige: Hat eine Funktion $f\colon G \to \mathbb{C}$ lokale Stammfunktionen, so gilt für jedes abgeschlossene Dreieck Δ in G die Beziehung $\int_{\partial\Delta} f(z)\,dz = 0$.

2. Der Cauchysche Integralsatz

Wir kommen nun zu dem zentralen Theorem der Funktionentheorie: praktisch alle wesentlichen Ergebnisse dieses und der folgenden Kapitel verwenden direkt oder indirekt den Inhalt des vorliegenden Paragraphen.

Theorem 2.1 (Lemma von Goursat). *Die Funktion f sei in einer Umgebung eines abgeschlossenen Dreieckes Δ holomorph. Dann ist*

$$\int_{\partial\Delta} f(z)\,dz = 0.$$

Holomorphe Funktionen genügen also den Voraussetzungen von Satz 1.3.

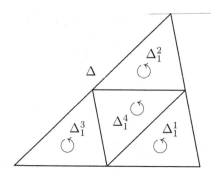

Bild 3. Zum Beweis von Theorem 2.1

Beweis: Wir zerlegen Δ in 4 Teildreiecke $\Delta_1^1, \ldots, \Delta_1^4$, indem wir die Seitenmittelpunkte von Δ miteinander verbinden (siehe Bild 3). Jede Verbindungsstrecke von Seitenmitten taucht als Teilstrecke des Randes von genau zwei Teildreiecken auf; bildet man also

$$\sum_{k=1}^{4} \int_{\partial \Delta_1^k} f(z)\,dz,$$

so heben sich die Integrale über diese Verbindungsstrecken weg, und man erhält

$$\int_{\partial \Delta} f(z)\,dz = \sum_{k=1}^{4} \int_{\partial \Delta_1^k} f(z)\,dz,$$

also

$$\left| \int_{\partial \Delta} f(z)\,dz \right| \leq 4 \max_{k} \left| \int_{\partial \Delta_1^k} f(z)\,dz \right|.$$

Unter den Dreiecken Δ_1^k wählen wir eines, für das das Randintegral maximalen Betrag hat, und nennen es Δ_1. Wir haben dann

$$\left| \int_{\partial \Delta} f(z)\,dz \right| \leq 4 \left| \int_{\partial \Delta_1} f(z)\,dz \right|.$$

Auf Δ_1 wenden wir die gleiche Konstruktion wie auf Δ an und bekommen ein Teildreieck Δ_2 mit

$$\left| \int_{\partial \Delta_1} f(z)\,dz \right| \leq 4 \left| \int_{\partial \Delta_2} f(z)\,dz \right|.$$

Auf diese Weise fortfahrend erhalten wir eine Folge ineinandergeschachtelter Dreiecke

$$\Delta = \Delta_0 \supset \Delta_1 \supset \Delta_2 \supset \ldots \supset \Delta_n \supset \ldots$$

mit

$$\left| \int_{\partial \Delta} f(z)\, dz \right| \leq 4^n \left| \int_{\partial \Delta_n} f(z)\, dz \right|. \tag{1}$$

Für Umfang $L(\partial \Delta_n)$ und Durchmesser diam Δ_n gilt dabei

$$L(\partial \Delta_n) = \frac{1}{2} L(\partial \Delta_{n-1}) = \ldots = \frac{1}{2^n} L(\partial \Delta) \tag{2}$$

$$\operatorname{diam} \Delta_n = \frac{1}{2^n} \operatorname{diam} \Delta. \tag{3}$$

Da alle Δ_n kompakt sind, ist ihr Durchschnitt nichtleer (siehe Satz I.1.7); wegen (3) besteht er aus genau einem Punkt z_0:

$$\bigcap_{n \geq 0} \Delta_n = \{z_0\}.$$

In diesem Punkt ist f komplex differenzierbar, also

$$f(z) = f(z_0) + (z - z_0)f'(z_0) + (z - z_0)A(z)$$

mit einer auf Δ stetigen, in z_0 verschwindenden Funktion A. Damit können wir das Integral von f abschätzen: die lineare Funktion

$$f(z_0) + (z - z_0)f'(z_0)$$

hat eine Stammfunktion; ihr Integral über den geschlossenen Weg $\partial \Delta_n$ ist also Null. Die Standardabschätzung liefert dann

$$\left| \int_{\partial \Delta_n} f(z)\, dz \right| = \left| \int_{\partial \Delta_n} (z - z_0)A(z)\, dz \right| \tag{4}$$

$$\leq L(\partial \Delta_n) \max_{\Delta_n} |(z - z_0)A(z)|$$

$$\leq L(\partial \Delta_n) \operatorname{diam} \Delta_n \max_{\Delta_n} |A(z)|.$$

Wir kombinieren (4) mit (1), (2) und (3) und erhalten

$$\left| \int_{\partial \Delta} f(z)\, dz \right| \leq 4^n \cdot 2^{-n} \cdot 2^{-n} L(\partial \Delta) \operatorname{diam} \Delta \cdot \max_{\Delta_n} |A(z)|$$

$$= L(\partial \Delta) \operatorname{diam} \Delta \cdot \max_{\Delta_n} |A(z)|.$$

Da die stetige Funktion $A(z)$ in z_0 verschwindet, ist

$$\lim_{n \to \infty} \max_{\Delta_n} |A(z)| = 0,$$

und damit, wie behauptet,

$$\int_{\partial \Delta} f(z)\, dz = 0. \qquad \square$$

Aus Satz 1.3 und dem Lemma von Goursat folgt, dass eine holomorphe Funktion auf jedem sternförmigen Gebiet eine Stammfunktion hat, und damit als „Hauptsatz der Funktionentheorie":

Theorem 2.2 (Cauchyscher Integralsatz für sternförmige Gebiete). *Die Funktion f sei holomorph auf dem sternförmigen Gebiet G. Dann ist*

$$\int_\gamma f(z)\,dz = 0$$

für jeden geschlossenen Integrationsweg γ in G.

Eine auf einem nicht sternförmigen Gebiet G holomorphe Funktion hat eventuell keine auf ganz G definierte Stammfunktion, wohl aber noch „lokale" Stammfunktionen, da jeder Punkt von G konvexe Umgebungen in G besitzt.

Aufgaben

1. Die Funktion f sei stetig auf $\overline{\mathbb{D}}$ und holomorph auf $\mathbb{D}$. Man zeige: Es ist

   $$\int_{\partial \mathbb{D}} f(\zeta)\,d\zeta = 0.$$

   Tipp: Man benutze die Funktionen $f_r(z) := f(rz)$ für $r \uparrow 1$.

2. a) Es sei a reell, $a \neq 0$. Mit Hilfe der Formel $\int_{-\infty}^{\infty} e^{-x^2}\,dx = \sqrt{\pi}$ berechne man

   $$\int_{-\infty}^{\infty} \exp(-x^2 - 2iax)\,dx.$$

   Tipp: Man integriere $\exp(-z^2)$ über den Rand des Rechtecks mit den Ecken $\pm R$, $\pm R + ia$ und lasse R gegen ∞ wachsen.

   b) Mit dem Ergebnis von a) berechne man für $\lambda \in \mathbb{R}$

   $$\int_{-\infty}^{+\infty} \exp(-x^2) \cos(\lambda x)\,dx.$$

3. Man berechne die „Fresnel-Integrale"

   $$\int_0^\infty \cos(x^2)\,dx = \sqrt{\pi/8} = \int_0^\infty \sin(x^2)\,dx.$$

   Tipp: Cauchyscher Integralsatz für Sektoren mit Zentrum 0 und Ecken $R > 0$, $e^{i\pi/4}R$.

4. Man zeige: Für $0 \leq a < 1$ ist

   $$\int_0^\infty e^{-(1-a^2)x^2} \cos(2ax^2)\,dx = \frac{\sqrt{\pi}}{2(1+a^2)}, \qquad \int_0^\infty e^{-(1-a^2)x^2} \sin(2ax^2)\,dx = \frac{a\sqrt{\pi}}{2(1+a^2)}.$$

3. Die Cauchysche Integralformel

Aus dem Cauchyschen Integralsatz leiten wir eine Integraldarstellung her, die zeigt, dass und wie die Funktionswerte einer holomorphen Funktion im Inneren eines Kreises schon durch die Werte auf seinem Rand festgelegt werden.

Theorem 3.1 (Cauchysche Integralformel). *Es sei G ein Gebiet, z_0 ein Punkt von G und $D = D_r(z_0) \subset\subset G$. Dann gilt für jede auf G holomorphe Funktion f*

$$f(z) = \frac{1}{2\pi i} \int_{\partial D} \frac{f(\zeta)}{\zeta - z}\, d\zeta \quad \text{für alle } z \in D. \tag{1}$$

Beweis: Für hinreichend kleines $\varepsilon > 0$ ist $U = D_{r+\varepsilon}(z_0)$ eine in G enthaltene konvexe (also sternförmige) Umgebung von z_0. Für festes $z \in D$ betrachten wir auf U die Funktion

$$g(\zeta) = \begin{cases} \dfrac{f(\zeta) - f(z)}{\zeta - z} & \text{für } \zeta \neq z \\[2mm] f'(z) & \text{für } \zeta = z. \end{cases}$$

Sie ist sicher holomorph auf $U \setminus \{z\}$, im Punkte $\zeta = z$ ist sie vielleicht nicht holomorph, aber jedenfalls noch stetig. Wir wenden trotzdem den Cauchyschen Integralsatz auf sie an – das rechtfertigen wir mit der Folgerung 3.3 unten. Damit bekommen wir

$$0 = \int_{\partial D} g(\zeta)\, d\zeta = \int_{\partial D} \frac{f(\zeta)\, d\zeta}{\zeta - z} - \int_{\partial D} \frac{f(z)\, dz}{\zeta - z}.$$

Hieraus folgt der Satz, wenn wir noch für $z \in D$

$$\int_{\partial D} \frac{d\zeta}{\zeta - z} = 2\pi i \tag{2}$$

zeigen. Das wird im Anschluss an Folgerung 3.3 geschehen.

Hilfssatz 3.2. *Es sei $\Delta \subset \mathbb{C}$ ein abgeschlossenes Dreieck; die Funktion f sei in einer Umgebung von Δ holomorph mit eventueller Ausnahme eines Punktes $z_0 \in \Delta$, in dem sie aber noch stetig ist. Dann ist*

$$\int_{\partial \Delta} f(z)\, dz = 0.$$

Beweis: a) Wir nehmen zunächst an, dass z_0 ein Eckpunkt von Δ ist. Die stetige Funktion f ist auf der kompakten Menge Δ beschränkt: $|f(z)| \leq M$. Zu gegebenem $\varepsilon > 0$ zerlegen wir Δ wie im linken Bild auf der nächsten Seite in drei Teildreiecke, so dass $L(\partial \Delta_1) < \varepsilon$. Dann verschwinden die Integrale über $\partial \Delta_2$ und $\partial \Delta_3$ nach Theorem 2.1. Wir haben also

$$\left| \int_{\partial \Delta} f(z)\, dz \right| = \left| \int_{\partial \Delta_1} f(z)\, dz \right| \leq L(\partial \Delta_1) \cdot M < \varepsilon M.$$

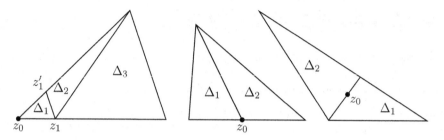

Bild 4. Zu Hilfssatz 3.2

b) Es liege nun z_0 auf einer Seite von Δ, sei aber kein Eckpunkt. Wir zerlegen Δ wie im mittleren Bild. Mit a erhalten wir

$$\int_{\partial\Delta} f(z)\,dz = \int_{\partial\Delta_1} f(z)\,dz + \int_{\partial\Delta_2} f(z)\,dz = 0.$$

c) Liegt z_0 im Innern von Δ, so zerlegen wir Δ wie im rechten Bild und haben wegen b wieder

$$\int_{\partial\Delta} f(z)\,dz = \int_{\partial\Delta_1} f(z)\,dz + \int_{\partial\Delta_2} f(z)\,dz = 0. \qquad\qquad \square$$

Ebenso wie man den Cauchyschen Integralsatz aus dem Lemma von Goursat herleitet, erhält man aus Hilfssatz 3.2 die

Folgerung 3.3. *Es sei $G \subset \mathbb{C}$ ein sternförmiges Gebiet und $f\colon G \to \mathbb{C}$ eine stetige Funktion, die holomorph ist mit eventueller Ausnahme eines Punktes z_0. Dann gilt für jeden geschlossenen Integrationsweg γ in G*

$$\int_{\gamma} f(z)\,dz = 0.$$

Zum Beweis von Formel (2) differenzieren wir gemäß Satz I.8.6 das Integral in (2) nach z und erhalten

$$\frac{\partial}{\partial z}\int_{\partial D} \frac{d\zeta}{\zeta - z} = \int_{\partial D} \frac{d\zeta}{(\zeta - z)^2}.$$

Das letzte Integral hat den Wert 0, da $(\zeta - z)^{-2}$ auf $\mathbb{C} \setminus \{z\}$ die Stammfunktion $\zeta \mapsto -(\zeta - z)^{-1}$ besitzt. Daher ist

$$\int_{\partial D} \frac{d\zeta}{\zeta - z}$$

konstant auf D; den Wert im Mittelpunkt z_0 haben wir bereits zu $2\pi i$ bestimmt.

Damit ist auch der Beweis von Theorem 3.1 vollständig. $\square$

Die Cauchysche Integralformel hat viele wichtige Konsequenzen. Die ersten leiten wir jetzt her, dabei behalten wir die Bezeichnungen von Theorem 3.1 bei.

In der Formel

$$f(z) = \frac{1}{2\pi i} \int_{\partial D} \frac{f(\zeta)\,d\zeta}{\zeta - z}$$

ist der Integrand holomorph in $z \in D$, wie eben können wir unter dem Integral nach z differenzieren:

$$f'(z) = \frac{1}{2\pi i} \int_{\partial D} \frac{f(\zeta)\,d\zeta}{(\zeta - z)^2} \quad \text{für } z \in D. \tag{3}$$

Hier ist wieder der Integrand holomorph für $z \in D$. Wieder wie oben folgt nun die Holomorphie von f' auf D und die Darstellung

$$f''(z) = \frac{2}{2\pi i} \int_{\partial D} \frac{f(\zeta)\,d\zeta}{(\zeta - z)^3} \quad \text{für } z \in D.$$

So fortfahrend erkennen wir: Die holomorphe Funktion f ist auf D beliebig oft komplex differenzierbar und ihre Ableitungen genügen der Formel

$$f^{(n)}(z) = \frac{n!}{2\pi i} \int_{\partial D} \frac{f(\zeta)\,d\zeta}{(\zeta - z)^{n+1}} \quad \text{für } z \in D \text{ und } n = 0, 1, 2, 3, \ldots$$

Hierbei war die Kreisscheibe $D \subset\subset G$ beliebig. Da jeder Punkt von G in einer solchen Kreisscheibe liegt, können wir zusammenfassen:

Theorem 3.4. *Die Ableitung einer holomorphen Funktion ist wieder holomorph. Holomorphe Funktionen sind beliebig oft komplex differenzierbar.*

Theorem 3.5 (Cauchysche Integralformel). *Ist $f: G \to \mathbb{C}$ holomorph und D eine relativ kompakt in G gelegene Kreisscheibe, so gilt für jedes $z \in D$ und $n = 0, 1, 2, \ldots$*

$$f^{(n)}(z) = \frac{n!}{2\pi i} \int_{\partial D} \frac{f(\zeta)\,d\zeta}{(\zeta - z)^{n+1}}.$$

Theorem 3.4 zeigt, dass komplexe Differenzierbarkeit eine viel einschneidendere und folgenreichere Bedingung als reelle Differenzierbarkeit ist: Die Ableitung einer reell differenzierbaren Funktion braucht nicht einmal stetig, erst recht nicht differenzierbar zu sein.

Mit Hilfe von Theorem 3.4 können wir einige hinreichende Holomorphiekriterien ableiten. Das erste ist eine Umkehrung des Lemmas von Goursat (Theorem 2.1).

Satz 3.6 (Morera). *Die Funktion f sei stetig auf dem Gebiet $G \subset \mathbb{C}$, für jedes abgeschlossene Dreieck $\Delta \subset G$ gelte $\int_{\partial \Delta} f(z)\,dz = 0$. Dann ist f holomorph auf G.*

Beweis: Es sei D eine beliebige Kreisscheibe in G. Auf Grund unserer Voraussetzung hat f nach Satz 1.3 eine Stammfunktion F auf D, nach Theorem 3.4 ist $f = F'$ auf D holomorph. $\qquad\Box$

Bemerkung: Es sei $f: G \to \mathbb{C}$ stetig auf dem Gebiet G und holomorph auf $G \setminus \{z_0\}$ für ein $z_0 \in G$. Nach Hilfssatz 3.2 ist dann $\int_{\partial\Delta} f(z)\,dz = 0$ für jedes abgeschlossene Dreieck Δ in G, nach dem Satz von Morera ist f holomorph auf ganz G. – Der Begriff der „stetigen, mit eventueller Ausnahme eines Punktes holomorphen Funktion" ist also nur scheinbar allgemeiner als der der „holomorphen Funktion". Wir benötigten den ersteren aber, um die Cauchysche Integralformel und damit schließlich den Satz von Morera zu beweisen.

Zum Abschluss noch ein oft benutztes Holomorphiekriterium, welches die Bemerkung wesentlich verschärft.

Satz 3.7 (Riemannscher Hebbarkeitssatz). *Es sei $G \subset \mathbb{C}$ ein Gebiet und z_0 ein Punkt von G. Die Funktion f sei auf $G \setminus \{z_0\}$ holomorph und bei z_0 beschränkt. Dann lässt sich f eindeutig zu einer holomorphen Funktion auf ganz G fortsetzen.*

Dabei heißt „f ist bei z_0 beschränkt": Es gibt eine Umgebung $U \subset G$ von z_0 und eine Schranke M, so dass $|f(z)| \leq M$ für $z \in U \setminus \{z_0\}$. – „Hebbarkeit" soll besagen, dass die Lücke z_0 im Holomorphiebereich von f „aufgehoben", d.h. beseitigt werden kann.

Beweis von Satz 3.7: Wegen der Beschränktheit von f bei z_0 ist $\lim\limits_{z \to z_0} (z - z_0)f(z) = 0$. Daher wird durch

$$F(z) = \begin{cases} (z - z_0)f(z) & \text{für } z \neq z_0 \\ 0 & \text{für } z = z_0 \end{cases}$$

eine auf $G \setminus \{z_0\}$ holomorphe, in z_0 noch stetige Funktion erklärt. Nach der Bemerkung oben ist sie auf ganz G holomorph. Man hat

$$F'(z_0) = \lim_{z \to z_0} \frac{F(z) - F(z_0)}{z - z_0} = \lim_{z \to z_0} f(z),$$

insbesondere existiert der letzte Limes. Das heißt: f lässt sich eindeutig zu einer stetigen Funktion $\hat{f}$ auf G fortsetzen. Anwendung der obigen Bemerkung auf $\hat{f}$ liefert die Behauptung des Satzes. $\qquad\Box$

Beispiel:
Es sei $f(z) = \frac{\sin z}{z}$ für $z \neq 0$. Die Potenzreihe des Sinus liefert

$$f(z) = 1 - \frac{1}{3!}z^2 + \dots,$$

also ist $\lim\limits_{z \to 0} f(z) = 1$, und die Funktion f wird durch $f(0) = 1$ zu einer auf ganz $\mathbb{C}$ holomorphen Funktion.

Aufgaben

1. Mit Hilfe der Cauchyschen Integralformeln berechne man die folgenden Integrale:

   a) $\displaystyle\int_{|z+1|=1} \frac{dz}{(z+1)(z-1)^3}$,   b) $\displaystyle\int_{|z-i|=3} \frac{dz}{z^2 + \pi^2}$,

   c) $\displaystyle\int_{|z|=1/2} \frac{\exp(1-z)\,dz}{z^3(1-z)}$,   d) $\displaystyle\int_{|z-1|=1} \left(\frac{z}{z-1}\right)^n dz$ $(n \geq 1)$.

2. Man untersuche

$$\int_{|z-i|=r} \frac{z^4 + z^2 + 1}{z(z^2+1)}\,dz$$

   als Funktion von r.
   Tipp: Der Integrand lässt sich als $z + \frac{1}{z} - \frac{1}{2}\left(\frac{1}{z+i} + \frac{1}{z-i}\right)$ schreiben.

3. Die Funktion f sei holomorph auf einer Umgebung der abgeschlossenen Kreisscheibe $\overline{D} \subset \mathbb{C}$. Dann stellt

$$z \mapsto \int_{\partial D} \frac{f(\zeta)\,d\zeta}{\zeta - z}$$

   auf $\mathbb{C} \setminus \overline{D}$ eine holomorphe Funktion dar. Welche?

4. Die Funktion f sei stetig auf der abgeschlossenen Kreisscheibe $\overline{D} \subset \mathbb{C}$ und holomorph auf D. Dann gilt

$$\frac{1}{2\pi i} \int_{\partial D} \frac{f(\zeta)\,d\zeta}{\zeta - z} = f(z)$$

   für $z \in D$ (vgl. Aufgabe 1 in II.2).

5. Man prüfe, ob die folgenden Funktionen in den Nullpunkt hinein holomorph fortgesetzt werden können:

$$z \cot^2 z; \quad z^2 \cot^2 z; \quad z\,(e^z - 1)^{-1}; \quad z^2 \sin(1/z).$$

6. Es sei f holomorph auf $D_r(z_0) \setminus \{z_0\}$, es gelte eine Abschätzung

$$|f(z)| \leq c\,|z - z_0|^{-\varepsilon} \quad \text{mit } 0 < \varepsilon < 1 \text{ und einer Konstanten } c.$$

   Man zeige: f kann holomorph nach z_0 fortgesetzt werden.

4. Potenzreihenentwicklung holomorpher Funktionen

In Kapitel I haben wir gesehen, dass eine konvergente Potenzreihe in ihrem Konvergenzkreis eine holomorphe Funktion liefert. Jetzt beweisen wir, dass eine in einem Kreis $D = D_r(z_0)$ holomorphe Funktion sich durch eine (mindestens) auf D konvergente Potenzreihe mit Entwicklungspunkt z_0 darstellen lässt. Hier zeigt sich wieder ein Unterschied zur reellen Analysis: Taylor-Reihen reell beliebig oft differenzierbarer Funktionen f können Konvergenzradius 0 haben, und auch bei positivem Konvergenzradius brauchen sie nicht f als Summe zu haben.

Theorem 4.1. *Die Funktion f sei holomorph auf dem Gebiet $G \subset \mathbb{C}$; es sei z_0 ein Punkt von G. Dann ist f in einer Umgebung von z_0 durch ihre Taylor-Reihe darstellbar:*

$$f(z) = \sum_0^\infty a_n (z - z_0)^n \quad mit \ a_n = \frac{1}{n!} f^{(n)}(z_0).$$

Diese Darstellung gilt auf der größten Kreisscheibe um z_0, die noch in G liegt.

Möglicherweise konvergiert die Taylor-Reihe $T(z)$ von f in einem größerem Kreis $D(z_0)$ als im Theorem behauptet. Ob dann $f(z) \equiv T(z)$ auf $G \cap D(z_0)$ gilt, bleibt im Einzelfall zu untersuchen: allgemein ist das nicht richtig. Die Aufklärung des Zusammenhangs zwischen $f(z)$ und $T(z)$ führt in die Theorie der Riemannschen Flächen (vgl. [FL2]).

Beweis von Theorem 4.1: a) Wenn eine auf G holomorphe Funktion f in einer Umgebung von z_0 durch eine Potenzreihe $f(z) = \sum_0^\infty a_n(z - z_0)^n$ dargestellt werden kann, so gilt notwendig

$$f^{(k)}(z_0) = k! a_k$$

für $k = 0, 1, 2, \ldots$; insbesondere sind die Koeffizienten eindeutig bestimmt (siehe Folgerung I.6.8).

b) Wir wählen einen Radius r, so dass $D = D_r(z_0) \subset\subset G$. In der Cauchyschen Integralformel

$$f(z) = \frac{1}{2\pi i} \int_{\partial D} \frac{1}{\zeta - z} f(\zeta) \, d\zeta$$

entwickeln wir den Term $1/(\zeta - z)$ in eine geometrische Reihe nach Potenzen von $(z - z_0)/(\zeta - z_0)$:

$$\frac{1}{\zeta - z} = \frac{1}{\zeta - z_0} \cdot \frac{1}{1 - \frac{z - z_0}{\zeta - z_0}} = \frac{1}{\zeta - z_0} \sum_0^\infty \left(\frac{z - z_0}{\zeta - z_0} \right)^n = \sum_0^\infty \frac{1}{(\zeta - z_0)^{n+1}} (z - z_0)^n.$$

Für festes $z \in D$ konvergiert diese Reihe gleichmäßig auf ∂D. Da f auf ∂D beschränkt ist, konvergiert auch

$$\sum_0^\infty \frac{f(\zeta)}{(\zeta - z)^{n+1}} (z - z_0)^n$$

gleichmäßig auf ∂D, und wir dürfen in der folgenden Rechnung Integration und Summation vertauschen:

$$f(z) = \frac{1}{2\pi i} \int_{\partial D} \left[\sum_0^\infty \frac{f(\zeta)}{(\zeta - z_0)^{n+1}} (z - z_0)^n \right] d\zeta$$

$$= \sum_0^\infty \left(\frac{1}{2\pi i} \int_{\partial D} \frac{f(\zeta)}{(\zeta - z_0)^{n+1}} \, d\zeta \right) (z - z_0)^n$$

für $z \in D$. Dies ist die gesuchte Potenzreihendarstellung von f; die Koeffizienten in den Klammern sind nach der Cauchyschen Integralformel für die Ableitungen (Theorem 3.5) in der Tat die Werte $f^{(n)}(z_0)/n!$. Zusammen mit Teil a) liefert diese Rechnung übrigens einen neuen Beweis von Theorem 3.5.

c) Es sei nun $D_R(z_0)$ der größte in G enthaltene Kreis um z_0 (bei $G = \mathbb{C}$ ist $R = \infty$ zu denken!). Zu $z \in D_R(z_0)$ können wir einen Radius r mit $|z - z_0| < r < R$ finden. Nach b) gilt dann die behauptete Potenzreihendarstellung im Punkte z. □

Beispiele zur Potenzreihenentwicklung:

Meistens hilft die Koeffizientenformel $a_n = f^{(n)}(z_0)/n!$ wenig, da die höheren Ableitungen zu unübersichtlich werden. Für rationale Funktionen lässt sich aus Beispiel i ein Verfahren zur Taylor-Entwicklung entnehmen. Die weiteren Beispiele erläutern, wie man oft mindestens den Anfang einer Taylor-Reihe gewinnen kann.

i. Die Funktion $f(z) = (z-a)^{-1}$ lässt sich um jeden Punkt $z_0 \neq a$ in eine Potenzreihe mit dem Konvergenzradius $|z_0 - a|$ entwickeln (vgl. den Beweis von Theorem 4.1):

$$\frac{1}{z-a} = \sum_0^{\infty} a_n(z - z_0)^n \quad \text{mit } a_n = -(a - z_0)^{-n-1}.$$

Für $g(z) = (z - a)^{-2}$ gilt $g(z) = -f'(z)$, also

$$\frac{1}{(z-a)^2} = -\sum_1^{\infty} na_n(z - z_0)^{n-1} = -\sum_0^{\infty}(n + 1)a_{n+1}(z - z_0)^n;$$

entsprechend behandelt man höhere Potenzen von $(z-a)^{-1}$. Kompliziertere rationale Funktionen zerlegt man in Partialbrüche und kombiniert die zugehörigen Potenzreihen. In III.2 gehen wir systematisch auf die Partialbruchzerlegung ein, hier geben wir nur ein konkretes Beispiel, nämlich

$$h(z) = \frac{z+1}{(z-1)^2(z-2)} = \frac{3}{z-2} - \frac{3}{z-1} - \frac{2}{(z-1)^2}.$$

Die Entwicklung um $z_0 = 0$ lautet

$$h(z) = -3\sum_0^{\infty} 2^{-n-1}z^n + 3\sum_0^{\infty} z^n - 2\sum_0^{\infty}(n + 1)z^n$$

$$= \sum_0^{\infty}(3 - 3 \cdot 2^{-n-1} - 2(n + 1))z^n \quad \text{für } |z| < 1.$$

ii. Die Funktionen f und g seien holomorph in einer Umgebung von z_0. Die Leibnizsche Regel für die Ableitungen des Produktes fg besagt

$$(fg)^{(n)}(z_0)/n! = \sum_{m=0}^{n} \frac{f^{(m)}(z_0)}{m!} \cdot \frac{g^{(n-m)}(z_0)}{(n-m)!}.$$

Sind $f(z) = \sum_0^\infty a_n(z-z_0)^n$ und $g(z) = \sum_0^\infty b_n(z-z_0)^n$ die Taylor-Entwicklungen, so hat $f \cdot g$ also die Taylor-Reihe

$$(fg)(z) = \sum_{n=0}^{\infty} \left(\sum_{m=0}^{n} a_m b_{n-m} \right) (z-z_0)^n.$$

Man erhält sie auch durch formales Multiplizieren der Reihen für f und g.

iii. In einer Umgebung von z_0 sei $f(z) = \sum_0^\infty a_n(z-z_0)^n$, es gelte $f(z_0) = a_0 \neq 0$. Dann ist $1/f$ holomorph bei z_0. Die Koeffizienten der Entwicklung

$$\frac{1}{f(z)} = \sum_0^\infty b_n(z-z_0)^n$$

kann man durch Koeffizientenvergleich bestimmen aus

$$1 = \frac{1}{f(z)} \cdot f(z) = \sum_{n=0}^{\infty} \left(\sum_{m=0}^{n} b_m a_{n-m} \right) (z-z_0)^n;$$

man erhält

$$b_0 a_0 = 1 \text{ und } \sum_{m=0}^{n} b_m a_{n-m} = 0 \text{ für } n \geq 1,$$

also

$$b_0 = a_0^{-1}, \quad b_1 = -a_1 a_0^{-2}, \quad b_2 = (a_1^2 - a_0 a_2)a_0^{-3} \quad \text{etc.}$$

iv. Wir bestimmen den Anfang der Potenzreihen-Entwicklung von $f(z) = \tan z$ um $z_0 = 0$. Hier ist f eine ungerade Funktion: $f(-z) = -f(z)$; daher verschwinden die Ableitungen gerader Ordnung von f im Nullpunkt. Die gesuchte Entwicklung hat also die Form

$$\tan z = \sum_0^\infty a_{2n+1} z^{2n+1}.$$

Der Tangens ist holomorph auf $\mathbb{C}$ mit Ausnahme der Punkte $\frac{\pi}{2}+k\pi$ ($k \in \mathbb{Z}$), die Reihe hat also den Konvergenzradius $\frac{\pi}{2}$ – vgl. Aufgabe 6a. Die ersten Koeffizienten bekommt man z.B. dadurch, dass man in $\cos z \cdot \tan z = \sin z$ die bekannten Potenzreihen für $\cos$ und $\sin$ einsetzt und die Koeffizienten vergleicht:

$$\left(1 - \tfrac{1}{2!}z^2 + \tfrac{1}{4!}z^4 - + \ldots\right)\left(a_1 z + a_3 z^3 + a_5 z^5 + \ldots\right) = z - \tfrac{1}{3!}z^3 + \tfrac{1}{5!}z^5 - + \ldots$$

liefert $a_1 = 1$, $a_3 - \tfrac{1}{2!}a_1 = -\tfrac{1}{3!}$, $a_5 - \tfrac{1}{2!}a_3 + \tfrac{1}{4!}a_1 = \tfrac{1}{5!}$ etc., also $a_3 = \tfrac{2}{3!}, a_5 = \tfrac{16}{5!}$ etc.

Um die Ableitungen $f^{(n)}(z_0)$ einer in z_0 holomorphen Funktion f zu bestimmen, braucht man nur die Werte $f(z)$ etwa auf einer zur reellen Achse parallelen Strecke $]z_0 - \delta, z_0 + \delta[$ zu kennen. Stimmen zwei in z_0 holomorphe Funktionen f und g auf einer solchen Strecke überein, so gilt $f^{(n)}(z_0) = g^{(n)}(z_0)$ für alle n. Damit haben f und g die gleiche Taylor-Reihe um z_0, sie stimmen also in einer vollen Umgebung von z_0 überein! Der folgende Satz ist eine Verschärfung dieser Beobachtung.

Satz 4.2 (Identitätssatz). *Es sei G ein Gebiet in $\mathbb{C}$. Für holomorphe Funktionen f und g auf G sind die folgenden Aussagen äquivalent:*

   i. Es gibt einen Punkt $z_0 \in G$ und eine gegen z_0 konvergente Folge z_μ in $G \setminus \{z_0\}$, so dass $f(z_\mu) = g(z_\mu)$ für $\mu \geq 1$.

   ii. $f \equiv g$.

   iii. Es gibt einen Punkt $z_0 \in G$ mit $f^{(n)}(z_0) = g^{(n)}(z_0)$ für alle $n \geq 0$.

Beweis: Indem wir zu $f - g$ übergehen, dürfen wir $g \equiv 0$ annehmen.

a) Aus *ii* folgen *i* und *iii* trivialerweise.

b) Wir nehmen an, dass *i* gilt und zeigen *iii* mit dem gleichen z_0. Dazu betrachten wir die Taylor-Entwicklung von f um z_0:

$$f(z) = \sum_0^\infty a_n (z - z_0)^n.$$

Man hat $a_0 = f(z_0) = \lim_\mu f(z_\mu) = 0$. Weiß man $a_0 = \ldots = a_{n-1} = 0$ für ein $n \geq 1$, so ist

$$f(z) = (z - z_0)^n (a_n + a_{n+1}(z - z_0) + \ldots) = (z - z_0)^n F(z)$$

mit einer in z_0 stetigen (sogar holomorphen) Funktion F. Wegen $z_\mu - z_0 \neq 0$ folgt $F(z_\mu) = 0$ für alle μ und damit $a_n = \lim_\mu F(z_\mu) = 0$. Also ist für alle n

$$f^{(n)}(z_0) = n!\, a_n = 0.$$

c) Wir leiten nun *ii* aus *iii* her. Nach Theorem 4.1 folgt zunächst $f \equiv 0$ in einer Umgebung von z_0. Wir betrachten nun

$$M = \{z_1 \in G \colon f \equiv 0 \text{ in einer Umgebung von } z_1\}.$$

Nach Definition ist M offen, es gilt $z_0 \in M$. Aber M ist auch abgeschlossen in G: Ist z_2 ein in G gelegener Randpunkt von M, so gibt es eine Folge z_μ in $M \setminus \{z_2\}$, die gegen z_2 strebt; nach b) ist dann $f^{(n)}(z_2) = 0$ für alle $n \geq 0$ und damit $f \equiv 0$ in einer Umgebung von z_2, d.h. $z_2 \in M$. Da G ein Gebiet ist, muss $M = G$ gelten, also $f \equiv 0$ auf G. $\square$

Aufgrund des Identitätssatzes ist eine holomorphe Funktion f in einem Gebiet vollständig durch ihre Werte auf einer in G nichtdiskreten Teilmenge von G festgelegt. Dabei heißt $M \subset G$ *nichtdiskret* in G, wenn G einen Häufungspunkt von M enthält; im entgegengesetzten Fall heißt M natürlich *diskret* in G. Eigenschaften, die sich durch Identitäten zwischen auf G holomorphen Funktionen ausdrücken lassen, brauchen dann nur auf einer in G nichtdiskreten Menge, etwa auf einem Kurvenstückchen $C \subset G$, verifiziert zu werden, um auf ganz G zu gelten: sie „pflanzen sich von C auf G fort". Wir illustrieren dieses wichtige Permanenzprinzip an einem typischen Beispiel. Die Funktion $f(z) = \cot \pi z$ ist auf $\mathbb{C} \setminus \mathbb{Z}$ holomorph, auf $\mathbb{R} \setminus \mathbb{Z}$ hat f die Periode 1; d.h. die beiden holomorphen Funktionen

$$z \mapsto f(z), \quad z \mapsto f(z+1)$$

stimmen auf der nichtdiskreten Menge $\mathbb{R} \setminus \mathbb{Z} \subset \mathbb{C} \setminus \mathbb{Z}$ überein – und damit überall. Die Periodizität überträgt sich somit von der reellen auf die komplexe Cotangens-Funktion.

Der Identitätssatz zeigt insbesondere, dass die Fortsetzung der *reellen* elementaren Funktionen $\sin \colon \mathbb{R} \to \mathbb{R}$, etc. zu holomorphen Funktionen nur auf eine Weise möglich ist, denn $\mathbb{R}$ ist nichtdiskret in $\mathbb{C}$.

Der von Polynomen bekannte Begriff der Nullstellenordnung lässt sich wie folgt auf holomorphe Funktionen übertragen:

Definition 4.1. *Eine holomorphe Funktion f hat in z_0 eine Nullstelle der Ordnung (oder Vielfachheit) k, wenn*

$$f(z_0) = f'(z_0) = \ldots = f^{(k-1)}(z_0) = 0, \quad f^{(k)}(z_0) \neq 0$$

ist. Sie nimmt in z_0 den Wert w von der Ordnung (mit der Vielfachheit) k an, wenn $f - w$ dort eine Nullstelle der Ordnung k hat.

Hier kann man $k = \infty$ zulassen. Hat f in z_0 eine w-Stelle der Ordnung ∞, so ist $f \equiv w$ in einer Umgebung von z_0 – siehe Satz 4.2.

Die Funktion $(z - z_0)^k$ hat in z_0 eine Nullstelle k-ter Ordnung. Allgemeiner stellt man leicht die Äquivalenz folgender Aussagen fest:

   i. f hat in z_0 eine Nullstelle der Ordnung k.

   ii. Die Taylor-Entwicklung von f um z_0 lautet

$$f(z) = \sum_{n=k}^{\infty} a_n (z - z_0)^n \quad \text{mit } a_k \neq 0.$$

   iii. In einer Umgebung von z_0 kann man

$$f(z) = (z - z_0)^k g(z)$$

   schreiben mit einer holomorphen Funktion g, die $g(z_0) \neq 0$ erfüllt.

Der Identitätssatz zeigt: Ist G ein Gebiet und $f: G \to \mathbb{C}$ eine nicht konstante holomorphe Funktion, so liegen für jedes $w \in \mathbb{C}$ die w-Stellen von f isoliert, d.h. die Menge $f^{-1}(w) = \{z \in G: f(z) = w\}$ hat keinen Häufungspunkt in G (sie kann natürlich leer sein!).

Zum Abschluss dieses Paragraphen fassen wir verschiedene Charakterisierungen des Begriffes „holomorphe Funktion" zusammen. Der Leser verifiziere, wie sie sich aus den bisherigen Sätzen ergeben.

Theorem 4.3. *Folgende Aussagen für eine Funktion $f: U \to \mathbb{C}$ auf einer offenen Menge $U \subset \mathbb{C}$ sind äquivalent:*

  i. f ist holomorph.

  ii. f ist reell differenzierbar und genügt den Cauchy-Riemannschen Differentialgleichungen.

  iii. f ist um jeden Punkt von U in eine Potenzreihe entwickelbar.

  iv. f hat lokale Stammfunktionen.

  v. f ist stetig und für jedes abgeschlossene Dreieck $\Delta \subset U$ gilt $\int_{\partial \Delta} f(z)\, dz = 0$.

Aufgaben

1. a) Man bestimme die Potenzreihen-Entwicklung von $\exp z$ um πi, von $\sin z$ um $\pi/2$.
   b) Man bestimme die Potenzreihen-Entwicklung um 0 der folgenden Funktionen:

$$\frac{2z+1}{(z^2+1)(z+1)^2}; \quad \sin^2 z; \quad e^z \cos z.$$

   (Hinweis: Manchmal hilft es, trigonometrische Funktionen durch die Exponentialfunktion auszudrücken.)

2. Die Potenzreihe $f(z) = \sum_0^\infty a_n z^n$ konvergiere auf $D = D_r(0)$. Man zeige:
   – Ist f reellwertig auf $\mathbb{R} \cap D$, so sind alle a_n reell.
   – Ist f eine gerade (ungerade) Funktion, so ist $a_n = 0$ für alle ungeraden (geraden) n.
   – Ist $f(iz) = f(z)$, so ist $a_n \neq 0$ höchstens für durch 4 teilbares n.
   Zusatz: Man diskutiere die Funktionalgleichung $f(\rho z) = \mu f(z)$, dabei sind $\rho, \mu \in \mathbb{C} \setminus \{0\}$ gegeben.

3. In der Potenzreihen-Entwicklung von $f(z) = \frac{1}{\cos z}$ um 0 treten nur gerade Potenzen von z auf. Sie wird meist in der Form

$$\frac{1}{\cos z} = \sum_{n=0}^\infty (-1)^n \frac{E_{2n}}{(2n)!} z^{2n}$$

geschrieben; die E_{2n} heißen *Eulersche Zahlen*. Man stelle eine Rekursionsformel für die E_{2n} auf und zeige, dass sie alle ganze Zahlen sind.
   Zusatz: $(-1)^n E_{2n}$ ist stets positiv.
   Zusatz*: $(-1)^n E_{2n} \equiv 0 \mod 5$ für gerades $n > 0$, $(-1)^n E_{2n} \equiv 1 \mod 5$ für ungerades n.

4. Die Gleichung

$$\tan 2z = \frac{2 \tan z}{1 - \tan^2 z}$$

gilt auf $]-\frac{\pi}{4}, \frac{\pi}{4}[$. Man beschreibe die größte Teilmenge von $\mathbb{C}$, auf der sie gültig bleibt.

5. Für die auf dem Gebiet G holomorphen Funktionen f und g gelte $fg \equiv 0$. Dann ist $f \equiv 0$ oder $g \equiv 0$. Beweis?

6. a) Die Funktion f sei holomorph auf $D_r(0)$, es gebe einen Punkt $z_1 \in \partial D_r(0)$, so dass $\lim\limits_{z \to z_1} f(z)$ nicht existiert. Dann hat die Taylor-Entwicklung von f um 0 genau den Konvergenzradius r.

   b) Man bestimme die Konvergenzradien der Taylor-Entwicklungen um 0 von

   $$\tan z, \quad \frac{1}{\cos z}, \quad \frac{z}{\sin z}, \quad \frac{z}{e^z - 1}.$$

7. a) Das Gebiet G liege symmetrisch zur reellen Achse, f sei holomorph auf G und reellwertig auf $G \cap \mathbb{R}$. Dann ist $f(\overline{z}) = \overline{f(z)}$ für $z \in G$.

   b) Es sei $G = D_r(0)$, f holomorph auf G, reellwertig auf $G \cap \mathbb{R}$. Ist f außerdem gerade (ungerade), so sind die Werte von f auf $G \cap (i\mathbb{R})$ reell (rein imaginär). Man beweise dies ohne die Potenzreihenentwicklung von f.

8. a) Das Gebiet G liege symmetrisch zur reellen Achse, f sei stetig auf G und holomorph auf $G \setminus \mathbb{R}$. Man zeige: f ist holomorph auf ganz G.

   Anleitung: Man benutze den Satz von Morera. Durch Zerlegung des Dreiecks $\Delta \subset G$ sieht man: Der einzige Problemfall ist der, wo eine Dreiecksseite auf $\mathbb{R}$ liegt. In diesem Fall approximiere man das Dreieck durch ein Dreieck Δ_ε mit einer Seite auf $\mathbb{R} \pm i\varepsilon$, lasse ε gegen 0 gehen und benutze die gleichmäßige Stetigkeit von f auf Δ.

   b) Es sei G wie in a), f sei stetig auf $G \cap \{z\colon \operatorname{Im} z \geq 0\}$ und holomorph auf $G \cap \{\operatorname{Im} z > 0\}$ sowie reellwertig auf $G \cap \mathbb{R}$. Dann lässt sich f zu einer auf ganz G holomorphen Funktion fortsetzen. (Vgl. Aufgabe 7a!)

9. Es sei $\varepsilon > 0$, $I =]{-\varepsilon}, 1 + \varepsilon[$, $G \subset \mathbb{C}$ sei ein Gebiet mit $I \subset G$. Weiter sei f auf G holomorph, es gelte $f(z + 1) = f(z)$ für $z, z + 1 \in I$. Dann kann f holomorph fortgesetzt werden auf einen Streifen $S = \{z \in \mathbb{C}\colon |\operatorname{Im} z| < \delta\}$ für ein $\delta > 0$; auf S gilt $f(z + 1) = f(z)$.

10. Man bestimme die Nullstellen und jeweils die Nullstellenordnung der folgenden Funktionen:

   $$\sin(2z); \quad \sin^2 z; \quad \sin(z^2); \quad \sinh z; \quad \tan^2 z.$$

5. Konvergenzsätze, Maximumprinzip und Gebietstreue

Aus den fundamentalen Ergebnissen der vorigen Paragraphen leiten wir nun weitere wichtige Eigenschaften holomorpher Funktionen her. Zunächst eine nützliche Abschätzung:

Satz 5.1 (Cauchysche Ungleichungen). *Es sei f auf einer Umgebung der abgeschlossenen Kreisscheibe $\overline{D_R(z_0)}$ holomorph und $0 < r < R$. Dann gilt für alle $z \in \overline{D_r(z_0)}$ und alle $n \geq 0$ die Ungleichung*

$$\left| f^{(n)}(z) \right| \leq C \max_{\zeta \in \partial D_R(z_0)} |f(\zeta)| \tag{1}$$

mit der von n, R und r abhängigen Konstanten

$$C = \frac{n! R}{(R - r)^{n+1}}. \tag{2}$$

Der Beweis ergibt sich sofort aus der Cauchyschen Integralformel:

$$\left| f^{(n)}(z) \right| = \left| \frac{n!}{2\pi i} \int_{\partial D_R(z_0)} \frac{f(\zeta)}{(\zeta - z)^{n+1}} \, d\zeta \right|$$

$$\leq \frac{n!}{2\pi} 2\pi R \frac{1}{(R - r)^{n+1}} \max_{\zeta \in \partial D_R(z_0)} |f(\zeta)|.$$

Geht man in (2) zu $r = 0$ über, so folgt insbesondere

$$|f^{(n)}(z_0)| \leq \frac{n!}{R^n} \max_{\zeta \in \partial D_R(z_0)} |f(\zeta)|. \tag{3}$$

Jetzt erhält man leicht den folgenden Konvergenzsatz von Weierstraß:

Theorem 5.2. *Die Folge (f_ν) holomorpher Funktionen konvergiere auf dem Gebiet G lokal gleichmäßig gegen die Grenzfunktion f. Dann ist f holomorph, und die Folge der n-ten Ableitungen $(f_\nu^{(n)})$ konvergiert lokal gleichmäßig gegen $f^{(n)}$, für alle n.*

Beweis: a) f ist stetig. Ist Δ ein abgeschlossenes Dreieck in G, so folgt

$$\int_{\partial \Delta} f(z) \, dz = \int_{\partial \Delta} \lim_{\nu \to \infty} f_\nu(z) \, dz = \lim_{\nu \to \infty} \int_{\partial \Delta} f_\nu(z) \, dz = 0$$

nach dem Lemma von Goursat. Nach dem Satz von Morera ist f also holomorph.

b) Es sei $\overline{D_R(z_0)} \subset\subset G$ und $0 < r < R$. Nach (1), angewandt auf $f_\nu - f$, haben wir für $z \in \overline{D_r(z_0)}$:

$$|f_\nu^{(n)}(z) - f^{(n)}(z)| \leq C \max_{\zeta \in \partial D_R(z_0)} |f_\nu(\zeta) - f(\zeta)|;$$

die gleichmäßige Konvergenz der f_ν auf dem Kompaktum $\partial D_R(z_0)$ impliziert damit die der $f_\nu^{(n)}$ auf $\overline{D_r(z_0)}$. $\square$

Der Satz zeigt erneut den Unterschied zur reellen Analysis: eine gleichmäßig konvergente Folge differenzierbarer Funktionen braucht keine differenzierbare Grenzfunktion zu haben. – Schließlich liefert der obige Satz auch eine neue, von der reellen Analysis unabhängige Begründung für die Holomorphie der Summe einer Potenzreihe – vgl. Theorem I.6.7.

Als weiteren fundamentalen Konvergenzsatz beweisen wir

Theorem 5.3 (Satz von Montel). *Es sei f_ν eine lokal gleichmäßig beschränkte Folge holomorpher Funktionen im Gebiet G. Dann enthält f_ν eine lokal gleichmäßig konvergente Teilfolge.*

Beweis: Nach Voraussetzung gibt es zu jedem $z_0 \in G$ einen Kreis $D_r(z_0) \subset\subset G$ und eine Konstante M_0 mit $|f_\nu(z)| \leq M_0$ für alle $z \in \overline{D_r(z_0)}$. Aufgrund der Cauchyschen Ungleichungen (Satz 5.1) ist dann für $|z - z_0| < r/2$ auch $|f'_\nu(z)| \leq M_1$ mit einer von ν unabhängigen Konstanten M_1. Wir sehen: Die Folge der Ableitungen ist ebenfalls lokal gleichmäßig beschränkt. Damit ist auch die Menge *aller* partiellen Ableitungen (nach z und $\bar{z}$, oder nach x und y) lokal gleichmäßig beschränkt, also ist die Menge der f_ν lokal gleichgradig stetig. Nach dem Satz von Ascoli-Arzelà – siehe z.B. [GFL] – enthält damit f_ν eine lokal gleichmäßig konvergente Teilfolge. $\square$

Dieser Satz wird in anderer Terminologie so formuliert: Jede lokal beschränkte Familie holomorpher Funktionen ist normal. Wir verfolgen die Theorie normaler Familien nicht weiter.

Wenden wir uns nun der Werteverteilung einer holomorphen Funktion zu. Bekanntlich nimmt eine reelle stetige Funktion in der Ebene im Allgemeinen lokale Minima und Maxima an. Aber:

Theorem 5.4 (Maximum-Prinzip). *Es sei f eine auf dem Gebiet G holomorphe Funktion. Wenn $|f|$ in $z_0 \in G$ ein lokales Maximum hat, dann ist f konstant.*

Lokale Maxima von $|f|$ können bei nichtkonstanten holomorphen Funktionen f also nicht auftreten, lokale Minima nur in der Nullstellen von f. Hat nämlich f keine Nullstellen auf G, so ist mit f auch $1/f$ holomorph, und die lokalen Minima von $|f|$ sind die lokalen Maxima von $|1/f|$. Wir notieren also als Konsequenz aus dem Maximumprinzip

Satz 5.5 (Minimum-Prinzip). *Ist f auf dem Gebiet holomorph ohne Nullstellen und nimmt $|f|$ in $z_0 \in G$ ein lokales Minimum an, so ist f konstant.*

Beweis von Theorem 5.4: Es sei etwa

$$|f(z)| \leq |f(z_0)| \tag{4}$$

für alle $z \in D_R(z_0) \subset\subset G$. Die Cauchysche Integralformel liefert

$$f(z_0) = \frac{1}{2\pi i} \int_{|z-z_0|=r} \frac{f(z)}{z - z_0}\, dz = \frac{1}{2\pi} \int_0^{2\pi} f(z_0 + r\, e^{it})\, dt,$$

wobei $r \leq R$ beliebig sein darf. Hieraus entnehmen wir wegen (4)

$$|f(z_0)| \leq \frac{1}{2\pi} \int_0^{2\pi} |f(z_0 + r\, e^{it})|\, dt \leq \frac{1}{2\pi} \int_0^{2\pi} |f(z_0)|\, dt = |f(z_0)|,$$

also

$$\int_0^{2\pi} \left(|f(z_0)| - |f(z_0 + r\, e^{it})| \right)\, dt = 0.$$

Da der Integrand stetig und nichtnegativ ist, muss er identisch Null sein; also haben wir

$$|f(z_0)| = |f(z_0 + r\,e^{it})|$$

für alle $r \leq R$, d.h. $|f|$ ist auf $D_R(z_0)$ konstant.

Differenzieren wir nun die Gleichung

$$f \cdot \overline{f} = \text{const} \quad (\text{auf } D_R(z_0))$$

nach z (Wirtinger-Ableitung!), so folgt

$$f_z \cdot \overline{f} = 0.$$

Für $\overline{f} \equiv 0$ ist nichts zu zeigen; andernfalls hat man $f_z \equiv 0$ und f ist konstant auf $D_R(z_0)$. Der Identitätssatz liefert dann $f \equiv \text{const}$ auf G. $\square$

Da eine stetige reelle Funktion auf einer kompakten Menge Maximum und Minimum annimmt, erhalten wir aus den vorigen Sätzen die

Folgerung 5.6. *Es sei $G \subset\subset \mathbb{C}$ ein beschränktes Gebiet und $f \colon \overline{G} \to \mathbb{C}$ sei stetig und auf G holomorph.*

   i. $|f|$ nimmt auf dem Rand ∂G das Maximum an; ist f nicht konstant, so ist für $z \in G$

$$|f(z)| < \max_{\partial G} |f|.$$

   ii. Hat f keine Nullstelle in G, so nimmt $|f|$ das Minimum auf ∂G an; ist f nicht konstant, so ist für alle $z \in G$

$$|f(z)| > \min_{\partial G} |f|.$$

Aussage *ii* liefert gelegentlich den Nachweis für die Existenz von Nullstellen: hat man in der obigen Situation ein $z_0 \in G$ mit

$$|f(z_0)| < \min_{\partial G} |f|,$$

so muss f eine Nullstelle in G haben!

Theorem 5.7 (Gebietstreue). *Es sei f eine nichtkonstante holomorphe Funktion auf dem Gebiet $G \subset \mathbb{C}$. Dann ist $f(G)$ ein Gebiet.*

Beweis: Wir müssen nur die Offenheit von $f(G)$ nachweisen. Es sei also $w_0 = f(z_0)$. Wir wählen einen Radius r, so dass $D = D_r(z_0) \subset\subset G$ gilt und f keine w_0-Stelle auf dem Rand $\partial D_r(z_0)$ hat – die w_0-Stellen liegen ja isoliert. Dann ist

$$\delta = \min_{z \in \partial D_r(z_0)} |f(z) - w_0| > 0.$$

Ist nun $|w - w_0| < \delta/2$, so gilt für $z \in \partial D$

$$|f(z) - w| \geq |f(z) - w_0| - |w - w_0| > \delta - \delta/2 = \delta/2,$$

aber

$$|f(z_0) - w| < \delta/2;$$

nach dem Minimumprinzip (siehe obige Bemerkung im Anschluss an Folgerung 5.6) hat $f(z) - w$ also eine Nullstelle in D, d.h. f hat eine w- Stelle in D. Wir sehen: $D_{\delta/2}(w_0) \subset f(G)$, und $f(G)$ ist offen. $\square$

Nichtkonstante holomorphe Funktionen sind also *offene Abbildungen*: sie führen offene Mengen in offene Mengen über. Damit können wir den Umkehrsatz (Satz I.4.4) erheblich verbessern (den folgenden Beweis entnehmen wir [RS1]):

Theorem 5.8 (Umkehrsatz). *Es sei $f\colon G \to G'$ eine bijektive holomorphe Funktion. Dann ist mit G auch G' ein Gebiet, und f^{-1} ist holomorph auf G'.*

Beweis: Wir wissen schon, dass G' ein Gebiet und f eine offene Abbildung und damit ein Homöomorphismus von G auf G' ist. Die Nullstellenmenge von f' ist eine abgeschlossene diskrete Menge M von G, da f' holomorph und $\not\equiv 0$ ist. Also ist auch $M' = f(M)$ abgeschlossen und diskret in G', und nach Satz I.4.5 ist die Abbildung $f\colon G \setminus M \to G' \setminus M'$ biholomorph. f^{-1} ist also holomorph auf $G' \setminus M'$ und auf G' stetig. Nach dem Riemannschen Hebbarkeitssatz ist f^{-1} damit auf ganz G' holomorph. Wegen $f \circ f^{-1} = \mathrm{id}$, also $f' \cdot (f^{-1})' \equiv 1$ ist im nachhinein $M = M' = \emptyset$ gezeigt. $\square$

Notieren wir also explizit: die Ableitung einer injektiven holomorphen Funktion f in einem Gebiet U hat keine Nullstellen.

Aufgaben

Bezeichnung: Ist $f\colon D_R(z_0) \to \mathbb{C}$ stetig, so setzen wir für $0 < r < R$

$$M_r(f) = M_r(f; z_0) = \max\{|f(z)|\colon |z - z_0| = r\}.$$

1. $f(z) = \sum_0^\infty a_n(z - z_0)^n$ konvergiere auf $D_R(z_0)$. Man zeige:
   a) $|a_n| \leq r^{-n}M_r(f)$ für $0 < r < R$,
   b) $M_r(f)$ ist eine streng monoton wachsende Funktion von r, sofern f nicht konstant ist.

2. Man weise nach, dass die Reihe $\sum_1^\infty \frac{z^n}{1-z^n}$ auf $\mathbb{D}$ eine holomorphe Funktion darstellt, und bestimme ihre Potenzreihenentwicklung um 0.

3. Wir betrachten ein Polynom $p(z) = z^n + a_{n-1}z^{n-1} + \ldots + a_0$.
   a) Wenn $|p(z)| \leq 1$ auf $|z| = 1$ gilt, so ist $p(z) = z^n$.
   b) Als Funktion von r ist $r^{-n}M_r(p)$ streng monoton fallend auf $]0, +\infty[$ außer bei $p(z) = z^n$.
      Tipp: Man betrachte auch $q(z) = 1 + a_{n-1}z + \ldots + a_0z^n$.

4. Es sei G ein beschränktes Gebiet, f sei stetig auf $\overline{G}$ und holomorph auf G. Man zeige: Ist $|f|$ konstant auf ∂G, so ist f konstant oder f hat eine Nullstelle.

5. Die Funktionen f und g seien holomorph auf $\mathbb{D}$, stetig und nullstellenfrei auf $\overline{\mathbb{D}}$. Zeige: Aus $|f| = |g|$ auf $\partial\mathbb{D}$ folgt $f = cg$ mit einer Konstanten c. Bleibt das richtig, wenn man Nullstellen in $\mathbb{D}$ zulässt?

6. Es sei G ein beschränktes Gebiet, f_n sei eine Folge von auf $\overline{G}$ stetigen, auf G holomorphen Funktionen. Man zeige: Wenn f_n auf ∂G gleichmäßig konvergiert, so auch auf $\overline{G}$.

7. Es sei $f(z)$ holomorph auf dem beschränkten Gebiet G und strebe bei Annäherung von z an ∂G gleichmäßig gegen 0 (d.h. zu jedem $\varepsilon > 0$ gibt es ein $\delta > 0$, so dass $|f(z)| < \varepsilon$ für alle $z \in G$ mit $\mathrm{dist}(z, \partial G) < \delta$). Dann ist $f \equiv 0$. Warum?

8. Es sei f auf dem beschränkten Gebiet G definiert und $|f(z)|$ strebe bei Annäherung von z an ∂G gleichmäßig gegen ∞ (vgl. Aufgabe 7). Man zeige: f ist nicht holomorph.

9. Es sei $f(z) = a_0 + a_m z^m + a_{m+1} z^{m+1} + \ldots$ eine konvergente Potenzreihe mit $a_m \neq 0$ (dabei ist $m \geq 1$). Behauptung: Für alle hinreichend kleinen r ist $M_r(f) > |a_0|$. Man beweise das ohne Benutzung des Maximum-Prinzips. Dann leite man das Maximum-Prinzip aus dieser Aussage ab.
Tipp: Bei $a_0 \neq 0$ kann $a_0 = 1$ angenommen werden. Wähle dann z_1 so, dass $a_m z_1^m > 0$.

10. Man formuliere und beweise ein Maximumprinzip für den Realteil oder Imaginärteil holomorpher Funktionen.

11. a) Auf $D_R(0)$ sei $f(z) = 1 + \sum_1^\infty a_n z^n$. Ist $0 < \rho < R$ und $r = \frac{\rho}{1 + M_\rho(f)}$, so hat f auf $D_r(0)$ keine Nullstelle.
   Tipp: Benutze $|a_n| \leq \rho^{-n} M_\rho(f)$, um $f(z) - 1$ abzuschätzen.
   b) Für beliebige auf $D_R(0)$ holomorphe Funktionen $f \neq 0$ gebe man mit Hilfe von a) einen Radius r an, so dass f auf $D_r(0)$ höchstens die Nullstelle $z_0 = 0$ hat.

6. Isolierte Singularitäten, meromorphe Funktionen

Funktionen wie $\tan z = \frac{\sin z}{\cos z}$, $\frac{\sin z}{z}$, $\exp(1/z)$ oder auch rationale Funktionen sind außerhalb einer diskreten Menge, nämlich der Nullstellenmenge des jeweiligen Nenners, holomorph. Wir wollen diesen Sachverhalt allgemein untersuchen. Dabei ist die folgende Sprechweise bequem: Ist U eine Umgebung des Punktes z_0, so nennen wir $U \setminus \{z_0\}$ eine *punktierte Umgebung* von z_0.

Definition 6.1. *Die Funktion f sei holomorph auf einer punktierten Umgebung von $z_0 \in \mathbb{C}$. Dann heißt z_0 isolierte Singularität von f.*

Wir haben eine solche Situation bereits in II.3 betrachtet und den Riemannschen Hebbarkeitssatz bewiesen: Ist f beschränkt bei z_0, so existiert $\lim\limits_{z \to z_0} f(z)$, und mit der Definition $f(z_0) = \lim\limits_{z \to z_0} f(z)$ bekommen wir eine auf ganz U holomorphe Funktion. – Isolierte Singularitäten mit dieser Eigenschaft heißen *hebbare Singularitäten*.

Häufig und nicht schwer zu behandeln ist der Fall, dass die Funktionswerte bei beliebiger Annäherung an eine isolierte Singularität ins Unendliche wachsen.

Definition 6.2. *Es sei z_0 eine isolierte Singularität von f.*

   i. Wenn $\lim\limits_{z \to z_0} |f(z)| = +\infty$ gilt, heißt z_0 Pol(stelle) von f.

  ii. Ist z_0 weder hebbare Singularität noch Polstelle von f, so heißt z_0 wesentliche Singularität von f.

Dabei bedeutet $\lim\limits_{z \to z_0} |f(z)| = +\infty$ natürlich: Zu jedem $C > 0$ gibt es ein $r > 0$, so dass f auf $D_r(z_0) \setminus \{z_0\}$ definiert ist und dort $|f(z)| \geq C$ erfüllt.

Eine wesentliche Singularität liegt also genau dann vor, wenn es Folgen z_n, z_n' im Definitionsbereich von f gibt mit $z_n \to z_0$, $z_n' \to z_0$, so dass $f(z_n)$ eine beschränkte und $f(z_n')$ eine unbeschränkte Folge ist.

Betrachten wir die eingangs aufgeführten Beispiele: Die isolierten Singularitäten von $\tan z$ sind die Punkte $z_k = \frac{\pi}{2} + k\pi$ mit $k \in \mathbb{Z}$. Da $\cos z_k = 0$ und $\sin z_k \neq 0$ gilt, sind alle z_k Pole. Für die Funktion $(\sin z)/z$ ist der Nullpunkt eine hebbare Singularität, wie wir früher gesehen haben. Ist $R(z) = p(z)/q(z)$ eine rationale Funktion, so sind die Nullstellen z_k des Nenners $q(z)$ isolierte Singularitäten von R; und zwar ist z_k ein Pol, falls $p(z_k) \neq 0$ ist; im Falle $p(z_k) = 0$ kann eine hebbare Singularität vorliegen. – Beispiel einer wesentlichen Singularität ist der Nullpunkt für die Funktion $f(z) = \exp(1/z)$: Man hat $\pm\frac{1}{n} \to 0$, aber $f(\frac{1}{n}) \to +\infty$, $f(-\frac{1}{n}) \to 0$ für $n \to \infty$.

Wir wollen nun das Verhalten einer Funktion in der Nähe einer Polstelle genauer studieren. Es sei also f holomorph auf einer punktierten Umgebung $U \setminus \{z_0\}$ von z_0, in z_0 liege ein Pol von f. Wir können annehmen, dass f auf $U \setminus \{z_0\}$ nirgends verschwindet (notfalls verkleinern wir U). Dann ist $g(z) = 1/f(z)$ auf $U \setminus \{z_0\}$ holomorph und ohne Nullstellen, $\lim\limits_{z \to z_0} |f(z)| = +\infty$ impliziert $\lim\limits_{z \to z_0} |g(z)| = 0$. Nach dem Riemannschen Hebbarkeitssatz können wir g auf ganz U holomorph fortsetzen – wir bezeichnen auch die fortgesetzte Funktion mit g. Ist nun k die Nullstellenordnung von g in z_0, so können wir

$$g(z) = (z - z_0)^k \widetilde{h}(z)$$

schreiben mit einer auf U holomorphen Funktion $\widetilde{h}$, welche $\widetilde{h}(z_0) \neq 0$ erfüllt. Also ist $\widetilde{h}$ auf ganz U nullstellenfrei, $h = 1/\widetilde{h}$ ist holomorph auf U, und auf $U \setminus \{z_0\}$ gilt

$$f(z) = (z - z_0)^{-k} h(z)$$

Wir haben damit gezeigt:

Satz 6.1. *Die Funktion f sei holomorph auf einer punktierten Umgebung $U \setminus \{z_0\}$ von z_0, in z_0 liege eine Polstelle von f. Dann gibt es eine natürliche Zahl $k \geq 1$ und eine auf ganz U holomorphe Funktion h mit $h(z_0) \neq 0$, so dass*

$$f(z) = (z - z_0)^{-k} h(z) \tag{1}$$

auf $U \setminus \{z_0\}$ ist. Dabei sind k und h durch f eindeutig bestimmt.

Die Zahl k heißt die *Ordnung* oder *Vielfachheit* des Pols. Im Falle $k = 1$ spricht man auch von einem *einfachen Pol*.

Es sei weiterhin z_0 ein Pol der Ordnung k von $f\colon U \setminus \{z_0\} \to \mathbb{C}$. In die Darstellung (1) können wir die Potenzreihen-Entwicklung $h(z) = \sum_0^\infty b_n(z - z_0)^n$ einsetzen und erhalten eine Reihendarstellung für f:

$$f(z) = (z - z_0)^{-k} \sum_0^\infty b_n(z - z_0)^n = \sum_{n=-k}^\infty a_n(z - z_0)^n$$

mit $a_n = b_{n+k}$ für $n = -k, -k+1, \ldots$; insbesondere ist der Anfangskoeffizient $a_{-k} = b_0 = h(z_0) \neq 0$.

Die Reihe $\sum_0^\infty b_n(z - z_0)^n$ konvergiert lokal gleichmäßig mindestens auf dem größten Kreis $D_R(z_0)$, der noch in U liegt, $(z - z_0)^{-k}$ ist auf jedem kompakten Teil von $D_R(z_0) \setminus \{z_0\}$ beschränkt. Also konvergiert unsere Reihe lokal gleichmäßig auf $D_R(z_0) \setminus \{z_0\}$. Damit ist der größte Teil des folgenden Satzes bereits bewiesen.

Satz 6.2. *Die Funktion f sei auf einer punktierten Umgebung $U \setminus \{z_0\}$ von z_0 holomorph und habe in z_0 einen Pol der Ordnung k. Dann besteht eine Reihen-Entwicklung*

$$f(z) = a_{-k}(z - z_0)^{-k} + \ldots + a_{-1}(z - z_0)^{-1} + \sum_{n=0}^\infty a_n(z - z_0)^n \tag{2}$$

mit $a_{-k} \neq 0$. Sie konvergiert lokal gleichmäßig mindestens auf dem größten punktierten Kreis um z_0, der noch in U liegt. Die Koeffizienten a_n sind eindeutig bestimmt; es gilt

$$a_n = \frac{1}{2\pi i} \int_{|z-z_0|=r} \frac{f(z)\,dz}{(z - z_0)^{n+1}} \tag{3}$$

für jedes r mit $\overline{D_r(z_0)} \subset U$.

Beweis: Die Eindeutigkeit der a_n folgt aus der Eindeutigkeit des Koeffizienten b_m in der Entwicklung von $h(z)$. Weiter ist

$$a_n = b_{n+k} = \frac{1}{2\pi i} \int_{|z-z_0|=r} \frac{h(z)\,dz}{(z - z_0)^{n+k+1}} = \frac{1}{2\pi i} \int_{|z-z_0|=r} \frac{f(z)\,dz}{(z - z_0)^{n+1}}. \qquad \square$$

Die Integralformel für die a_n stimmt formal mit dem entsprechenden Ausdruck für die Taylor-Koeffizienten einer holomorphen Funktion überein. Hier tritt jedoch für $n \leq -1$ der Term $(z - z_0)$ nicht mehr als Nenner im Integranden auf. Insbesondere hat man die Beziehung

$$a_{-1} = \frac{1}{2\pi i} \int_{|z-z_0|=r} f(z)\,dz.$$

Die Darstellung (2) heißt *Laurent-Entwicklung* von f um die Polstelle z_0. Die Teilsumme $h_{z_0}(z) = \sum_{n=-k}^{-1} a_n(z - z_0)^n$ liefert eine Beschreibung des Unendlichwerdens von f bei z_0, man nennt sie den *Hauptteil* (der Laurent-Entwicklung) von f in z_0.

Ohne Bezug auf (2) lässt sich der Hauptteil so charakterisieren: $h_{z_0}(z)$ ist das (eindeutig bestimmte) Polynom in $(z - z_0)^{-1}$ ohne konstanten Term, für das $f(z) - h_{z_0}(z)$ holomorph in z_0 ist.

Beispiele:

i. Der Nullpunkt ist isolierte Singularität von $\cot z = \cos z / \sin z$. Wegen $\cos 0 \neq 0$ und $\sin 0 = 0$ handelt es sich um einen Pol. Die multiplikative Zerlegung (1) ist

$$\cot z = \frac{1}{z} h(z) \quad \text{mit } h(z) = \cos z \cdot \frac{z}{\sin z}$$

(der letzte Faktor ist durch den Wert 1 im Nullpunkt zu einer dort holomorphen Funktion fortgesetzt zu denken). Es liegt also ein einfacher Pol vor, der Hauptteil von $\cot$ in 0 ist $h(0)/z = 1/z$. Wegen der Periodizität $\cot(z + \pi) = \cot z$ sind alle isolierten Singularitäten $z_m = m\pi, m \in \mathbb{Z}$, einfache Pole mit Hauptteil $1/(z - z_m)$. – Die Untersuchung des Tangens lässt sich mit $\tan z = -\cot(z - \frac{\pi}{2})$ oder mit $\tan z = 1/\cot z$ auf die des Cotangens zurückführen.

ii. Aus der Partialbruch-Zerlegung der rationalen Funktion

$$R(z) = \frac{z^4 + z^2 + 1}{z(z^2 + 1)} = z + \frac{1}{z} - \frac{1}{2}\left(\frac{1}{z - i} + \frac{1}{z + i}\right)$$

liest man ab, dass R in 0, i und $-i$ einfache Pole mit den Hauptteilen

$$\frac{1}{z}, \quad -\frac{1}{2}\frac{1}{z - i}, \quad -\frac{1}{2}\frac{1}{z + i}$$

hat. Die Laurent-Entwicklung von R um 0 erhält man, wenn man

$$R(z) - \frac{1}{z} = z - \frac{z}{1 + z^2}$$

in eine Potenzreihe um 0 entwickelt; man erhält

$$R(z) = \frac{1}{z} + \sum_{n=1}^{\infty} (-1)^{n+1} z^{2n+1}.$$

Bei Annäherung von z an eine hebbare Singularität oder eine Polstelle von f verhalten sich die Werte von f recht übersichtlich. Das Gegenteil ist bei wesentlichen Singularitäten der Fall:

Satz 6.3 (Casorati-Weierstraß). *Es sei z_0 eine wesentliche Singularität der auf der punktierten Umgebung $U \setminus \{z_0\}$ holomorphen Funktion f. Dann gibt es zu jedem $w_0 \in \mathbb{C}$ eine Folge z_n in $U \setminus \{z_0\}$ mit $z_n \to z_0$ und $f(z_n) \to w_0$.*

Ziehen wir noch den Satz von der Gebietstreue heran, so sehen wir: Durch f wird $U \setminus \{z_0\}$ auf eine offene und dichte Teilmenge der komplexen Ebene abgebildet – und dasselbe gilt für jede noch so kleine punktierte Umgebung $V \setminus \{z_0\} \subset U \setminus \{z_0\}$! Es folgt unmittelbar, dass f auf $U \setminus \{z_0\}$ nicht injektiv sein kann: das Bild $f(U \setminus \overline{V})$, $z_0 \in V$, $V \subset\subset U$, trifft notwendig die offene dichte Menge $f(V \setminus \{z_0\})$.

Es gilt sogar der – erheblich schwerer zu beweisende – „große Satz von Picard": *Die Bildmenge jedes $V \setminus \{z_0\}$ ist die ganze Ebene mit eventueller Ausnahme eines Punktes.*

Beweis von Satz 6.3: Wir nehmen an, z_0 sei isolierte Singularität von f und die Behauptung des Satzes sei falsch. Dann gibt es einen Punkt $w_0 \in \mathbb{C}$ und positive Radien r und ε, so dass $|f(z) - w_0| \geq \varepsilon$ gilt für alle z mit $0 < |z - z_0| < r$. Für $0 < |z - z_0| < r$ ist also die Funktion

$$g(z) = \frac{1}{f(z) - w_0}$$

holomorph und durch $1/\varepsilon$ beschränkt. Nach dem Riemannschen Hebbarkeitssatz können wir sie in dem Punkt z_0 holomorph fortsetzen. Die Beziehung $f(z) = w_0 + \frac{1}{g(z)}$ zeigt dann: f hat in z_0 eine hebbare Singularität (wenn $g(z_0) \neq 0$) oder einen Pol (wenn $g(z_0) = 0$), jedenfalls keine wesentliche Singularität. $\square$

Aus dem Beweis von Satz 6.1 ergibt sich eine Charakterisierung der Polordnung durch das Wachstum der Funktion bei Annäherung an den Pol:

Folgerung 6.4. *Es sei z_0 eine isolierte Singularität von f.*

   i. f hat in z_0 genau dann einen Pol der Ordnung $\leq k$ oder eine hebbare Singularität, wenn auf einer punktierten Umgebung von z_0

$$|f(z)| \leq C_1 |z - z_0|^{-k}$$

   mit einer positiven Konstanten C_1 gilt.

   ii. f hat in z_0 genau dann einen Pol der Ordnung $\geq k$, wenn auf einer punktierten Umgebung von z_0

$$|f(z)| \geq C_2 |z - z_0|^{-k}$$

   mit einer positiven Konstanten C_2 gilt.

Funktionen, die nur Pole als isolierte Singularitäten haben, sind nicht viel komplizierter als holomorphe Funktionen.

Definition 6.3. *Eine meromorphe Funktion f auf einem Gebiet G ist eine außerhalb einer diskreten Teilmenge P_f von G holomorphe Funktion $f \colon G \setminus P_f \to \mathbb{C}$, die in den Punkten von P_f Pole hat.*

Wir werden später sehen, dass man eine solche Funktion durch Einführung eines „unendlich fernen Punktes" ∞ und die Setzung $f(z_0) = \infty$ für $z_0 \in P_f$ zu einer stetigen Funktion $f: G \to \mathbb{C} \cup \{\infty\}$ machen kann.

Auf G holomorphe Funktionen sind natürlich meromorph (mit leerer Polstellenmenge). Quotienten f/g zweier auf G holomorpher Funktionen ($g \not\equiv 0$) sind meromorph: Die Nullstellenmenge N_g von g ist diskret in G, ihre Punkte sind isolierte Singularitäten von f/g, welche hebbar oder Polstellen sind. Insbesondere sind rationale Funktionen meromorph auf ganz $\mathbb{C}$, ebenso Funktionen wie $\tan z$. Hingegen ist $\exp(1/z)$ nicht meromorph auf $\mathbb{C}$, da im Nullpunkt eine wesentliche Singularität liegt.

Es stellt sich nun die Frage: Ist jede auf einem Gebiet G meromorphe Funktion Quotient zweier *auf ganz G* holomorpher Funktionen? Die Antwort ist „ja"; wir verweisen auf [FL1]. An dieser Stelle halten wir nur die einfachere Aussage fest, dass sich jede meromorphe Funktion *lokal* als Quotient von holomorphen Funktionen schreibt lässt. Genauer:

Es sei f holomorph auf G außerhalb einer diskreten Teilmenge P_f. Genau dann ist f meromorph, wenn jeder Punkt $z_0 \in G$ eine Umgebung $U \subset G$ hat, so dass f auf $U \setminus P_f$ Quotient zweier auf U holomorpher Funktionen h und g ist: $f = h/g$.

Die so beschriebenen Funktionen sind sicher meromorph. Ist umgekehrt f meromorph und z_0 kein Pol von f, so kann man $h = f$, $g = 1$ wählen. Ist z_0 Pol der Ordnung k, so ist $f(z) = h(z)/(z - z_0)^k$ nahe z_0 mit einer in z_0 holomorphen Funktion h nach (1). – Es folgt, dass mit $f \not\equiv 0$ auch $1/f$ meromorph ist; die Nullstellen von f sind die Pole von $1/f$, die Pole von f die Nullstellen von $1/f$. Darüber hinaus zeigt die obige Beschreibung, dass die meromorphen Funktionen auf einem Gebiet G einen Körper bilden – d.h. Summe, Differenz, Produkt und Quotient meromorpher Funkionen sind wieder meromorph (dabei ist $f \equiv 0$ das Nullelement, das als Nenner ausgeschlossen bleibt). Dieser Körper enthält als Unterring den Ring $\mathcal{O}(G)$ der holomorphen Funktionen. Die positive Antwort auf die obige Frage besagt, dass er der Quotientenkörper dieses Ringes ist. Hierbei ist natürlich wesentlich, dass man ein Gebiet, also eine *zusammenhängende* offene Menge zugrunde legt (ist U nicht zusammenhängend, so hat $\mathcal{O}(U)$ Nullteiler!).

Abschließend bemerken wir, dass sich der Identitätssatz auf meromorphe Funktionen überträgt; die Begründung überlassen wir dem Leser.

Aufgaben

1. Für die folgenden Funktionen bestimme man die Art der Singularität in z_0, bei hebbaren Singularitäten berechne man den Grenzwert, bei Polen die Ordnung und den Hauptteil.

   a) $\dfrac{1}{1 - e^z}$ in $z_0 = 0$,

   b) $\dfrac{1}{z - \sin z}$ in $z_0 = 0$,

   c) $\dfrac{z\, e^{iz}}{(z^2 + b^2)^2}$ in $z_0 = ib$ $(b > 0)$,

   d) $(\sin z + \cos z - 1)^{-2}$ in $z_0 = 0$,

   e) $\sin\left(\dfrac{\pi}{z^2 + 1}\right)$ in $z_0 = i$.

2. Für die folgenden Funktionen bestimme man alle ihre (isolierten) Singularitäten und beantworte jeweils die in Aufgabe 1 gestellten Fragen.

a) $\dfrac{z^3 + 3z^2 + 2i}{z^2 + 1}$,

b) $\dfrac{1}{(z^2 + b^2)^2}$ $(b > 0)$,

c) $\dfrac{z}{(z^2 + b^2)^2}$ $(b > 0)$,

d) $\cos(1/z)$.

3. Es sei f holomorph auf $D_r(z_0) \setminus \{z_0\}$ mit einem Pol in z_0. Zeige: Es gibt $R > 0$ mit

$$f(D_r(z_0) \setminus \{z_0\}) \supset \mathbb{C} \setminus \overline{D_R(0)}.$$

4. Es sei z_0 isolierte Singularität von f. Man zeige: z_0 ist kein Pol von e^f.
(Tipp: Benutze das Ergebnis von Aufgabe 3.)

5. Es sei $f \not\equiv 0$ in einer Umgebung von z_0 meromorph. Wir setzen $\omega_{z_0}(f) = n$, wenn f in z_0 eine Nullstelle der Ordnung $n \geq 0$ hat, und $\omega_{z_0}(f) = -n$, wenn f in z_0 einen Pol der Ordnung n hat. Für Funktionen f und g, die in einer Umgebung von z_0 meromorph und nicht $\equiv 0$ sind, beschreibe man $\omega_{z_0}(f + g), \omega_{z_0}(fg), \omega_{z_0}(f/g)$ mittels $\omega_{z_0}(f)$ und $\omega_{z_0}(g)$.

6. Die Funktion $\exp(1/z)$ nimmt in jedem $U_\varepsilon(0) \setminus \{0\}$ jeden von 0 verschiedenen Wert unendlich oft an, die Funktion $\sin(1/z)$ nimmt dort jeden Wert unendlich oft an.

7. Es sei $z_0 \in G \subset \mathbb{C}$ und f auf $G \setminus \{z_0\}$ meromorph. Man zeige: Ist z_0 Häufungspunkt von Polstellen von f, so gibt es zu jedem $w \in \mathbb{C}$ eine Folge z_n in $U \setminus \{z_0\}$ mit $z_n \to z_0$ und $f(z_n) \to w$.

8. Es sei f holomorph für $0 < |z| < r_0$. Für $0 < r < r_0$ setzen wir $M_r(f) = \max\{|f(z)| : |z| = r\}$. Man beweise:
   a) In 0 liegt genau dann eine hebbare Singularität von f, wenn $M_r(f)$ beschränkt bleibt bei $r \to 0$. In diesem Fall ist $M_r(f)$ eine streng monoton wachsende Funktion von r, sofern f nicht konstant ist; es gilt $\lim\limits_{r \to 0} M_r(f) = |f(0)|$.
   b) In 0 liegt genau dann ein Pol von f, wenn $M_r(f) \to \infty$ bei $r \to 0$ und es ein ℓ gibt, für das $r^\ell M_r(f)$ beschränkt bleibt. Die Polordnung ist dann das minimale ℓ mit dieser Eigenschaft.
   c) In 0 liegt genau dann eine wesentliche Singularität von f, wenn $r^\ell M_r(f) \to \infty$ für alle $\ell \geq 0$ bei $r \to 0$.
   d) Bei b) und c) gibt es ein $r_1 \in \,]0, r_0[$, so dass $r \mapsto M_r(f)$ streng monoton fällt auf $\,]0, r_1]$.

9. Die Funktionen $a_1, \ldots, a_n$ seien in z_0 holomorph, f habe dort eine wesentliche Singularität. Man zeige, dass $g = f^n + a_1 f^{n-1} + \ldots + a_n$ in z_0 eine wesentliche Singularität hat. Man zeige weiter, dass diese Aussage auch richtig ist, wenn die a_ν nur als meromorph vorausgesetzt werden.

7. Holomorphe Funktionen mehrerer Veränderlicher

Eine holomorphe Funktion von n Variablen $z_1, \ldots, z_n$ ist in jeder einzelnen Variablen holomorph und kann daher durch die Cauchysche Integralformel bezüglich dieser Variablen dargestellt werden: das führt zu n sukzessiven Integrationen, bezüglich jeder Variablen eine. Im Einzelnen:

Es sei $\mathbf{z}^0 \in \mathbb{C}^n$, $\mathbf{z}^0 = (z_1^0, \ldots, z_n^0)$, und

$$D = D_{\mathbf{r}}(\mathbf{z}^0) = \left\{ \mathbf{z} = (z_1, \ldots, z_n) : |z_\nu - z_\nu^0| < r_\nu, \ \nu = 1, \ldots, n \right\}$$

ein *Polyzylinder* um $\mathbf{z}^0$ vom *Polyradius* $\mathbf{r} = (r_1, \ldots, r_n)$; alle $r_\nu > 0$. D ist also das Produkt von n Kreisscheiben der Radien r_ν um z_ν^0. Wir setzen

$$T = \{\mathbf{z}\colon |z_\nu - z_\nu^0| = r_\nu, \ \nu = 1, \ldots, n\};$$

das ist ein Produkt von n Kreislinien T_ν, also ein n-dimensionaler Torus, und offenbar eine n-dimensionale Integrationsfläche (vgl. I.9). T heißt der *ausgezeichnete Rand* von D.

Nun sei f eine auf der offenen Menge U holomorphe Funktion; es gelte $U \supset \overline{D}$. Wir wählen $\mathbf{z} \in D$ und wenden die Cauchysche Integralformel in der ersten Variablen an:

$$f(\mathbf{z}) = \frac{1}{2\pi i} \int_{T_1} \frac{f(\zeta_1, z_2, \ldots, z_n)}{\zeta_1 - z_1} \, d\zeta_1.$$

Eine zweite Anwendung – nun bezüglich der zweiten Variablen – liefert

$$f(\zeta_1, z_2, \ldots, z_n) = \frac{1}{2\pi i} \int_{T_2} \frac{f(\zeta_1, \zeta_2, z_3, \ldots, z_n)}{\zeta_2 - z_2} \, d\zeta_2,$$

insgesamt also

$$f(\mathbf{z}) = \left(\frac{1}{2\pi i}\right)^2 \int_{T_1} \int_{T_2} \frac{f(\zeta_1, \zeta_2, z_3, \ldots, z_n)}{(\zeta_1 - z_1)(\zeta_2 - z_2)} \, d\zeta_2 \, d\zeta_1.$$

Wiederholung desselben Verfahrens – insgesamt n-mal – liefert die Cauchysche Integralformel für Polyzylinder.

Theorem 7.1. *Es sei f holomorph in einer Umgebung eines abgeschlossenen Polyzylinders $\overline{D}$ mit ausgezeichnetem Rand T. Dann gilt für jedes $\mathbf{z} \in D$*

$$f(\mathbf{z}) = \left(\frac{1}{2\pi i}\right)^n \int_T \frac{f(\zeta)}{(\zeta_1 - z_1) \cdots (\zeta_n - z_n)} \, d\zeta_1 \ldots d\zeta_n.$$

Für eine stetige Funktion h auf T definieren wir allgemeiner das Cauchy-Integral

$$C_h(\mathbf{z}) = \left(\frac{1}{2\pi i}\right)^n \int_T \frac{h(\zeta)}{(\zeta_1 - z_1) \cdots (\zeta_n - z_n)} \, d\zeta_1 \ldots d\zeta_n,$$

mit $\mathbf{z} \in D$. Differentiation unter dem Integralzeichen zeigt die Holomorphie der Funktion $C_h(\mathbf{z})$ auf D, genauso die beliebig häufige komplexe Differenzierbarkeit nach allen Variablen, und die Formel

$$\frac{\partial^{k_1 + \ldots + k_n}}{\partial z_1^{k_1} \cdots \partial z_n^{k_n}} C_h(\mathbf{z}) = \frac{k_1! \cdots k_n!}{(2\pi i)^n} \int_T \frac{h(\zeta)}{(\zeta_1 - z_1)^{k_1 + 1} \cdots (\zeta_n - z_n)^{k_n + 1}} \, d\zeta_1 \ldots d\zeta_n.$$

Kombination dieser Information mit Theorem 7.1 liefert wie in II.3:

Theorem 7.2. *Holomorphe Funktionen sind beliebig oft komplex differenzierbar; alle Ableitungen sind wieder holomorph.*

Man muss nur beachten, dass jeder Punkt des $\mathbb{C}^n$ beliebig kleine Polyzylinderumgebungen besitzt.

Eine Reihe weiterer wesentlicher Resultate, die für holomorphe Funktionen einer Variablen gelten, überträgt sich unverändert auf mehrere komplexe Variable. Die Beweise können entweder wie oben mittels der Cauchyschen Integralformel für Polyzylinder wie in einer Veränderlichen geführt werden, oder man führt die Aussagen direkt auf die entsprechende Aussage für Funktionen einer Variablen zurück. Wir wählen den zweiten Weg.

Theorem 7.3 (Identitätssatz). *Es sei f holomorph auf dem Gebiet G und identisch Null auf einer nicht leeren offenen Teilmenge U von G. Dann ist $f \equiv 0$ auf ganz G.*

Vorweg ein einfaches Lemma, das auch für die folgenden Beweise von Nutzen ist:

Lemma 7.4. *Es seien $\mathbf{a}, \mathbf{b} \in \mathbb{C}^n$, $\mathbf{b} \neq 0$; weiter sei $\lambda \colon \mathbb{C} \to \mathbb{C}^n$ die affine Gerade $\lambda(t) = \mathbf{a} + t\mathbf{b}$, $t \in \mathbb{C}$, L das Bild von λ. Ist dann f holomorph auf $U \subset \mathbb{C}^n$, so ist $f \circ \lambda$ holomorph auf $\lambda^{-1}(U)$.*

In der Tat zeigt man leicht, dass

$$\frac{d}{dt}(f \circ \lambda)(t) = \sum_{\nu=1}^{n} \frac{\partial f}{\partial z_\nu}(\lambda(t)) b_\nu$$

gilt. Kürzer ausgedrückt: ist f holomorph auf U, so ist die Einschränkung von f auf jede affine Gerade L holomorph auf $L \cap U$. Das Lemma verallgemeinert die selbstverständliche Tatsache, dass eine holomorphe Funktion von n Veränderlichen holomorph in jeder einzelnen Variablen ist.

Beweis von Theorem 7.3: a) Es sei zunächst G ein Polyzylinder. Nach dem Identitätssatz in einer Variablen (Satz 4.2) ist $f \equiv 0$ auf $L \cap G$ für jede affine Gerade L, welche U schneidet. Aber G ist die Vereinigung solcher Geraden, also ist $f \equiv 0$ auf G.

b) G sei beliebig und $G_0 = \{\mathbf{z} \in G \colon f \equiv 0$ in einer Umgebung von $\mathbf{z}\}$. Dann ist G_0 offen. Ist andererseits $\mathbf{z}^0$ ein Häufungspunkt von G_0 in G, so gibt es einen Polyzylinder D um $\mathbf{z}^0$, der G_0 schneidet, mit $D \subset G$. Nach Teil a ist $f \equiv 0$ auf D. Somit gilt $\mathbf{z}^0 \in G_0$, d.h. G_0 ist abgeschlossen in G. Insgesamt folgt: $G_0 = G$. $\square$

Es ist nicht schwer, auch die weiteren Versionen des Identitätssatzes herzuleiten, etwa: ist f holomorph auf G und $Df(\mathbf{z}^0) = 0$ für *alle* komplexen Ableitungen D beliebiger Ordnung, so ist $f \equiv 0$. Aber für das Verschwinden von f reicht nicht aus, dass f auf einer nichtdiskreten Menge verschwindet – betrachte die Funktion z_1 im $\mathbb{C}^2$ als Gegenbeispiel!

Mittels Lemma 7.4 zeigen wir genau wie oben

Theorem 7.5 (Maximum-Prinzip). *Die Funktion f sei auf dem Gebiet G holomorph, und $|f|$ nehme in $\mathbf{z}^0$ ein lokales Maximum an. Dann ist $f(z) \equiv f(\mathbf{z}^0)$.*

Beweis: Auf allen affinen Geraden L durch $\mathbf{z}^0$ ist nach dem Maximum-Prinzip in einer Variablen (Theorem 5.4) $f(\mathbf{z}) \equiv f(\mathbf{z}^0)$ (auf der Wegkomponente von $\mathbf{z}^0$ in $L \cap G$). Damit ist $f \equiv f(\mathbf{z}^0)$ auf einer offenen Umgebung von $\mathbf{z}^0$, also konstant auf G nach dem Identitätssatz. $\square$

Wiederum wie im Falle einer Veränderlichen folgt aus der Cauchyschen Integralformel der wichtige Konvergenzsatz von Weierstraß:

Theorem 7.6. *Es sei f_ν eine auf dem Gebiet G lokal gleichmäßig konvergente Folge holomorpher Funktionen mit Grenzfunktion f. Dann ist f holomorph, und die Folge der Ableitungen*

$$D^{\mathbf{k}} f_\nu = \frac{\partial^{k_1 + \ldots + k_n}}{\partial z_1^{k_1} \cdots \partial z_n^{k_n}} f_\nu$$

konvergiert lokal gleichmäßig gegen die entsprechende Ableitung $D^{\mathbf{k}} f$.

Auf Potenzreihenentwicklungen in n Variablen, die natürlich auch über die Cauchysche Integralformel zugänglich sind, gehen wir nicht ein, da Potenzreihen in mehr als einer Variablen technisch schwieriger zu handhaben sind.

Bisher hat sich die Theorie holomorpher Funktionen mehrerer Variablen als unmittelbare Verallgemeinerung der Funktionentheorie einer Veränderlichen gezeigt. Die Cauchysche Integralformel aber führt im Falle von mehr als einer Veränderlichen zu einer Überraschung:

Es sei f holomorph in einer Umgebung des abgeschlossenen Polyzylinders $\overline{D_{\mathbf{r}}(0)} \subset \mathbb{C}^n$, $n > 1$, mit eventueller Ausnahme des Nullpunktes selbst. Dann ist nach der Cauchyschen Integralformel in einer Variablen

$$f(z_1, \ldots, z_n) = \frac{1}{2\pi i} \int_{|\zeta_n| = r_n} \frac{f(z_1, \ldots, z_{n-1}, \zeta_n)}{\zeta_n - z_n} \, d\zeta_n,$$

falls nicht alle z_ν, $\nu = 1, \ldots, n-1$, Null sind. Das Integral rechts aber hängt holomorph von $z_1, \ldots, z_n$ ab, für *alle* $\mathbf{z} \in D_{\mathbf{r}}(0)$, also auch für $z_1 = \ldots = z_n = 0$. Somit ist f durch die rechte Seite zu einer holomorphen Funktion auf ganz D fortgesetzt – der Nullpunkt kann keine isolierte Singularität sein. Die Auszeichnung des Nullpunktes ist natürlich willkürlich, also:

Theorem 7.7. *Eine in einer punktierten Umgebung von $\mathbf{z}^0$ holomorphe Funktion von mindestens zwei Variablen ist nach $\mathbf{z}^0$ holomorph fortsetzbar.*

Es gibt keine isolierten Singularitäten für Funktionen mehrerer Veränderlicher. Da eine isolierte Nullstelle einer holomorphen Funktion f eine isolierte Singularität von $1/f$ ist, folgt

Satz 7.8. *Holomorphe Funktionen mehrerer Variablen haben keine isolierten Nullstellen.*

Wir werden im vierten Kapitel Genaueres über die Nullstellen holomorpher Funktionen einer oder mehrerer Variabler erfahren. Hier sei auf zwei Konsequenzen von Theorem 7.7 hingewiesen:

1. Es gibt Paare $G \subsetneqq \hat{G}$ von Gebieten im $\mathbb{C}^n, n > 1$, mit $\mathcal{O}(G) = \mathcal{O}(\hat{G})$; d.h. jede auf G holomorphe Funktion ist Restriktion einer auf $\hat{G}$ holomorphen Funktion. – Das Paar $D \setminus \{0\}, D$ ist ein Beispiel.

2. Meromorphe Funktionen lassen sich nicht durch ihr Verhalten in isolierten Singularitäten definieren; man muss sie als lokale Quotienten holomorpher Funktionen einführen – vergleiche die Ausführungen im Anschluss an Definition 6.3.

Die eigentliche Theorie mehrerer komplexer Veränderlicher beginnt an dieser Stelle, vgl. [GF] und [L] – mit einer Ausnahme in Kapitel IV werden wir sie aber nicht weiterverfolgen.

Aufgaben

1. Es sei $0 \leq r_\nu < R_\nu$ ($\nu = 1, \ldots, n$) und $D = D_{\mathbf{R}}(0) \setminus D_{\mathbf{r}}(0)$ die Differenz der beiden Polyzylinder mit den Polyradien $\mathbf{R} = (R_1, \ldots, R_n)$ und $\mathbf{r} = (r_1, \ldots, r_n)$; wir setzen $n > 1$ voraus. Zeige: Jede auf D holomorphe Funktion ist Restriktion einer auf $D_{\mathbf{R}}(0)$ holomorphen Funktion.
   Hinweis: Der Beweis von Theorem 7.7 lässt sich anpassen.

2. Formuliere und beweise den Satz von Montel (Theorem 5.3) für Funktionen mehrerer Variablen.

3. Beweise die Ableitungsregel von Lemma 7.4.

Kapitel III.

Funktionen in der Ebene und auf der Sphäre

Durch Hinzunahme eines „unendlich fernen" Punktes zur komplexen Ebene entsteht die Riemannsche Zahlensphäre (III.1); sie erlaubt eine elegante Beschreibung meromorpher, insbesondere rationaler, Funktionen und eine Interpretation der Möbiustransformationen als Automorphismen der Sphäre (III.2, 4). Wichtige Sätze über in ganz $\mathbb{C}$ holomorphe („ganze") Funktionen folgen aus der Tatsache, dass diese Funktionen den Punkt ∞ als isolierte Singularität haben (III.3). Polynome und rationale Funktionen werden in III.2 ausführlich untersucht; der Paragraph enthält insbesondere Beweise des Fundamentalsatzes der Algebra sowie einige historische Anmerkungen. – Mit der Logarithmusfunktion und den hieraus konstruierten weiteren Funktionen schließen wir das „elementare" Studium der elementaren Funktionen ab, u.a. beschreiben wir mittels der Wurzelfunktion das lokale Abbildungsverhalten holomorpher oder meromorpher Funktionen. – Partialbruchentwicklungen (III.6) sind ein wesentliches Hilfsmittel zum Studium meromorpher Funktionen; der Paragraph enthält neben dem allgemeinen Existenzsatz die Entwicklung der Funktionen $\cot \pi z$ und $1/\sin^2 \pi z$ mit ihren Konsequenzen.

Ein großer Teil des Kapitels enthält klassischen Stoff, dessen Ursprung vor 1800 liegt. Die Riemannsche Zahlensphäre ist natürlich die komplexe projektive Gerade, und die Geometrie der Möbiustransformationen ist 1-dimensionale (über beliebigen Körpern gültige) projektive Geometrie. Satz 6.1 wurde von Mittag-Leffler 1877 aufgestellt; die Summation der Reihen $\sum n^{-2k}$ ist Euler (1740) gelungen; die Bernoulli-Zahlen wurden von Jakob Bernoulli um 1700 eingeführt, um Potenzsummen zu berechnen.

1. Die Riemannsche Zahlensphäre

Wir ergänzen die komplexe Zahlenebene $\mathbb{C}$ so durch einen neuen Punkt ∞ zu einem kompakten Raum $\hat{\mathbb{C}} = \mathbb{C} \cup \{\infty\}$, dass meromorphe Funktionen stetige Abbildungen nach $\hat{\mathbb{C}}$ werden, wenn man ihnen in ihren Polstellen den Wert ∞ zuschreibt.

Im Einzelnen: Wir setzen $\hat{\mathbb{C}} = \mathbb{C} \cup \{\infty\}$ und nennen ∞ den „unendlich fernen Punkt". Dann setzen wir die Topologie von $\mathbb{C}$ auf $\hat{\mathbb{C}}$ fort durch

Definition 1.1. *Eine Teilmenge U von $\hat{\mathbb{C}}$ heißt offen, wenn entweder $U \subset \mathbb{C}$ und U offen in $\mathbb{C}$ ist oder wenn $\infty \in U$ und $\hat{\mathbb{C}} \setminus U$ kompakt in $\mathbb{C}$ ist.*

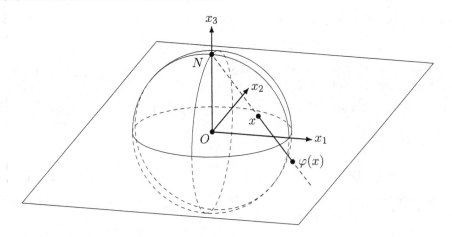

Bild 5. Stereographische Projektion

Offene Umgebungen von ∞ sind also z.B. die Komplemente $\hat{\mathbb{C}} \backslash \overline{D}$ von abgeschlossenen Kreisscheiben $\overline{D} \subset \mathbb{C}$. Daher konvergiert eine Folge (z_n) von komplexen Zahlen genau dann gegen ∞, wenn für jeden Radius R nur endlich viele Folgenglieder in $D_R(0)$ liegen, d.h. wenn $|z_n| \to \infty$ im früheren Sinne gilt. Ausgehend von den offenen Mengen haben wir den ganzen topologischen Begriffsapparat für $\hat{\mathbb{C}}$ zur Verfügung (vgl. I.1).

Insbesondere sind nun auch Schreibweisen wie

$$\lim_{z \to a} (z - a)^{-1} = \infty, \quad \lim_{z \to \infty} z^2 = \infty$$

legitimiert.

Man nennt $\hat{\mathbb{C}}$ die *abgeschlossene Ebene* oder die *Riemannsche Zahlensphäre*. Die zweite Bezeichnung ist durch das folgende anschauliche Modell begründet: Wir betrachten den $\mathbb{R}^3$ mit den Koordinaten x_1, x_2, x_3 und identifizieren $\mathbb{C}$ mit der (x_1, x_2)-Ebene, indem wir $z = x_1 + ix_2$ setzen. Die zweidimensionale Einheitssphäre

$$S^2 = \{(x_1, x_2, x_3) \in \mathbb{R}^3 : {x_1}^2 + {x_2}^2 + {x_3}^2 = 1\}$$

projizieren wir, wie in Bild 5 angedeutet, vom „Nordpol" $N = (0, 0, 1)$ aus stereographisch auf $\mathbb{C}$: Jedem $\mathbf{x} \in S^2 \setminus \{N\}$ wird der Schnittpunkt $\varphi(\mathbf{x})$ der Verbindungsgeraden von N und $\mathbf{x}$ mit $\mathbb{C}$ zugeordnet. Dadurch erhalten wir eine bijektive stetige Abbildung

$$\varphi \colon S^2 \setminus N \to \mathbb{C}, \quad \varphi(x_1, x_2, x_3) = \frac{1}{1 - x_3}(x_1 + ix_2).$$

Die Umkehrabbildung

$$\varphi^{-1} \colon \mathbb{C} \to S^2 \setminus N, \quad \varphi^{-1}(x + iy) = \frac{1}{x^2 + y^2 + 1}(2x, 2y, x^2 + y^2 - 1)$$

ist ebenfalls stetig. Setzen wir φ fort zu der Bijektion

$$\hat{\varphi}\colon S^2 \to \hat{\mathbb{C}} \quad \text{mit } \hat{\varphi}(\mathbf{x}) = \varphi(\mathbf{x}) \quad \text{für } \mathbf{x} \neq N, \ \hat{\varphi}(N) = \infty,$$

so ist $\hat{\varphi}$ samt der Umkehrung $\hat{\varphi}^{-1}\colon \hat{\mathbb{C}} \to S^2$ stetig. Wir können daher $\hat{\mathbb{C}}$ als topologischen Raum mit der Sphäre S^2 identifizieren.

Satz 1.1. $\hat{\mathbb{C}}$ *ist ein kompakter und zusammenhängender topologischer Raum.*

Beweis: $S^2 \subset \mathbb{R}^3$ hat diese Eigenschaften. $\qquad\qquad\qquad\qquad\qquad\qquad$ $\square$

Jetzt lässt sich die Definition 6.3 der meromorphen Funktionen umformulieren:

Eine meromorphe Funktion auf einem Gebiet $G \subset \mathbb{C}$ ist eine stetige Abbildung $f\colon G \to \hat{\mathbb{C}}$ mit folgenden Eigenschaften:

    i. *Die Menge $P_f = \{z \in G\colon f(z) = \infty\}$ ist diskret in G,*

    ii. *$f\colon G \setminus P_f \to \mathbb{C}$ ist holomorph.*

Es ist zweckmäßig, ∞ nicht nur als Funktionswert zuzulassen, sondern auch als Argument. Dazu bemerken wir, dass durch

$$\psi\colon \hat{\mathbb{C}} \to \hat{\mathbb{C}}, \quad \psi(z) = 1/z \text{ für } z \neq 0, \infty, \quad \psi(0) = \infty, \quad \psi(\infty) = 0$$

ein Homöomorphismus von $\hat{\mathbb{C}}$ auf sich erklärt wird; es ist $\psi = \psi^{-1}$ und ψ ist holomorph auf $\mathbb{C}^* = \hat{\mathbb{C}} \setminus \{0, \infty\}$. Durch ψ werden Umgebungen von ∞ auf Umgebungen von 0 abgebildet und umgekehrt.

Definition 1.2. *Eine in einer Umgebung von ∞ erklärte Funktion f heißt holomorph in ∞, wenn die Funktion*

$$f^* = f \circ \psi\colon \begin{cases} \zeta & \mapsto f(1/\zeta) \text{für } \zeta \neq 0 \\ 0 & \mapsto f(\infty) \end{cases}$$

holomorph im Nullpunkt ist.

Zum Beispiel sind die Potenzen $f_k(z) = z^{-k}, k = 1, 2, 3, \ldots$, in ∞ holomorph, wenn man noch $f_k(\infty) = 0$ setzt: Es ist $f_k^*(\zeta) = \zeta^k$.

Es sei f holomorph auf $U_\varepsilon(\infty) = \{z \in \mathbb{C}\colon |z| > 1/\varepsilon\} \cup \{\infty\}$ und $f(\infty) = w_0$. Dann hat f^* auf $U_\varepsilon(0) = \psi(U_\varepsilon(\infty))$ eine Potenzreihenentwicklung

$$f^*(\zeta) = w_0 + \sum_{n=k}^{\infty} a_n \zeta^n \quad \text{mit } a_k \neq 0.$$

Wir lesen daraus die auf $U_\varepsilon(\infty) \setminus \{\infty\}$ gültige Entwicklung

$$f(z) = w_0 + a_k z^{-k} + a_{k+1} z^{-k-1} + \ldots$$

ab und sagen, dass f in ∞ eine w_0-Stelle der Ordnung k hat.

Der Begriff der isolierten Singularität lässt sich auf den Punkt ∞ erweitern:

Definition 1.3. *Die Funktion f sei in einer punktierten Umgebung von ∞ holomorph.*

   i. ∞ ist hebbare Singularität von f, wenn f bei ∞ beschränkt ist.

  ii. ∞ ist Polstelle von f, wenn $\lim\limits_{z\to\infty} f(z) = \infty$ gilt.

 iii. Wenn ∞ weder hebbare Singularität noch Pol von f ist, heißt ∞ wesentliche Singularität von f.

Es folgt: ∞ ist genau dann eine Singularität des Typs *i*, *ii* bzw. *iii* von f, wenn 0 eine Singularität dieses Typs von $f^* = f \circ \psi$ ist. Daraus ergibt sich, dass der Riemannsche Hebbarkeitssatz und der Satz von Casorati-Weierstraß mit allen Konsequenzen auch für ∞ als isolierte Singularität gelten.

Die Ordnung der Polstelle ∞ einer Funktion f wird natürlich als Ordnung der Polstelle 0 von f^* erklärt. Ist k diese Ordnung, so hat man eine Darstellung

$$f(z) = z^k g(z)$$

mit einer in ∞ holomorphen Funktion $g(z)$, $g(\infty) \neq 0$. Der Hauptteil $h_\infty(z)$ von f in ∞ kann definiert werden als das (eindeutig bestimmte) Polynom $h_\infty(z)$ in z ohne konstanten Term, für das $f(z) - h_\infty(z)$ holomorph in ∞ ist. Der Grad dieses Polynoms stimmt mit der Ordnung von ∞ als Pol von f überein.

Beispiele:

i. Es sei $h(z) = a_{-k}(z - z_0)^{-k} + \ldots + a_{-1}(z - z_0)^{-1}$ mit $a_{-k} \neq 0$. Dann gilt $\lim\limits_{z\to\infty} h(z) = 0$, also liefert h eine in ∞ holomorphe Funktion, die dort verschwindet.

ii. Ein Polynom $p(z) = a_0 + a_1 z + \ldots + a_n z^n$ mit $a_n \neq 0$ hat in ∞ einen Pol der Ordnung n. Der Hauptteil ist $h_\infty(z) = a_1 z + \ldots + a_n z^n$.

iii. Wir betrachten eine „gebrochen lineare" Funktion

$$f(z) = \frac{az + b}{cz + d},$$

dabei seien $a, b, c, d \in \mathbb{C}$, $c \neq 0$ und es gelte $ad - bc \neq 0$ (sonst wäre f konstant). Diese Funktion ist holomorph auf $\mathbb{C} \setminus \{-d/c\}$ und hat in $z_0 = -d/c$ einen Pol erster Ordnung. Aber f ist auch in ∞ holomorph, wenn wir $f(\infty) = a/c$ setzen:

$$f^*(\zeta) = \frac{a/\zeta + b}{c/\zeta + d} = \frac{a + b\zeta}{c + d\zeta}$$

ist in 0 holomorph mit $f^*(0) = a/c$.

iv. Die Funktion $f(z) = e^z$ hat in ∞ eine wesentliche Singularität, denn $f^*(\zeta) = e^{1/\zeta}$ hat in 0 eine solche.

Die auf der ganzen Zahlensphäre holomorphen Funktionen sind besonders einfach:

Satz 1.2. *Jede auf* $\hat{\mathbb{C}}$ *holomorphe Funktion ist konstant.*

Beweis: Es sei $f \colon \hat{\mathbb{C}} \to \mathbb{C}$ holomorph. Die stetige Funktion $|f| \colon \hat{\mathbb{C}} \to \mathbb{R}$ nimmt ihr Maximum an, da $\hat{\mathbb{C}}$ kompakt ist. Geschieht das in $z_0 \in \mathbb{C}$, so ist f nach dem Maximum-Prinzip jedenfalls auf $\mathbb{C}$ konstant, aus Stetigkeitsgründen dann auch auf $\hat{\mathbb{C}}$. Wird $|f|$ in ∞ maximal, so hat $|f^*|$ ein Maximum in 0, es folgt die Konstanz von f^* und damit die von f. $\square$

Wir können nun in der Definition der meromorphen Funktionen auch $G \subset \hat{\mathbb{C}}$ zulassen, d.h. den Fall einbeziehen, dass ∞ im Definitionsgebiet liegt. Der Satz von der Gebietstreue gilt auch in dieser allgemeineren Situation:

Satz 1.3. *Ist f eine nichtkonstante meromorphe Funktion auf dem Gebiet $G \subset \hat{\mathbb{C}}$, so ist $f(G)$ ein Gebiet in $\hat{\mathbb{C}}$.*

Den Beweis stellen wir als Aufgabe 3.

Zur Vereinfachung der Terminologie ist folgende Sprechweise nützlich:

Definition 1.4. *Es seien G_1 und G_2 Gebiete in $\hat{\mathbb{C}}$. Eine holomorphe Abbildung f von G_1 auf G_2 ist eine meromorphe Funktion $f \colon G_1 \to \hat{\mathbb{C}}$ mit $f(G_1) = G_2$.*

Die gebrochen linearen Funktionen aus Beispiel iii liefern also holomorphe Abbildungen von $\hat{\mathbb{C}}$ auf sich; wir werden sie später genauer untersuchen.

Die Begriffe „holomorphe Abbildung" und „holomorphe Funktion" sind also jetzt nicht mehr synonym: Eine holomorphe Abbildung $f \colon G_1 \to G_2$ ist genau dann eine holomorphe Funktion, wenn $\infty \notin G_2$.

Aufgaben

1. Es seien G_1 und G_2 Gebiete in $\hat{\mathbb{C}}$, $\varphi \colon G_1 \to G_2$ sei ein Homöomorphismus. Man zeige: φ ist genau dann biholomorph, wenn für jede holomorphe Funktion $f \colon U \to \mathbb{C}$ ($U \subset G_2$) die Funktion $f \circ \varphi$ auf $\varphi^{-1}(U)$ holomorph ist.

2. a) Man bestimme die Nullstellenordnung von $\sum\limits_{n=1}^{k} b_n (z - z_0)^{-n}$ in ∞.

   b) Man bestimme den Wert $w_0 = f(\infty)$ und seine Vielfachheit für

   $$f(z) = \frac{2z^4 - 2z^3 - z^2 - z + 1}{z^4 - z^3 - z + 1}, \quad f(z) = \frac{z^4 + iz^3 + z^2 + 1}{z^4 + iz^3 + z^2 - iz}.$$

3. Es sei $G \subset \hat{\mathbb{C}}$ ein Gebiet und f eine nicht konstante meromorphe Funktion auf G. Man zeige: $f(G)$ ist ein Gebiet in $\hat{\mathbb{C}}$.

4. Sind $f_1 \colon G_1 \to G_2$ und $f_2 \colon G_2 \to G_3$ holomorphe Abbildungen, so ist auch $f_2 \circ f_1 \colon G_1 \to G_3$ eine holomorphe Abbildung.

2. Polynome und rationale Funktionen

Wir betrachten als erstes Polynome, d.h. Funktionen

$$p(z) = a_0 + a_1 z + \ldots + a_n z^n, \tag{1}$$

wobei $a_0, \ldots, a_n$ komplexe Konstanten sind; $p(z)$ hat den Grad n, wenn $a_n \neq 0$. Wir fragen nach Existenz und Lage von Nullstellen sowie nach Faktorisierungen, d.h. Darstellungen von p als Produkt.

Zuvor untersuchen wir das Verhalten für große $|z|$. Es sei p wie in (1) vom Grade $n \geq 1$. Nach III.1 hat p in ∞ einen Pol, d.h.

$$\lim_{z \to \infty} p(z) = \infty. \tag{2}$$

Die Formel

$$p(z) = a_n z^n \left(1 + \frac{a_{n-1}}{a_n} z^{-1} + \ldots + \frac{a_0}{a_n} z^{-n} \right)$$

zeigt

$$\lim_{z \to \infty} \frac{p(z)}{a_n z^n} = 1; \tag{3}$$

$a_n z^n$ ist für große $|z|$ der dominierende Term in $p(z)$.

Das banale Resultat (3) verbessern wir durch eine präzisere Abschätzung. Wir setzen $q(z) = p(z) - a_n z^n = \sum_0^{n-1} a_\nu z^\nu$ und $c = \sum_0^{n-1} |a_\nu|$. Dann haben wir für $|z| \geq 1$

$$|q(z)| = |z^{n-1} \sum_0^{n-1} a_\nu z^{1-n+\nu}| \leq |z|^{n-1} \sum_0^{n-1} |a_\nu| |z|^{1-n+\nu} \leq c |z|^{n-1}$$

und

$$|a_n| |z|^n \left(1 - \frac{c}{|a_n| \cdot |z|} \right) = |a_n| \cdot |z|^n - c |z|^{n-1}$$

$$\leq |p(z)| \leq |a_n| |z|^n + c |z|^{n-1}$$

$$= |a_n| |z|^n \left(1 + \frac{c}{|a_n| \cdot |z|} \right).$$

Für $\varepsilon > 0$ und $R(\varepsilon) = c / \varepsilon |a_n|$ erhalten wir

Satz 2.1. *Es sei* $p(z) = a_0 + \ldots + a_n z^n$ *ein Polynom vom Grade* $n \geq 1$, $c = \sum_0^{n-1} |a_\nu|$. *Dann gilt für jedes* $\varepsilon > 0$ *und* $|z| \geq \max(1, R(\varepsilon))$

$$(1 - \varepsilon) |a_n| |z|^n \leq |p(z)| \leq (1 + \varepsilon) |a_n| |z|^n.$$

Bei $\varepsilon < 1$ zeigt diese Abschätzung, dass p keine Nullstellen für $|z| \geq \max(1, R(\varepsilon))$ hat. Lassen wir hier ε gegen 1 gehen, so erhalten wir die

Folgerung 2.2. *Alle Nullstellen von p liegen in dem abgeschlossenen Kreis*

$$\{z \in \mathbb{C},\ |z| \leq \max(1, c/|a_n|)\}.$$

Das Beispiel $p(z) = z^n - 1$ zeigt, dass auf dem Rand dieses Kreises Nullstellen liegen können.

Wir haben freilich noch nicht bewiesen, dass ein beliebiges nicht konstantes Polynom überhaupt Nullstellen in $\mathbb{C}$ hat. Dass dies zutrifft, besagt der „Fundamentalsatz der Algebra" (siehe dazu die historische Bemerkung am Schluss des Paragraphen):

Satz 2.3. *Es sei p ein Polynom vom Grade $n \geq 1$ mit komplexen Koeffizienten. Dann hat p eine Nullstelle in $\mathbb{C}$.*

Erster Beweis: Nach (2) können wir R so wählen, dass für $|z| \geq R$ gilt $|p(z)| > |p(0)|$, also $\min\limits_{|z|=R} |p(z)| > |p(0)|$. Nach dem Minimum-Prinzip (Satz II.5.5) hat p eine Nullstelle in $D_R(0)$. $\square$

Zweiter Beweis: Wir fassen p als meromorphe Funktion auf $\hat{\mathbb{C}}$ auf. Nach Satz 1.3 ist $p(\hat{\mathbb{C}})$ ein Gebiet in $\hat{\mathbb{C}}$. Da wegen der Kompaktheit von $\hat{\mathbb{C}}$ das Bild $p(\hat{\mathbb{C}})$ auch abgeschlossen ist, muss $p(\hat{\mathbb{C}}) = \hat{\mathbb{C}}$ gelten, insbesondere $0 \in p(\hat{\mathbb{C}})$. Wegen $p(\infty) = \infty$ ist dann $0 \in p(\mathbb{C})$. $\square$

Wir nehmen nun an, z_1 sei eine Nullstelle des Polynoms p vom Grade $n \geq 1$. Dann ist

$$p(z) = (z - z_1)p_1(z)$$

mit einem Polynom p_1 vom Grade $n - 1$. Das kann man durch die aus der Algebra bekannte Polynomdivision einsehen oder dadurch, dass man p nach Potenzen von $z - z_1$ entwickelt:

$$p(z) = p(z_1) + p'(z_1)(z - z_1) + \ldots + \frac{1}{n!}p^{(n)}(z_1)(z - z_1)^n,$$

und $p(z_1) = 0$ bedenkt. Wenn noch $n - 1 \geq 1$ ist, so hat p_1 eine Nullstelle z_2, man bekommt $p_1(z) = (z - z_2)p_2(z)$ und

$$p(z) = (z - z_1)(z - z_2)p_2(z)$$

mit einem Polynom p_2 des Grades $n - 2$. Nach n Schritten hat man

$$p(z) = c\prod_1^n (z - z_\nu), \tag{4}$$

wobei die Konstante c der Koeffizient von z^n in p ist. Die z_ν brauchen natürlich nicht voneinander verschieden zu sein. Fasst man in (4) mehrfach auftretende Faktoren zusammen, so erhält man (bei geeigneter Numerierung der Nullstellen) die Faktorisierung von p in der Form

$$p(z) = c \prod_1^r (z - z_\rho)^{n_\rho} \tag{5}$$

mit den *verschiedenen* Nullstellen $z_1, \ldots, z_r$. Der Exponent n_ρ ist die Vielfachheit der Nullstelle z_ρ, es ist $\sum_1^r n_\rho = n$.

Ist w eine beliebige komplexe Zahl, so können wir $p(z) - w$ gemäß (4) faktorisieren:

$$p(z) - w = c \prod_1^n (z - \zeta_\nu).$$

Das zeigt, dass p den Wert w an den n nicht notwendig verschiedenen Stellen $\zeta_1, \ldots, \zeta_n$ annimmt. Genau dann ist ζ eine w-Stelle der Vielfachheit > 1, wenn $(p(z)-w)' = p'(z)$ für $z = \zeta$ verschwindet: Genau an den höchstens $n - 1$ Nullstellen von p' wird der entsprechende Wert mehrfach angenommen.

Wir werfen noch einen Blick auf Polynome mit reellen Koeffizienten:

$$p(z) = a_0 + a_1 z + \ldots + a_n z^n \quad \text{mit } a_0, \ldots, a_n \in \mathbb{R}, a_n \neq 0, n \geq 1.$$

In diesem Fall ist $\overline{p(z)} = p(\overline{z})$; dies zeigt, dass die nicht reellen Nullstellen von p in Paaren $z_0, \overline{z}_0$ konjugiert komplexer Nullstellen auftreten. Dabei haben z_0 und $\overline{z}_0$ gleiche Vielfachheit, denn auch die Ableitungen $p^{(k)}$ haben reelle Koeffizienten, also $p^{(k)}(z_0) = 0$ gilt genau für $p^{(k)}(\overline{z}_0) = 0$.

Sind $z_1, \ldots, z_s$ die verschiedenen reellen Nullstellen von p mit Vielfachheiten $n_1, \ldots, n_s$ und $z_{s+1}, \overline{z}_{s+1}, \ldots, z_{s+t}, \overline{z}_{s+t}$ die verschiedenen Paare nicht reeller Nullstellen mit Vielfachheiten $n_{s+1}, \ldots, n_{s+t}$, so bestehen die Faktorisierungen

$$p(z) = c \prod_1^s (z - z_\rho)^{n_\rho} \prod_{s+1}^{s+t} (z - z_\rho)^{n_\rho} (z - \overline{z}_\rho)^{n_\rho}$$

$$= c \prod_1^s (z - z_\rho)^{n_\rho} \prod_{s+1}^{s+t} (z^2 - (2 \operatorname{Re} z_\rho) z + |z_\rho|^2)^{n_\rho}.$$

Die zweite ist eine Zerlegung in Faktoren mit reellen Koeffizienten, wobei die quadratischen Faktoren keine reellen Nullstellen haben. Es handelt sich also um die Faktorisierung von p in über $\mathbb{R}$ irreduzible reelle Polynome.

Wir wollen jetzt *rationale Funktionen* $f(z) = p(z)/q(z)$ untersuchen. Dabei sind p und q Polynome, $q \neq 0$. Wir können und wollen voraussetzen, dass p und q keine gemeinsamen Nullstellen haben. Dann sind die Nullstellen (k-ter Ordnung) von p

gerade die in $\mathbb{C}$ gelegenen Nullstellen von f (k-ter Ordnung); die Nullstellen von q (k-ter Ordnung) liefern die in $\mathbb{C}$ gelegenen Pole (k-ter Ordnung) von f. Um das Verhalten von f in ∞ zu klären, schreiben wir $p(z) = \sum_0^m a_\nu z^\nu$, $q(z) = \sum_0^n b_\nu z^\nu$ mit $a_m b_n \neq 0$ und

$$f(z) = \frac{a_m z^m + \ldots + a_0}{b_n z^n + \ldots + b_0} = z^{m-n} \frac{a_m + a_{m-1} z^{-1} + \ldots + a_0 z^{-m}}{b_n + b_{n-1} z^{-1} + \ldots + b_0 z^{-n}}.$$

Hieraus liest man ab: Ist $m > n$, so hat f in ∞ einen Pol der Ordnung $m - n$; ist $m = n$, so ist f in ∞ holomorph mit $f(\infty) = a_m/b_n \neq 0$; ist $m < n$, so hat f in ∞ eine Nullstelle der Ordnung $n - m$. Wir sehen überdies: Die Anzahl der Nullstellen von f, mit Vielfachheit gezählt, auf der ganzen Sphäre $\hat{\mathbb{C}}$ ist $d = \max(m, n)$, die Anzahl der Pole von f auf $\hat{\mathbb{C}}$, mit Vielfachheit gezählt, ist ebenfalls d.

Definition 2.1. *Der Grad der rationalen Funktion $f = p/q$ ist*

$$d = \max(\mathrm{Grad}\, p, \mathrm{Grad}\, q).$$

Satz 2.4. *Eine rationale Funktion $f = p/q$ vom Grade d nimmt auf $\hat{\mathbb{C}}$ jeden Wert $w \in \hat{\mathbb{C}}$ genau d-mal an (mit Vielfachheit gezählt).*

Beweis: Wir können $w \in \mathbb{C}$ voraussetzen. Die Behauptung folgt dann daraus, dass die Funktion $f(z) - w = (p(z) - wq(z))/q(z)$ ebenfalls den Grad d, also d Nullstellen hat. $\square$

Bei der Integration rationaler Funktionen spielt die Partialbruchzerlegung eine wichtige Rolle. Wir beweisen ihre Existenz.

Satz 2.5. *Es sei f eine rationale Funktion, die verschiedenen Polstellen von f in $\mathbb{C}$ seien $z_1, \ldots, z_r$ mit Hauptteilen $h_1(z), \ldots, h_r(z)$. Falls f in ∞ einen Pol hat, sei $h_\infty(z)$ der zugehörige Hauptteil, andernfalls setzen wir $h_\infty \equiv 0$. Dann hat man*

$$f(z) = \sum_1^r h_\rho(z) + c + h_\infty(z) \tag{6}$$

mit einer Konstanten c.

Beweis: $f - \sum h_\rho - h_\infty$ ist eine rationale Funktion ohne Pole auf $\hat{\mathbb{C}}$, d.h. eine holomorphe Funktion auf $\hat{\mathbb{C}}$ und damit konstant (Satz 1.2). $\square$

Die $h_\rho(z)$ haben die Form

$$a_{-k_\rho}^{(\rho)} (z - z_\rho)^{-k_\rho} + \ldots + a_{-1}^{(\rho)} (z - z_\rho)^{-1}.$$

Die einzelnen Summanden sind gerade die Partialbrüche, die der Darstellung (6) ihren Namen geben.

Zur Bestimmung von h_∞ und c: Nur bei $\operatorname{Grad} p > \operatorname{Grad} q$ tritt h_∞ wirklich auf. In diesem Fall kann man c und $h_\infty(z)$ durch Polynomdivision gewinnen: Diese liefert

$$p(z) = p^*(z)q(z) + r(z)$$

mit Polynomen p^* und r. Dabei ist $r \neq 0$ (sonst hätten p und q gemeinsame Nullstellen) und der Grad von r ist kleiner als der von q. Damit hat man

$$f(z) = \frac{r(z)}{q(z)} + p^*(z). \tag{7}$$

Da $p^*(z)$ holomorph auf $\mathbb{C}$ ist, haben f und r/q die gleichen Hauptteile h_ρ. Nach dem bisherigen ist $r/q = \sum h_\rho$, also $p^*(z) = c + h_\infty(z)$.

Für die Bestimmung der Hauptteile h_ρ muss man die Nullstellen z_ρ von q und ihre Ordnungen k_ρ kennen. Dann kann man wie in II.6 den Hauptteil h_ρ aus dem Anfang der Potenzreihen-Entwicklung um z_ρ von

$$g_\rho(z) = (z - z_\rho)^{k_\rho} \cdot r(z)/q(z)$$

ausrechnen. Ist z_ρ einfache Nullstelle von q, so wird

$$h_\rho(z) = \frac{r(z_\rho)}{q'(z_\rho)} \frac{1}{(z - z_\rho)}.$$

In einfachen Fällen führen ad-hoc-Methoden schneller zum Ziel. Wir erläutern das an dem Beispiel

$$f(z) = \frac{z^2 - 5z + 6}{(z-1)^2(z+1)}.$$

Wir schreiben die Partialbruchzerlegung mit noch unbekannten Koeffizienten hin:

$$\frac{z^2 - 5z + 6}{(z-1)^2(z+1)} = \frac{a_2}{(z-1)^2} + \frac{a_1}{z-1} + \frac{b}{z+1},$$

multiplizieren mit dem Nenner $(z-1)^2(z+1)$ und erhalten

$$z^2 - 5z + 6 = a_2(z+1) + a_1(z-1)(z+1) + b(z-1)^2. \tag{8}$$

Erste Methode: Koeffizientenvergleich in (8) liefert das lineare Gleichungssystem

$$a_1 + b = 1, \quad a_2 - 2b = -5, \quad a_2 - a_1 + b = 6$$

mit der Lösung $a_1 = -2$, $a_2 = 1$, $b = 3$, also

$$f(z) = \frac{1}{(z-1)^2} - \frac{2}{z-1} + \frac{3}{z+1}.$$

Zweite Methode: Einsetzen der Nullstellen 1 und -1 des Nenners in die Gleichung (8) liefert sofort $2a_2 = 2$, $4b = 12$. Eine weitere Gleichung erhält man durch Einsetzen eines weiteren Wertes von z in (8): Mit $z = 0$ erhält man z.B. $a_2 - a_1 + b = 6$.

Dritte Methode: Wie eben liefert Auswertung von (8) an den Nullstellen des Nenners die höchsten Koeffizienten der Hauptteile. Die weiteren Koeffizienten gewinnt man durch Differenzieren von (8)

$$2z - 5 = a_2 + 2a_1 z + 2b(z - 1)$$

und Auswerten dieser Gleichung in der doppelten Nullstelle $z = 1$. (Beim Vorliegen einer k-fachen Nullstelle des Nenners von f sollte man $(k - 1)$-mal differenzieren.)

Wir betrachten noch kurz den Fall, dass die Polynome p und q in $f = p/q$ *reelle Koeffizienten* haben. Dann gilt dasselbe für die Polynome r und p^* in (7). Wenn das Nennerpolynom q nichtreelle Nullstellen, etwa ζ und $\overline{\zeta}$ mit Vielfachheit k, hat, so sind die Koeffizienten der rationalen Funktionen

$$(z - \zeta)^k r(z)/q(z)$$

und

$$(z - \overline{\zeta})^k r(z)/q(z)$$

konjugiert komplex. Dies impliziert: Ist $h_\zeta(z) = \sum_{-k}^{-1} a_\nu (z - \zeta)^\nu$ der Hauptteil von f in ζ, so ist $h_{\overline{\zeta}}(z) = \sum_{-k}^{-1} \overline{a}_\nu (z - \overline{\zeta})^\nu$ der Hauptteil in $\overline{\zeta}$. Eine elementare Rechnung (vgl. Aufgabe 3) zeigt, dass man $h_\zeta + h_{\overline{\zeta}}$ in der reellen Form

$$h_\zeta(z) + h_{\overline{\zeta}}(z) = \sum_{n=1}^{k} \frac{b_n z + c_n}{(z - \zeta)^n (z - \overline{\zeta})^n}$$

mit eindeutig bestimmten $b_n, c_n \in \mathbb{R}$ schreiben kann. Macht man dies für alle nicht reellen Nullstellen von q, so erhält man eine reelle Form der Partialbruchzerlegung von f.

Rationale Funktionen sind meromorph auf der ganzen Zahlensphäre $\hat{\mathbb{C}}$. Zum Abschluss zeigen wir die Umkehrung:

Satz 2.6. *Jede auf ganz $\hat{\mathbb{C}}$ meromorphe Funktion ist rational.*

Beweis: Es sei $f \colon \hat{\mathbb{C}} \to \hat{\mathbb{C}}$ meromorph. Da $\hat{\mathbb{C}}$ kompakt ist, muss die diskrete Polstellenmenge endlich sein: $P_f = \{z_1, \ldots, z_r\}$ ($\infty \in P_f$ ist zugelassen). Es sei h_ρ der Hauptteil von f in z_ρ, $\rho = 1, \ldots, r$. Dann ist $f - \sum_1^r h_\rho$ eine auf ganz $\hat{\mathbb{C}}$ holomorphe Funktion, also nach Satz 1.2 gleich einer Konstanten c. Damit ist $f = \sum h_\rho + c$ als rational erkannt. $\square$

Historische Anmerkung

Die Aufgabe, Nullstellen von Polynomen (zunächst mit „reellen Koeffizienten") zu berechnen, hat Mathematiker vieler Jahrhunderte beschäftigt. Die Lösung für quadratische Polynome ist uralt, in Ansätzen taucht sie in der babylonischen und altchinesischen Mathematik auf. Quadratische Polynome ohne reelle Wurzeln und kubische Polynome führten zur Erfindung der komplexen Zahlen (Bombelli 1560). Im 16 Jahrhundert fanden italienische Mathematiker (Scipio del Ferro, Cardano, Ferrari) Lösungsformeln für Gleichungen 3. und 4. Grades; Gleichungen höheren Grades blieben unzugänglich (Abel und Galois bewiesen Anfang des 19. Jahrhunderts, dass diese im Allgemeinen nicht durch Wurzelausdrücke gelöst werden können). Es entwickelte sich aber die Hoffnung, dass alle solchen Gleichungen Wurzeln im Bereich der komplexen Zahlen hätten. Euler lieferte hierfür 1749 einen unvollständigen Beweis, der 1772 von Lagrange verbessert wurde. Erst Gauß gab 1799 einen ziemlich vollständigen Beweis, späterhin publizierte er noch drei weitere. Sie benutzten – in heutiger Terminologie – topologische und funktionentheoretische Argumente. Seit im 19. Jahrhundert die Funktionentheorie ausgebaut wurde, gibt es viele und einfache Beweise. Wir haben oben zwei gebracht, weitere werden folgen. Das Wort „Algebra" hat heute eine andere Bedeutung als im 19. Jahrhundert; die Bezeichnung „Fundamentalsatz der Algebra" ist historisch zu verstehen – die Aussage des Satzes gehört der Funktionentheorie an.

Aufgaben

1. Man führe die Annahme, dass es ein nullstellenfreies nicht konstantes Polynom gibt, mit Hilfe des Maximum-Prinzips zum Widerspruch.

2. Für die folgenden Funktionen gebe man die Partialbruchzerlegung sowie ihre reelle Form an:

   a) $\dfrac{z^5 + 2z^4 - 2z^3 - 3z^2 + z + 6}{(z^2 - 1)^2}$,

   b) $\dfrac{4z^2 + 6z + 2}{(z^2 + 1)(z - 1)}$,

   c) $\dfrac{12z + 4}{(z^2 + 1)^2(z - 1)}$.

3. (Zur reellen Form der Partialbruch-Zerlegung)
   a) Es sei $\zeta \in \mathbb{C}$ nicht reell, $q(z) = (z - \zeta)(z - \overline{\zeta})$, $a \in \mathbb{C}$, $m \in \mathbb{N}$. Dann gibt es eine eindeutige Darstellung

   $$\overline{a}(z - \zeta)^m + a(z - \overline{\zeta})^m = \sum_{\mu=0}^{m} (\alpha_\mu z + \beta_\mu) q(z)^\mu$$

   mit $\alpha_\mu, \beta_\mu \in \mathbb{R}$.
   Tipp: Die Polynome z, $q(z)$, $zq(z)$, $q^2(z)$, … bilden eine Basis des $\mathbb{R}$-Vektorraums $\mathbb{R}[z]$.
   b) Es seien ζ und $q(z)$ wie in a), außerdem $a_{-1}, \ldots, a_{-m} \in \mathbb{C}$. Dann gibt es eindeutig bestimmte $b_\mu, c_\mu \in \mathbb{R}$ ($\mu = 1, \ldots, m$), so dass gilt:

   $$\sum_{m=1}^{k} \left\{ \frac{a_{-m}}{(z - \zeta)^m} + \frac{\overline{a}_{-m}}{(z - \overline{\zeta})^m} \right\} = \sum_{\mu=1}^{k} \frac{b_\mu z + c_\mu}{q(z)^\mu}.$$

4. a) Man zeige: Das Polynom $q(z) = z^n - \alpha_{n-1}z^{n-1} - \ldots - \alpha_0$ mit $n \geq 1$ hat genau eine positive Nullstelle, sofern $\alpha_\nu \geq 0$ ($\nu = 0, \ldots, n - 1$) und mindestens ein $\alpha_\nu > 0$ ist.
   b) Betrachte $p(z) = z^n + a_{n-1}z^{n-1} + \ldots + a_0$ mit $n \geq 1$, $a_\nu \in \mathbb{C}$, nicht stets $a_\nu = 0$. Es sei r *die* positive Nullstelle von $q(z) = z^n - |a_{n-1}|z^{n-1} - \ldots - |a_0|$ (vgl. a). Dann gilt für jede Nullstelle z_0 von $p(z)$ die Abschätzung $|z_0| \leq r$.

5. a) Es sei $\widetilde{q}(z) = z^n + \alpha_{n-1}z^{n-1} + \ldots + \alpha_1 z - \alpha_0$ mit $\alpha_\nu \geq 0$, $\alpha_0 > 0$. Dann hat $\widetilde{q}$ genau eine positive Nullstelle ρ (benutze 4a !).

   b) Es sei $p(z)$ wie in 4 b) mit $a_0 \neq 0$ und ρ die positive Nullstelle von $z^n + |a_{n-1}|z^{n-1} + \ldots + |a_1|z - |a_0|$. Dann gilt für jede Nullstelle z_0 von $p(z)$ die Abschätzung $\rho \leq |z_0|$.

3. Ganze Funktionen

Definition 3.1. *Eine ganze Funktion ist eine in der ganzen Zahlenebene holomorphe Funktion. Ist eine ganze Funktion kein Polynom, so heißt sie ganz transzendent.*

Beispiele für ganze transzendente Funktionen sind die Exponentialfunktion, Sinus, Cosinus, aber auch $\exp(f(z))$ u.ä. mit einer nicht konstanten ganzen Funktion f.

Aufgefasst als Funktion auf der Zahlensphäre $\widehat{\mathbb{C}}$ hat eine ganze Funktion in ∞ eine isolierte Singlarität.

Satz 3.1. *Es sei f eine ganze Funktion.*

   i. Ist ∞ eine hebbare Singularität, so ist f konstant.

   ii. Genau dann ist ∞ ein Pol der Ordnung $n \geq 1$, wenn f ein Polynom vom Grad n ist.

   iii. Genau dann ist ∞ eine wesentliche Singularität, wenn f ganz transzendent ist.

Beweis: Wir zeigen i und ii, Aussage iii folgt dann automatisch.

Zu i: Ist ∞ hebbar für f, so ist f holomorph auf $\widehat{\mathbb{C}}$ fortsetzbar, also konstant.

Zu ii: Jetzt sei ∞ ein Pol der Ordnung n von f. Dann ist der Hauptteil h_∞ von f in ∞ ein Polynom vom Grade n, und $f - h_\infty$ ist auf $\widehat{\mathbb{C}}$ holomorph, also konstant. – Die umgekehrte Implikation ist klar.   □

Der obige Satz fasst eine Reihe bekannter Sätze der Funktionentheorie zusammen, die wir nun einzeln anführen.

Satz 3.2 (Liouville). *Jede beschränkte ganze Funktion ist konstant.*

Denn sie hat in ∞ eine hebbare Singularität.

Aus diesem Satz ergibt sich ein weiterer – vielleicht der bekannteste – Beweis des Fundamentalsatzes der Algebra: Ist $p(z)$ ein Polynom ohne Nullstellen, so ist $1/p(z)$ eine ganze Funktion, die beschränkt ist, also konstant.

Satz 3.3. *Es sei f eine ganze Funktion.*

  i. *Falls f für hinreichend große $|z|$ einer Abschätzung*

$$|f(z)| \leq C\,|z|^n$$

  mit $C \geq 0$ und $n \in \mathbb{N}$ genügt, ist f ein Polynom vom Grade $\leq n$.

  ii. *Falls f für hinreichend große $|z|$ einer Abschätzung*

$$|f(z)| \geq C\,|z|^n$$

  mit $C > 0$ und $n \in \mathbb{N}$ genügt, ist f ein Polynom vom Grade $\geq n$.

Beweis: Folgerung 6.4 aus Kap. II, angewandt auf die Polstelle 0 von $f^*(\zeta) = f(1/\zeta)$, zeigt, dass im ersten Fall f in ∞ einen Pol der Ordnung $\leq n$, im zweiten Fall einen Pol der Ordnung $\geq n$ hat. $\qquad\square$

Satz 3.4. *Eine ganze Funktion ist genau dann ganz transzendent, wenn es zu jedem $w \in \hat{\mathbb{C}}$ eine Folge $z_\nu \to \infty$ mit $f(z_\nu) \to w$ gibt.*

Nach dem Satz von Casorati-Weierstraß (Satz II.6.3) bedeutet das ja gerade, dass f in ∞ wesentlich singulär wird.

Auch für ganze Funktionen von n Veränderlichen, also im ganzen $\mathbb{C}^n$ holomorphe Funktionen gilt der Satz von Liouville:

Satz 3.2'. *Jede beschränkte ganze Funktion im $\mathbb{C}^n$ ist konstant.*

Wie in II.7 führt man die Aussage auf den Fall einer Variablen (Satz 3.2) zurück.

Aufgaben

1. Man beweise den Satz von Liouville mit Hilfe der Cauchyschen Integralformel für $f'(z)$: Integriere über eine Kreislinie $|\zeta| = R$ mit $R > |z|$ und lasse R gegen ∞ gehen.

2. Es seien f und g ganze Funktionen mit $|f| \leq |g|$. Dann ist $f = cg$ mit einer Konstanten c.

3. Man zeige: e^z (bzw. $\sin z$) nimmt in jeder punktierten Umgebung von ∞ jedes $w \in \mathbb{C} \setminus \{0\}$ (bzw. $w \in \mathbb{C}$) unendlich oft als Wert an.

4. Es sei f eine nicht konstante ganze Funktion. Zeige: e^f ist transzendent.

5. Für ganze Funktionen $f = \sum\limits_{n=0}^{\infty} a_n z^n$ setzen wir $M_r = M_r(f) = \max\limits_{|z|=r} |f(z)|$.
   a) Man zeige: Ist f transzendent, so gilt $\lim\limits_{r\to\infty} r^{-k} M_r = +\infty$ für alle $k \in \mathbb{N}$.
   b) Man untersuche $\lim\limits_{r\to\infty} \dfrac{\log M_r}{\log r}$.
   c) Man beweise: Wenn $M_r \leq c_1 \exp(cr^k)$ mit Konstanten $k \in \mathbb{N}, c_1, c$, so gilt für $n \geq 1$:

$$|a_n| \leq c_1 (kce/n)^{k/n}.$$

6. Wir betrachten $f(z) = z + e^z$. Zeige: Für alle $t \in [0, 2\pi]$ gilt $\lim\limits_{r\to\infty} f(r\,e^{it}) = \infty$, dabei ist die Konvergenz gleichmäßig bez. t in $\{t\colon |t - \pi| \leq \frac{\pi}{2}\}$ und in $\{t\colon |t| \leq \alpha\}$ für jedes $\alpha < \pi/2$. Wie verträgt sich das mit Satz 3.4?

7. a) Es sei $f(z) = \exp(z^2)$ und $\alpha \in \,]0, \pi/4[$. Für $t \in [-\alpha, \alpha] \cup [\pi - \alpha, \pi + \alpha]$ gilt $\lim\limits_{r\to\infty} f(r\,e^{it}) = \infty$ gleichmäßig in t, für $t \in \left[-\frac{\pi}{2} - \alpha, -\frac{\pi}{2} + \alpha\right] \cup \left[\frac{\pi}{2} - \alpha, \frac{\pi}{2} + \alpha\right]$ gilt $\lim\limits_{r\to\infty} f(r\,e^{it}) = 0$ gleichmäßig in t.

b) Es sei $p(z) = z^n + \ldots + a_0$ ein Polynom und $f(z) = \exp(p(z))$, weiter sei $0 < \alpha < \pi/2n$. Dann ist

$$\lim\limits_{z\to\infty} f(z) = \infty \text{ gleichmäßig auf } \{z\colon |\arg z - 2k\pi/n| \leq \alpha\},$$

$$\lim\limits_{z\to\infty} f(z) = 0 \quad \text{gleichmäßig auf } \{z\colon |\arg z - (2k+1)\pi/n| \leq \alpha\}$$

für $k = 0, \ldots, n-1$.

4. Möbius-Transformationen

In diesem Paragraphen untersuchen wir rationale Funktionen vom Grad 1, also Funktionen

$$z \mapsto \frac{az + b}{cz + d} \tag{1}$$

mit komplexen Konstanten a, b, c, d. Dabei wird stets $ad - bc \neq 0$ vorausgesetzt – sonst wäre die Funktion konstant. Als Funktionssymbol verwenden wir hier meist $S, T, \ldots$ statt $f, g, \ldots$ und schreiben oft kurz Tz für $T(z)$.

Im Fall $c \neq 0$ nennen wir (1) eine gebrochen lineare Transformation T; setzt man $T(-d/c) = \infty$ und $T(\infty) = a/c$, so ist T eine holomorphe Abbildung von $\hat{\mathbb{C}}$ auf sich. Sie ist bijektiv, die inverse Abbildung ist

$$w \mapsto \frac{dw - b}{a - cw},$$

also wieder eine gebrochen lineare Transformation.

Im Fall $c = 0$ können wir $d = 1$ annehmen, also $Tz = az + b$ mit $T(\infty) = \infty$, wir nennen dann T eine ganze lineare Transformation. T liefert eine holomorphe Bijektion von $\hat{\mathbb{C}}$ auf sich, welche $\mathbb{C}$ auf $\mathbb{C}$ abbildet. Ihre Inverse $w \mapsto (w-b)/a$ ist auch eine ganze lineare Transformation. Lineare Transformationen – gebrochen oder ganz – bezeichnen wir als *Möbius-Transformationen*.

Das Kompositum $S \circ T = ST$ zweier Möbius-Transformationen

$$Sz = \frac{\alpha z + \beta}{\gamma z + \delta} \quad \text{und} \quad Tz = \frac{az + b}{cz + d}$$

errechnet sich zu

$$S \circ T(z) = \frac{(\alpha a + \beta c)z + (\alpha b + \beta d)}{(\gamma a + \delta c)z + (\gamma b + \delta d)}, \tag{2}$$

es ist also wieder eine Möbius-Transformation. Sind S und T ganz linear, so auch ST.

Satz 4.1. *Die Möbius-Transformationen bilden eine Gruppe $\mathcal{M}$ von biholomorphen Abbildungen von $\hat{\mathbb{C}}$ auf sich. Die ganzen linearen Transformationen bilden die Untergruppe $\mathcal{M}_0 = \{T \in \mathcal{M} : T\infty = \infty\}$ von $\mathcal{M}$, sie liefern biholomorphe Abbildungen von $\mathbb{C}$ auf sich.*

Bemerkenswert ist nun

Satz 4.2. *Die einzigen biholomorphen Abbildungen von $\hat{\mathbb{C}}$ auf sich sind die Möbius-Transformationen; die einzigen biholomorphen Abbildungen von $\mathbb{C}$ auf sich sind die ganzen linearen Transformationen.*

Beweis: a) Eine biholomorphe Abbildung $f \colon \hat{\mathbb{C}} \to \hat{\mathbb{C}}$ ist eine meromorphe Funktion, also eine rationale Funktion (Satz 2.6). Da sie jeden Wert genau einmal annimmt, hat sie den Grad 1, ist also eine Möbius-Transformation.

b) Ist $f \colon \mathbb{C} \to \mathbb{C}$ biholomorph, so kann ∞ keine wesentliche Singularität sein: dann wäre f nämlich nicht injektiv – siehe Bemerkung nach Satz II.6.3. Also ist f ein Polynom, das injektiv und damit vom Grad 1 sein muss. $\qquad\square$

Jeder Matrix $A = \begin{pmatrix} a & b \\ c & d \end{pmatrix} \in \mathrm{GL}(2, \mathbb{C})$ können wir die Möbius-Transformation

$$T_A \colon z \mapsto \frac{az + b}{cz + d}$$

zuordnen. Formel (2) zeigt, dass diese Zuordnung ein Gruppenhomomorphismus von $\mathrm{GL}(2, \mathbb{C})$ auf $\mathcal{M}$ ist. Sein Kern

$$\{A \in \mathrm{GL}(2, \mathbb{C}) \colon T_A = \mathrm{id}\}$$

besteht aus den Matrizen der Form λI, wobei I die Einheitsmatrix und $\lambda \in \mathbb{C}^*$ ist. Bezeichnet $(\det A)^{1/2}$ eine Quadratwurzel aus $\det A$, so liefern A und $(\det A)^{-1/2} A$ die gleiche Möbius-Transformation; die zweite Matrix hat Determinante 1. Damit haben wir den

Satz 4.3. *Die Zuordnung $A \mapsto T_A$ liefert einen surjektiven Gruppenhomomorphismus von $\mathrm{GL}(2, \mathbb{C})$ auf $\mathcal{M}$ mit Kern $\{\lambda I : \lambda \in \mathbb{C}^*\}$. Sie liefert auch einen Gruppenhomomorphismus von*

$$\mathrm{SL}(2, \mathbb{C}) = \{A \in \mathrm{GL}(2, \mathbb{C}) \colon \det A = 1\}$$

auf $\mathcal{M}$, sein Kern ist $\{\pm I\}$.

Wir wollen jetzt geometrische Eigenschaften von Möbius-Transformationen studieren. Als erstes halten wir fest, dass ein $T \in \mathcal{M}, T \neq \mathrm{id}$, mindestens einen und höchstens zwei Fixpunkte in $\hat{\mathbb{C}}$, d.h. Punkte z mit $Tz = z$, hat:

$$\frac{az + b}{cz + d} = z$$

führt für $z \neq \infty$ zu der Gleichung $cz^2 + (d-a)z - b = 0$, die höchstens zwei Lösungen in $\mathbb{C}$ hat. Ist $c = 0$, also T ganz, hat sie höchstens eine Lösung in $\mathbb{C}$, aber genau in diesem Fall ist ∞ ein (weiterer) Fixpunkt; genau für Translationen $z \mapsto z + b$ mit $b \neq 0$ ist ∞ der einzige Fixpunkt.

Eine Möbius-Transformation mit mehr als zwei Fixpunkten ist also die Identität. Daraus folgt, dass ein $T \in \mathcal{M}$ festgelegt ist, wenn man die Bilder dreier verschiedener Punkte von $\hat{\mathbb{C}}$ unter T kennt.

Beliebige Punktetripel $(z_1, z_2, z_3), (w_1, w_2, w_3)$ paarweise verschiedener Punkte lassen sich auch wirklich durch eine eindeutig bestimmte Möbius-Transformation ineinander überführen. Wir dürfen $(w_1, w_2, w_3) = (0, 1, \infty)$ annehmen und verifizieren sofort, dass

$$Tz = \frac{z - z_1}{z - z_3} : \frac{z_2 - z_1}{z_2 - z_3} \tag{3}$$

das Gewünschte leistet. Sind alle $z_k \neq \infty$, ist das klar; ist eins der $z_k = \infty$, so hat die Formel (3) einen Sinn, wenn man zur Grenze $z_k \to \infty$ übergeht, und liefert wieder eine Möbius-Transformation. Die rechte Seite von (3) ist Quotient von zwei Brüchen („Verhältnissen"), daher der folgende Name.

Definition 4.1. *Es seien z_1, z_2, z_3 drei verschiedene Punkte von $\hat{\mathbb{C}}$, $z \in \mathbb{C}$ beliebig. Das* Doppelverhältnis $\mathrm{DV}(z, z_1, z_2, z_3)$ *wird durch die rechte Seite der Formel (3) erklärt.* $\mathrm{DV}(\infty, z_1, z_2, z_3)$ *ist der Grenzwert, der sich in dieser Formel für $z \to \infty$ ergibt.*

Wir fassen zusammen:

Satz 4.4. *Es seien (z_1, z_2, z_3) und (w_1, w_2, w_3) zwei Tripel verschiedener Punkte von $\hat{\mathbb{C}}$. Dann gilt: $z \mapsto \mathrm{DV}(z, z_1, z_2, z_3)$ ist diejenige Möbius-Transformation, die z_1 auf 0, z_2 auf 1 und z_3 auf ∞ abbildet. Es gibt genau ein $T \in \mathcal{M}$ mit $Tz_k = w_k$, $k = 1, 2, 3$.*

Die Transformation T erhält man z.B. durch Auflösen der Gleichung

$$\mathrm{DV}(w, w_1, w_2, w_3) = \mathrm{DV}(z, z_1, z_2, z_3)$$

nach w.

Das Doppelverhältnis ist invariant gegenüber Möbius-Transformationen in folgendem Sinne:

Satz 4.5. *Sind z_1, z_2, z_3 drei verschiedene Punkte von $\hat{\mathbb{C}}$, so gilt für jedes $T \in \mathcal{M}$*

$$\mathrm{DV}(Tz, Tz_1, Tz_2, Tz_3) = \mathrm{DV}(z, z_1, z_2, z_3).$$

Beweis: Die Abbildung $S(z) = \mathrm{DV}(Tz, Tz_1, Tz_2, Tz_3)$ ist das Kompositum von $z \mapsto Tz = w$ und $w \mapsto \mathrm{DV}(w, Tz_1, Tz_2, Tz_3)$, also eine Möbius-Transformation. Man hat $Sz_1 = 0$, $Sz_2 = 1$, $Sz_3 = \infty$, also ist $Sz = \mathrm{DV}(z, z_1, z_2, z_3)$. $\qquad\square$

Zur bequemen Formulierung geometrischer Eigenschaften führen wir eine Vokabel ein:

Definition 4.2. *Eine Teilmenge $K \subset \hat{\mathbb{C}}$ heißt Möbius-Kreis, wenn K eine Kreislinie in $\mathbb{C}$ ist oder eine Gerade in $\mathbb{C}$ vereinigt mit dem Punkt ∞.*

Möbius-Kreise sind gerade die Bilder von Kreislinien auf der Sphäre $S^2 \subset R^3$ unter der stereographischen Projektion $\varphi \colon S^2 \to \hat{\mathbb{C}}$. Dabei gehen Kreislinien durch den Nordpol über in Geraden einschließlich ∞. In jedem Fall wird der in $\mathbb{C}$ gelegene Teil eines Möbius-Kreises durch eine Gleichung

$$\alpha z \bar{z} + \bar{b} z + b \bar{z} + \gamma = 0 \tag{4}$$

mit $\alpha, \gamma \in R, b \in \mathbb{C}, \alpha\gamma < b\bar{b}$, beschrieben (siehe auch I.2).

Satz 4.6. *Das Bild eines Möbius-Kreises unter einer Möbius-Transformation ist wieder ein Möbius-Kreis. Zu zwei Möbius-Kreisen K_1 und K_2 gibt es ein $T \in \mathcal{M}$ mit $T(K_1) = K_2$.*

Beweis: a) Ist T eine Translation $z \mapsto z + b$ oder eine Drehstreckung $z \mapsto az$, so ist die erste Behauptung des Satzes evident. Es sei nun T die Inversion $z \mapsto 1/z$. Setzt man $w = 1/z$ in (4) ein und multipliziert mit $w\bar{w}$, so erhält man für das Bild des durch (4) beschriebenen Möbius-Kreises die Gleichung

$$\alpha + bw + \bar{b}\bar{w} + \gamma w\bar{w} = 0;$$

sie stellt wieder einen Möbius-Kreis dar.

b) Jede Möbius-Transformation (1)) lässt sich als Kompositum von Translationen, Drehstreckungen und evtl. einer Inversion schreiben. Das ist klar bei $c = 0$, für $c \neq 0$ entnimmt man das der Formel

$$\frac{az + b}{cz + d} = \frac{bc - ad}{c^2} \left(z + \frac{d}{c}\right)^{-1} + \frac{a}{c}.$$

Aus Teil a des Beweises folgt nun die Invarianzaussage des Satzes.

c) Ein Möbius-Kreis wird durch drei verschiedene seiner Punkte eindeutig festgelegt. Es seien z_1, z_2, z_3 verschiedene Punkte auf K_1, w_1, w_2, w_3 verschiedene Punkte auf K_2 und $T \in \mathcal{M}$ mit $Tz_k = w_k$ $(k = 1, 2, 3)$. Nach dem schon Bewiesenen wird dann K_1 auf den Möbius-Kreis durch w_1, w_2, w_3, also auf K_2 abgebildet. $\qquad\square$

Darüberhinaus gilt

Satz 4.7. *Ein Punkt $z \in \hat{\mathbb{C}}$ liegt genau dann auf dem durch z_1, z_2, z_3 bestimmten Möbius-Kreis K, wenn $\mathrm{DV}(z, z_1, z_2, z_3) \in \mathbb{R} \cup \{\infty\}$ ist.*

Beweis: $T \colon z \mapsto \mathrm{DV}(z, z_1, z_2, z_3)$ bildet K auf den Möbius-Kreis durch $0, 1, \infty$, also auf $\mathbb{R} \cup \{\infty\}$ ab. Daher gilt $z \in K$ genau dann, wenn $Tz \in \mathbb{R} \cup \{\infty\}$. □

Ein Möbius-Kreis K zerlegt $\hat{\mathbb{C}} \setminus K$ in zwei disjunkte Gebiete G_1, G_2: Kreisinneres und -äußeres bzw. zwei offene Halbebenen. Eine Möbius-Transformation, die K in K' überführt, bildet jedes der durch K bestimmten Gebiete biholomorph auf eines der durch K' bestimmten ab. Nehmen wir insbesondere $T \in \mathcal{M}$ mit $T(K) = \mathbb{R} \cup \{\infty\}$, so gilt $T(G_1) = \mathbb{H}$ und $T(G_2) = \mathbb{H}^- = \{z \in \mathbb{C} \colon \mathrm{Im}\, z < 0\}$ oder aber $T(G_2) = \mathbb{H}$ und $T(G_1) = \mathbb{H}^-$. Indem wir nötigenfalls nach T noch die Abbildung $z \mapsto -z$ ausführen, sehen wir:

Satz 4.8. *Das Gebiet $G \subset \hat{\mathbb{C}}$ werde von einem Möbius-Kreis berandet. Dann gibt es ein $T \in \mathcal{M}$, welches G biholomorph auf die obere Halbebene $\mathbb{H}$ abbildet.*

Um z.B. $\mathbb{D}$ auf $\mathbb{H}$ abzubilden, können wir

$$S \colon z \mapsto \mathrm{DV}(z, 1, i, -1) = i\,\frac{1-z}{1+z}$$

benutzen: die Punkte $1, i, -1 \in \partial\mathbb{D}$ werden auf $0, 1, \infty$ abgebildet, also $\partial\mathbb{D}$ auf $\mathbb{R} \cup \{\infty\}$; $S(0) = i \in \mathbb{H}$ zeigt dann $S(\mathbb{D}) = \mathbb{H}$.

Wir werden später zeigen, dass alle biholomorphen Abbildungen zwischen Kreisen oder Halbebenen Möbius-Transformationen sind.

Aufgaben

1. Es sei $E \subset \mathbb{R}^3$ die Ebene mit der Gleichung $a_1 x_1 + a_2 x_2 + a_3 x_3 = c$ (dabei sei $c^2 < a_1^2 + a_2^2 + a_3^2$) und $K \subset \hat{\mathbb{C}}$ der Möbiuskreis mit der Gleichung $\alpha z \bar{z} + \bar{b} z + b \bar{z} + \gamma = 0$, $\phi \colon S^2 \to \hat{\mathbb{C}}$ sei die stereographische Projektion. Man zeige: $\phi(E \cap S^2) = K$ genau dann, wenn $\alpha = a_3 - c$, $\gamma = -a_3 - c$, $b = a_1 + i a_2$.

2. a) Es seien $S, T \in \mathcal{M}$. Ein Punkt $z_1 \in \hat{\mathbb{C}}$ ist genau dann Fixpunkt von T, wenn $S z_1$ Fixpunkt von $S T S^{-1}$ ist.

   b) Es habe T genau einen Fixpunkt z_1. Dann gibt es $S \in \mathcal{M}$ so, dass $S T S^{-1}$ eine Translation ist. Für jedes $z \in \hat{\mathbb{C}}$ gilt $\lim T^n z = z_1$, dabei bedeutet $T^n = T \circ \ldots \circ T$ das n-fache Kompositum von T mit sich selbst.

   c) Es habe T genau zwei Fixpunkte z_1, z_2. Dann gibt es $S \in \mathcal{M}$ so, dass $S T S^{-1}$ die Form $z \mapsto az$ mit $a \in \mathbb{C}^*$ hat. Das Paar $\{a, a^{-1}\}$ ist durch T eindeutig bestimmt.

   d) Ist $|a| \neq 1$ in der Situation von Teil c, so gilt bei geeigneter Numerierung der Fixpunkte: $\lim T^n z = z_1$ für alle $z \in \hat{\mathbb{C}} \setminus \{z_2\}$. Im Falle $|a| = 1$ liegt jeder Punkt von $\hat{\mathbb{C}} \setminus \{z_1, z_2\}$ auf einem T-invarianten Möbius-Kreis.

3. a) $T \in \mathcal{M}$ habe genau einen Fixpunkt $z_1 \in \hat{\mathbb{C}}$. Dann ist

$$\{S \in \mathcal{M}\colon ST = TS\} = \{S \in \mathcal{M}\colon S \text{ hat } z_1 \text{ als einzigen Fixpunkt oder } S = \text{id}\}.$$

Dies ist eine kommutative Untergruppe von $\mathcal{M}$.

b) T habe zwei verschiedene Fixpunkte $z_1, z_2 \in \hat{\mathbb{C}}$, es gelte $T^2 \neq \text{id}$. Dann ist

$$\{S \in \mathcal{M}\colon ST = TS\} = \{S \in \mathcal{M}\colon Sz_1 = z_1 \text{ und } Sz_2 = z_2\}$$

und dies ist eine kommutative Untergruppe von $\mathcal{M}$.

c) Es gelte $T^2 = \text{id}, T \neq \text{id}$. Dann hat T zwei Fixpunkte und es gilt $ST = TS$ genau dann, wenn S die gleichen Fixpunkte wie T hat oder die Fixpunkte von T vertauscht. Im letzten Fall gilt für die Fixpunkte z_1, z_2 von T, w_1, w_2 von S die Beziehung $\text{DV}(z_1, w_1, z_2, w_2) = -1$. Die Gruppe $\{S \in \mathcal{M}\colon ST = TS\}$ ist nicht kommutativ.

4. Es sei f eine rationale Funktion vom Grad 2. Man beweise: Genau dann, wenn f einen Pol 2. Ordnung hat, gibt es ein $T \in \mathcal{M}$ und eine ganze lineare Transformation S mit $SfT(z) = z^2$. Genau dann, wenn f nur einfache Pole hat, gibt es S und T wie oben mit $SfT(z) = z + 1/z$.

5. Logarithmen, Potenzen und Wurzeln

Definition 5.1. *Es sei z eine komplexe Zahl $\neq 0$. Eine Zahl $\zeta \in \mathbb{C}$ heißt ein Logarithmus von z, wenn $e^\zeta = z$ ist. In Zeichen: $\zeta = \log z$.*

Jedes $z \in \mathbb{C}^*$ hat damit unendlich viele Logarithmen; je zwei Logarithmen von z unterscheiden sich um ganzzahlige Vielfache von $2\pi i$. Für *jeden* Logarithmus von z gilt also

$$e^{\log z} = z;$$

umgekehrt ist für einen *geeigneten* Logarithmus von e^z

$$\log e^z = z;$$

ebenso gilt für *geeignete*(!) Wahl der beteiligten Logarithmen das Additionstheorem

$$\log(zw) = \log z + \log w. \tag{1}$$

Ist z reell und positiv, so ist der *reelle* Logarithmus ein Logarithmus von z, alle anderen erhält man durch Addition von $2k\pi i$ mit $k \in \mathbb{Z}$. Schreibt man $z = |z| e^{it}$, so folgt aus (1):

$$\log z = \log |z| + it, \text{ mit } \log |z| \in \mathbb{R}; \tag{2}$$

der Realteil eines jeden Logarithmus ist eindeutig bestimmt, der Imaginärteil bis auf ganzzahlige Vielfache von 2π.

Definition 5.2. *Für $z \neq 0$ ist $\arg z = \operatorname{Im} \log z$ ein Argument von z.*

Mittels der Logarithmen führen wir *Potenzen mit beliebigem Exponenten* ein:

Für $z \neq 0$ und beliebiges w sei

$$z^w = e^{w \log z}. \tag{3}$$

Damit gibt es im Allgemeinen unendlich viele Werte für z^w, je nach Wahl des Logarithmus von z; sie unterscheiden sich nur um Faktoren der Gestalt $\exp(w \cdot 2k\pi i)$ mit $k \in \mathbb{Z}$. Ist insbesondere $w = n \in \mathbb{Z}$, so liefert die Formel (3) genau einen Wert:

$$z^n = e^{n \log z}; \tag{4}$$

die Faktoren $e^{n \cdot 2\pi i k}$ sind alle 1. Ist $w = \frac{1}{n}$, so erhält man durch (3) genau n Werte, nämlich die n-ten Wurzel, die sich sämtlich als

$$\sqrt[n]{z} = z^{\frac{1}{n}} = |z|^{\frac{1}{n}} e^{it/n} \zeta_j, \quad j = 0, 1, \ldots, n-1, \tag{5}$$

schreiben lassen, wobei $z = |z| e^{it}$ ist und $\zeta_j = \exp(j \cdot 2\pi i/n)$ die n-ten Einheitswurzeln durchläuft. Die Potenzgesetze

$$z^{w_1 + w_2} = z^{w_1} z^{w_2} \tag{6}$$

$$(z_1 z_2)^w = z_1^w z_2^w \tag{7}$$

gelten im folgenden Sinne: in (6) ist auf beiden Seiten derselbe Logarithmus von z zu verwenden, in (7) ist als Logarithmus des Produktes der Wert $\log z_1 + \log z_2$ zu wählen.

Mit diesen Festsetzungen haben wir die Rechengesetze für komplexe Zahlen nun abgeschlossen; ein hübsches Beispiel:

$$i^i = e^{i \log i} = e^{i(\frac{\pi}{2} i + 2\pi i \, k)} = e^{-\frac{\pi}{2}} e^{-2\pi k}, \quad k \in \mathbb{Z};$$

alle diese Potenzen sind reell. Euler entdeckte diese Beziehung 1746 und bezeichnete sie als „merkwürdig" – vgl. [RS1].

Wegen der Mehrdeutigkeit der obigen Ausdrücke ist es nicht klar, auf welche Weise man die Werte etwa von $\log z$ zu einer holomorphen Funktion zusammenfügen kann. In der Tat ist das auf ganz $\mathbb{C}^*$ auch nicht möglich, wohl aber auf geeigneten Teilgebieten von $\mathbb{C}^*$.

Definition 5.3. *Eine Logarithmusfunktion auf einem Gebiet $G \subset \mathbb{C}^*$ ist eine stetige Funktion $z \mapsto \log z$, die der Bedingung*

$$e^{\log z} = z$$

genügt.

Nehmen wir an, $\log z$ sei eine solche Funktion auf G. Definitionsgemäß ist sie injektiv, die Bildmenge nennen wir G'. Für $z, z_0 \in G$ sei

$$w = \log z, \quad w_0 = \log z_0.$$

Dann ist $e^w = z$, $e^{w_0} = z_0$, also

$$\frac{\log z - \log z_0}{z - z_0} = \frac{w - w_0}{e^w - e^{w_0}}.$$

Für $z \to z_0$ strebt wegen der Stetigkeit von $\log z$ auch $w \to w_0$, und damit hat man

$$\lim_{z \to z_0} \frac{w - w_0}{e^w - e^{w_0}} = \frac{1}{e^{w_0}} = \frac{1}{z_0}.$$

Somit ist $\log z$ holomorph, und man hat

$$\frac{d}{dz} \log z = \frac{1}{z}. \tag{8}$$

Die Bildmenge G' muss dann ein Gebiet sein, auf dem die Exponentialfunktion das Linksinverse der Bijektion $\log z$ liefert, also auch das Rechtsinverse. Wir haben damit

Satz 5.1. *Falls auf einem Gebiet G eine (stetige) Logarithmusfunktion existiert, ist diese sogar holomorph mit Ableitung $1/z$. Sie ist injektiv und genügt den Identitäten*

$$e^{\log z} \equiv z, \quad \log e^w \equiv w$$

für $z \in G$ bzw. $w \in G' = \log G$. Die Bildmenge G' ist wieder ein Gebiet, und $\log z$ bzw. e^w sind zueinander inverse biholomorphe Abbildungen zwischen G und G'.

Je zwei Logarithmusfunktionen auf G unterscheiden sich um ein ganzes Vielfaches von $2\pi i$. Statt von einer Logarithmusfunktion sprechen wir auch oft von einem *Zweig des Logarithmus*.

Satz 5.2. *Für ein Gebiet $G \subset \mathbb{C}^*$ sind äquivalent:*

  i. *Auf G existiert ein Zweig des Logarithmus.*

  ii. *Es gibt ein $G' \subset \mathbb{C}$, das durch die Exponentialfunktion bijektiv auf G abgebildet wird.*

 iii. *Die Funktion $1/z$ hat auf G eine Stammfunktion.*

 iv. *Für jeden geschlossenen Integrationsweg γ in G ist*

$$\int_\gamma \frac{dz}{z} = 0.$$

Fast alle Aussagen des Satzes sind schon bewiesen – wir müssen nur noch zeigen, dass *i* aus *iii* folgt. Es sei also $l(z)$ eine Stammfunktion von $\frac{1}{z}$. Dann gilt

$$\frac{d}{dz}\frac{e^{l(z)}}{z} = \frac{1}{z^2}\left[z\,e^{l(z)}/z - e^{l(z)}\right] = 0,$$

also $e^{l(z)} = cz$. Wir schreiben $c = e^a$ und erhalten

$$e^{l(z)-a} = z,$$

d.h. $l(z) - a$ ist ein Zweig des Logarithmus. $\square$

Der Satz zeigt, dass auf ganz $\mathbb{C}^*$ kein Zweig des Logarithmus existiert, wohl aber auf jedem sternförmigen Teilgebiet von $\mathbb{C}^*$, z.B. auf einer „geschlitzten Ebene" $\mathbb{C} \setminus L_\varphi$, wobei L_φ der Strahl $\{z = t\,e^{i\varphi} : 0 \leq t < \infty\}$ ist.

Betrachten wir die verschiedenen Zweige von $\log z$ auf einem Teilgebiet $G \subset \mathbb{C}^*$. An sich sind alle diese Zweige gleichberechtigt. Andererseits ist es für positive reelle Zahlen vernünftig, *reelle* Logarithmen in Übereinstimmung mit der elementaren Analysis zu wählen. Wir definieren in diesem Fall:

Definition 5.4. *Es sei $G \subset \mathbb{C}^*$ ein Gebiet, auf dem Zweige des Logarithmus existieren. $G \cap \mathbb{R}_{>0}$ sei zusammenhängend. Der Hauptzweig des Logarithmus ist dann der Zweig, der für positive reelle Argumente reell ist.*

Ein besonders großes Gebiet, das der obigen Bedingung genügt, ist $\mathbb{C}^* \setminus \mathbb{R}_{<0}$, die längs der negativen reellen Achse geschlitzte Ebene; bezeichnen wir den Hauptzweig mit $\mathrm{Log}\,z$, so gilt

$$\mathrm{Log}\,z = \log|z| + i\arg z \quad \text{mit} \; -\pi < \arg z < \pi. \tag{9}$$

Potenzreihenentwicklungen für Log lassen sich wegen $\mathrm{Log}'(z) = 1/z$ leicht aufstellen. Wir notieren nur die Entwicklung um $z_0 = 1$ in der Form

$$\mathrm{Log}(1+z) = \sum_{n=1}^{\infty} \frac{(-1)^{n-1}}{n}z^n \quad \text{für } |z| < 1. \tag{10}$$

Der Hauptzweig des Logarithmus ist nicht stetig auf $\mathbb{C}^*$ fortsetzbar: Lässt man $z \in \mathbb{C}^* \setminus \mathbb{R}_{<0}$ in der oberen Halbebene gegen $x_0 < 0$ streben, so ist

$$\lim \mathrm{Log}(z) = \log|x_0| + \pi i,$$

strebt z in der unteren Halbebene gegen x_0, so bekommt man

$$\lim \mathrm{Log}(z) = \log|x_0| - \pi i.$$

Die Werte von $\mathrm{Log}\,z$ springen also beim Überqueren der negativen reellen Achse um $2\pi i$.

Natürlich existiert ein Zweig des Logarithmus genau dann, wenn ein stetiger Zweig der Argumentfunktion existiert; dieser ist dann automatisch beliebig oft reell differenzierbar. Mittels der Funktionen $\log z$ und $\arg z$ wollen wir nun das Integral

$$\int_\gamma \frac{dz}{z}$$

über geschlossene Wege möglichst anschaulich interpretieren. Es sei $\gamma\colon [a,b] \to \mathbb{C}^*$ ein solcher Weg.

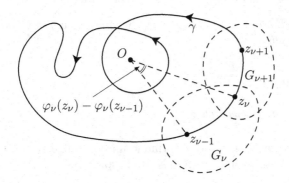

Bild 6. Zur Interpretation der Umlaufszahl

Wir wählen eine Zerlegung $a = t_0 < t_1 < \ldots < t_n = b$ des Parameterintervalls, so dass jeder Teilweg $\gamma_\nu = \gamma|[t_{\nu-1}, t_\nu]$ in einem Gebiet G_ν verläuft, auf dem ein Zweig des Logarithmus existiert (die G_ν können z.B. als Kreisscheiben gewählt werden). Nun bestimmen wir folgendermaßen Zweige $l_\nu(z) = \log|z| + i\varphi_\nu(z)$ auf den G_ν: l_1 sei ein beliebiger Zweig des Logarithmus, für $n \geq 2$ wird der Zweig l_ν durch $l_\nu(\gamma(t_{\nu-1})) = l_{\nu-1}(\gamma(t_{\nu-1}))$ festgelegt. Dann wird durch

$$\varphi\colon t \mapsto \varphi_\nu(\gamma(t)) \text{ für } t \in [t_{\nu-1}, t_\nu]$$

eine stetige Funktion φ auf $[a,b]$ gegeben, die jedem t ein Argument von $\gamma(t)$ zuordnet. Wir haben dann mit $z_\nu = \gamma(t_\nu)$

$$\int_{\gamma_\nu} \frac{dz}{z} = l_\nu(z_\nu) - l_\nu(z_{\nu-1}) = \log|z_\nu| - \log|z_{\nu-1}| + i(\varphi_\nu(z_\nu) - \varphi_\nu(z_{\nu-1})),$$

der Imaginärteil ist $\varphi(t_\nu) - \varphi(t_{\nu-1})$, misst also die Änderung des Arguments von $\gamma(t)$ auf dem Teilintervall $[t_{\nu-1}, t_\nu]$. – Summiert man nun die Integrale über die Teilwege, so heben sich die Realteile wegen $z_n = z_0$ weg, es bleibt

$$\int_\gamma \frac{dz}{z} = i(\varphi(b) - \varphi(a)).$$

Das Integral misst also die Gesamtänderung des Arguments längs des geschlossenen Weges γ, d.h. die ganze (!) Zahl $\frac{1}{2\pi i} \int_\gamma \frac{dz}{z}$ gibt an, wie oft $\gamma(t)$ den Nullpunkt umläuft, wenn t von a nach b wächst (dabei werden Umläufe im Gegenuhrzeigersinn automatisch positiv, solche im Uhrzeigersinn negativ gerechnet).

Ebenso gilt natürlich: Ist γ ein geschlossener Integrationsweg und $z_0 \notin \mathrm{Sp}\,\gamma$, so ist

$$\frac{1}{2\pi i} \int_\gamma \frac{dz}{z - z_0}$$

eine ganze Zahl, die angibt, wie oft γ den Punkt z_0 umläuft. Wir definieren daher:

Definition 5.5. *Es sei γ ein geschlossener Integrationsweg in $\mathbb{C}$ und $z_0 \notin \mathrm{Sp}\,\gamma$. Dann heißt die ganze Zahl*

$$n(\gamma, z_0) = \frac{1}{2\pi i} \int_\gamma \frac{dz}{z - z_0}$$

die Umlaufszahl von γ bezüglich z_0.

Die Umlaufszahlen werden bei der Formulierung des allgemeinen Cauchyschen Integralsatzes in Kapitel IV eine wesentliche Rolle spielen.

Wir können nun Satz 5.2 entnehmen:

Genau dann existiert ein Zweig des Logarithmus auf $G \subset \mathbb{C}^*$, wenn für jeden geschlossenen Weg γ in G die Umlaufszahl $n(\gamma, 0) = 0$ ist. Das ist z.B. für alle sternförmigen Gebiete in $\mathbb{C}^*$ der Fall.

Wie beim Logarithmus führen wir nun Zweige von Wurzel- und Potenzfunktionen ein; wir nutzen dazu am einfachsten unsere Betrachtungen über den Logarithmus aus. G sei im folgenden immer ein Teilgebiet von $\mathbb{C}^*$, auf dem ein Zweig $\log z$ des Logarithmus existiert.

Definition 5.6. *Für festes $w \in \mathbb{C}$ und $z \in G$ ist*

$$z^w = e^{w \log z}$$

ein Zweig der Potenzfunktion.

Also ist $z \mapsto z^w$ holomorph auf G, mit

$$\frac{d}{dz} z^w = w z^{w-1}, \tag{11}$$

wobei links und rechts derselbe Zweig des Logarithmus zu verwenden ist. Im Allgemeinen gibt es unendlich viele Zweige von z^w (wenn es einen gibt); ist w ganz, so genau einen, nämlich die schon früher betrachteten Funktionen $z^n, n \in \mathbb{Z}$. Für $n \geq 0$ lassen sie sich holomorph nach 0 fortsetzen, für $n < 0$ sind sie auf ganz $\mathbb{C}^*$ definiert, und sie lassen sich natürlich ohne Rückgriff auf Logarithmen erklären. Für $w = \frac{1}{n}, n = 2, 3, \ldots$ erhält man genau n Zweige der n-ten Wurzelfunktion, die jeweils durch Multiplikation mit einer n-ten Einheitswurzel auseinander hervorgehen.

Auf ganz $\mathbb{C}$ erklärt sind schließlich die allgemeinen Exponentialfunktionen

$$z \mapsto a^z, \quad a \neq 0 \text{ fest.}$$

Sie unterscheiden sich um Faktoren der Gestalt $e^{2\pi i kz}, z \in \mathbb{C}$.

Es sei noch die besonders wichtige Taylorentwicklung der Funktion $f(z) = (1 + z)^\alpha$ notiert. Diese Potenz ist sicher für $|z| < 1$ holomorph in z. Verlangt man $f(0) = 1$, was auf Wahl des Hauptzweiges des Logarithmus hinausläuft, so erhält man aus der Beziehung

$$(1 + z)f'(z) = \alpha f(z)$$

durch Koeffizientenvergleich die *binomische Reihe*

$$(1 + z)^\alpha = \sum_{n=0}^{\infty} \binom{\alpha}{n} z^n, \quad \text{für } |z| < 1, \tag{12}$$

$$\binom{\alpha}{n} = \frac{\alpha(\alpha - 1) \cdots (\alpha - n + 1)}{n!}.$$

Wir untersuchen als nächstes, ob eine nicht konstante holomorphe Funktion $f \in \mathcal{O}(G)$ einen holomorphen Logarithmus hat, d.h. ob es eine Funktion $g \in \mathcal{O}(G)$ mit $f = e^g$ gibt. Notwendig ist offenbar, dass f keine Nullstellen hat, also $f(G) \subset \mathbb{C}^*$. Existiert auf dem Gebiet $f(G)$ ein Zweig log des Logarithmus, so kann man einfach $g = \log \circ f$ setzen. Andernfalls hilft

Satz 5.3. *Es sei G ein sternförmiges Gebiet in $\mathbb{C}$, die Funktion f sei auf G holomorph ohne Nullstellen. Dann hat f einen holomorphen Logarithmus auf G.*

Beweis: Die Funktion f'/f ist auf G holomorph. Da G sternförmig ist, hat sie eine Stammfunktion h auf G. Es ist

$$(e^{-h}f)' = e^{-h}(-h'f + f') = 0,$$

also $f = c_1 e^h = e^{h+c}$ mit Konstanten c_1, c, und $g = h + c$ leistet das Gewünschte. $\quad\square$

Die Konstante c im Beweis ist nur bis auf Addition von ganzzahligen Vielfachen von $2\pi i$ bestimmt. Die Schreibweise $g = \log f$ wird also erst eindeutig, wenn man in einem Punkt z den Wert $\log f(z)$ festlegt.

Die Existenz eines holomorphen Logarithmus von f reicht hin für die Existenz *holomorpher n-ter Wurzeln* von f: Gilt $f(z) = e^{g(z)}$ auf G, so ist $h(z) = e^{g(z)/n}$ holomorph auf G und erfüllt $h^n = f$.

Bemerkungen:

a) Für die Existenz von $\log f$ reicht also jede der beiden folgenden Bedingungen hin:

i. f ist auf einem sternförmigen Gebiet holomorph ohne Nullstellen. Das Bildgebiet kann dann beliebig sein.

ii. Das Bildgebiet $f(G)$ ist ein Gebiet, auf dem ein holomorpher Logarithmus existiert; G braucht dann keineswegs sternförmig zu sein.

b) Eine n-te Wurzel von f, d.h. eine holomorphe Funktion g mit $g^n = f$, kann auch existieren, wenn f keinen holomorphen Logarithmus hat – siehe Aufgaben.

Mittels holomorpher Wurzelfunktionen können wir jetzt das lokale Abbildungsverhalten beliebiger holomorpher Funktionen verstehen. Zunächst betrachten wir für $k \in \mathbb{N}$ die Funktion

$$z \mapsto z^k = w \tag{13}$$

in einem Kreis um den Nullpunkt. Offenbar bildet sie den Kreis $D_r(0)$ surjektiv auf den Kreis $D_{r^k}(0)$ ab, wobei jedes $w \in D_{r^k}(0)$, mit Ausnahme von 0, genau k Urbilder hat, die verschiedenen k-ten Wurzeln von w; 0 hat nur 0 als Urbild. Die Abbildung ist offen und endlich, d.h. die Fasern $\{z: z^k = w\}$ sind endlich. Abbildungen dieser Art heißen in der Topologie (k-fache) *verzweigte Überlagerungen*.

Nun sei $f: G \to \mathbb{C}$ eine beliebige nichtkonstante holomorphe Funktion. Nach Komposition mit Translationen können wir $f(0) = 0$ annehmen. Ist k die Nullstellenordnung von f in 0, so gilt

$$f(z) = z^k g(z), \quad g(0) \neq 0 \tag{14}$$

mit einer holomorphen Funktion g. In einer passend kleinen Umgebung von 0 existiert dann eine k-te Wurzel von g, d.h. eine holomorphe Funktion h mit

$$h(z)^k \equiv g(z). \tag{15}$$

Somit lässt sich die Abbildung f folgendermaßen zusammensetzen:

$$z \mapsto zh(z) \stackrel{\text{def}}{=} u, \tag{16}$$

$$u \mapsto u^k. \tag{17}$$

Die Abbildung (16) ist in einer Umgebung von 0 biholomorph, die Abbildung (17) eine k-fache verzweigte Überlagerung – d.h. die Fasern sind i.a. k-elementig, mit Ausnahme des Verzweigungspunktes 0. Wir haben damit

Satz 5.4. *Es sei f eine nichtkonstante holomorphe Funktion, z_0 eine k-fache w_0-Stelle von f. Dann existieren Umgebungen U von z_0 und V von w_0, so dass $f: U \to V$ eine k-fache in z_0 verzweigte Überlagerungsabbildung ist. Insbesondere ist $f(U) = V$ und f ist offen.*

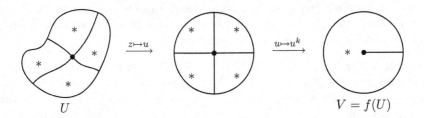

Bild 7. Zu Satz 5.4 (mit $k = 4$)

Wir haben damit einen neuen Beweis für die Gebietstreue holomorpher Funktionen gefunden.

Aufgaben

1. Es sei f der Zweig des Logarithmus auf $\mathbb{C} \setminus \mathbb{R}_{\geq 0}$, der in $-i$ den Wert $-i\pi/2$ hat. Bestimme

$$f(i), \quad f(-e), \quad f(-1 - i\sqrt{3}), \quad f\big((-1 - i\sqrt{3})^2\big).$$

2. Bestimme alle Werte von $(-1)^{\sqrt{2i}}$.

3. a) Bestimme möglichst große Gebiete, auf denen eine holomorphe Funktion $\log(1 - z)^2$ bzw. $\sqrt{z + \sqrt{z}}$ erklärt werden kann.
   b) Auf $G = \mathbb{C} \setminus \bigcup_{k \in \mathbb{Z}} [k\pi - \frac{\pi}{2}, k\pi]$ existiert ein holomorpher Logarithmus des Tangens.

4. Berechne $\frac{\partial}{\partial z} \arg z$ und $\frac{\partial}{\partial \bar{z}} \arg z$ für einen Zweig des Arguments.

5. Zeige: Es gibt eine ganze Funktion g mit $g(z)^2 = 1 - \cos z$. (Hinweis: beginne mit dem Streifen $S_0 = \{z \colon -2\pi < \operatorname{Re} z < 2\pi\}$). Hat $1 - \cos z$ einen holomorphen Logarithmus auf $\mathbb{C} \setminus \{2k\pi \colon k \in \mathbb{Z}\}$?

6. Die Funktionen g und h seien holomorph auf dem sternförmigen Gebiet G, es gelte $g^2 + h^2 = 1$. Man zeige: Es gibt eine holomorphe Funktion f auf G mit $g(z) = \cos f(z)$, $h(z) = \sin f(z)$.

7. Der Tangens bildet $S_0 = \{-\pi/2 < \operatorname{Re} z < \pi/2\}$ biholomorph auf $G_0 = \mathbb{C} \setminus \{ti \colon t \in \mathbb{R},\ |t| \geq 1\}$ ab. Drücke die Umkehrfunktion $\arctan \colon G_0 \to S_0$ mittels des Hauptzweiges des Logarithmus aus und zeige $\arctan w = \int_{\gamma_w} \frac{d\zeta}{1 + \zeta^2}$, wobei γ_w ein Weg in G_0 von 0 nach w ist.

8. Der Sinus bildet $S_0 = \{-\pi/2 < \operatorname{Re} z < \pi/2\}$ biholomorph auf $G_1 = \mathbb{C} \setminus \{t \in \mathbb{R} \colon |t| \geq 1\}$ ab. Drücke die Umkehrfunktion $\arcsin \colon G_1 \to S_0$ durch Logarithmen und Wurzeln aus (präzisiere die zu benutzenden Zweige!), zeige weiter

$$\arcsin w = \int_{\gamma_w} \frac{d\zeta}{\sqrt{1 - \zeta^2}},$$

wobei γ_w ein Weg in G_1 von 0 nach w ist und derjenige Zweig der Wurzel zu wählen ist, der in $w = 0$ den Wert 1 hat.

6. Partialbruchentwicklungen

In diesem Paragraphen wollen wir zum einen meromorphe Funktionen zu gegebenen Polstellen konstruieren, zum andern werden wir für gegebene meromorphe Funktionen

Reihendarstellungen (Partialbruchentwicklungen) angeben, bei denen die Hauptteile die wesentliche Rolle spielen. Dafür müssen wir den Begriff der kompakten Konvergenz auf Reihen von meromorphen Funktionen erweitern.

Definition 6.1. *Es sei $G \subset \mathbb{C}$ ein Gebiet, die f_i, $i \in I$, seien abzählbar viele mero-morphe Funktionen auf G. Die Summe $\sum_{i \in I} f_i$ konvergiert (absolut) kompakt auf G, wenn es zu jedem kompakten Teil $K \subset G$ eine endliche Teilmenge J der Indexmenge I gibt, so dass die f_i mit $i \in I \setminus J$ auf K keine Pole haben und die Reihe $\sum_{i \in I \setminus J} f_i$ auf K (absolut) gleichmäßig konvergiert.*

In dieser Situation ist die Menge P der Polstellen der f_i diskret in G und $f = \sum_{i \in I} f_i$ ist eine auf G meromorphe Funktion, die Pole höchstens in den Punkten von P hat. – Kompakte Konvergenz ist wieder gleichbedeutend mit lokal gleichmäßiger Konvergenz.

Wir betrachten nun eine auf G meromorphe Funktion f mit der in G diskreten (also höchstens abzählbaren) Polstellenmenge $P = \{a_1, a_2, a_3, \ldots\}$; in a_ν möge f den Hauptteil

$$
h_\nu(z) = \frac{c_1^{(\nu)}}{z - a_\nu} + \ldots + \frac{c_{k(\nu)}^{(\nu)}}{(z - a_\nu)^{k(\nu)}} \tag{1}
$$

haben. Wenn $P = \{a_1, \ldots, a_n\}$ endlich ist, so hat man

$$
f = \sum_1^n h_\nu + g
$$

mit einer Funktion $g \in \mathcal{O}(G)$, denn in der Differenz $f - \sum_1^n h_\nu$ treten nur hebbare Singularitäten auf. Ist hingegen P unendlich, so wird $\sum_1^\infty h_\nu$ nur in glücklichen Fällen konvergieren; in diesen Fällen hat man natürlich

$$
f = \sum_1^\infty h_\nu + g
$$

mit $g \in \mathcal{O}(G)$. Im allgemeinen Fall versucht man, „konvergenzerzeugende Summanden" $p_\nu \in \mathcal{O}(G)$ so zu finden, dass die Reihe

$$
\sum_1^\infty (h_\nu - p_\nu)
$$

auf G kompakt konvergiert. Dann stellt sie eine meromorphe Funktion mit den gleichen Polstellen und Hauptteilen wie f dar. Es ist also

$$
f = \sum_1^\infty (h_\nu - p_\nu) + g \tag{2}
$$

mit $g \in \mathcal{O}(G)$; wir nennen diese Darstellung eine *Partialbruchentwicklung* von f.

Die umgekehrte Fragestellung lautet: Es sei eine diskrete Teilmenge $P = \{a_1, a_2, \ldots\}$ von G gegeben und für jedes $a_\nu \in P$ ein Hauptteil $h_\nu(z)$, d.h. eine Funktion der Form (1). Gibt es auf G eine meromorphe Funktion, die genau in den a_ν Pole hat und zwar jeweils mit dem Hauptteil h_ν?

Wenn man $p_\nu \in \mathcal{O}(G)$ finden kann, so dass $\sum_1^\infty (h_\nu - p_\nu)$ kompakt konvergiert, so löst diese Reihe offenbar das Problem. Die Konstruktion solcher konvergenzerzeugenden Summanden ist für beliebige Gebiete G möglich, wir behandeln hier nur den einfachsten Fall $G = \mathbb{C}$ und beweisen

Satz 6.1 (Mittag-Leffler).

i. *Es sei $P = \{a_1, a_2, a_3, \ldots\}$ eine unendliche diskrete Menge in $\mathbb{C}$, für jedes $a_\nu \in P$ sei $h_\nu(z)$ ein Hauptteil in a_ν. Dann gibt es Polynome $p_\nu(z)$, so dass die Reihe*

$$\sum_{\nu=1}^{\infty} (h_\nu - p_\nu) \tag{3}$$

auf $\mathbb{C}$ absolut und lokal gleichmäßig konvergiert. Sie stellt dann eine meromorphe Funktion dar, die genau in den a_ν Pole hat und dort jeweils den Hauptteil h_ν.

ii. *Es sei f eine meromorphe Funktion auf $\mathbb{C}$ mit unendlich vielen Polstellen a_ν und Hauptteilen h_ν in a_ν. Dann gibt es eine Partialbruchzerlegung*

$$f = g + \sum_1^{\infty} (h_\nu - p_\nu)$$

mit einer ganzen Funktion g und Polynomen p_ν.

Beweis: Es genügt, Polynome p_ν so anzugeben, dass (3) konvergiert. Wir nehmen zunächst $0 \notin P$ an und denken uns die a_ν nach wachsenden Beträgen numeriert:

$$0 < |a_1| \leq |a_2| \leq |a_3| \leq \ldots$$

Dann wählen wir positive Zahlen ε_ν mit $\sum_1^\infty \varepsilon_\nu < \infty$. Der Hauptteil $h_\nu(z)$ ist holomorph auf $\{z \colon |z| < |a_\nu|\}$, seine Taylor-Reihe (um 0) konvergiert kompakt gegen h_ν. Also können wir das Polynom $p_\nu(z)$ als Anfang dieser Taylor-Reihe so wählen, dass

$$|h_\nu(z) - p_\nu(z)| \leq \varepsilon_\nu \text{ auf } \overline{D_\nu} = \{z \colon |z| \leq |a_\nu|/2\}$$

gilt. Wir zeigen die Konvergenz: Zu einem beliebigen Radius $R > 0$ wählen wir ν_0 so, dass $2R \leq |a_\nu|$ für $\nu \geq \nu_0$ gilt. Dann hat man $\overline{D_R(0)} \subset \overline{D_\nu}$ für $\nu \geq \nu_0$, also gilt für $z \in \overline{D_R(0)}$

$$\sum_{\nu_0}^{\infty} |h_\nu(z) - p_\nu(z)| \leq \sum_{\nu_0}^{\infty} \varepsilon_\nu < \infty;$$

das zeigt die absolute und gleichmäßige Konvergenz von $\sum(h_\nu - p_\nu)$ auf $\overline{D_R(0)}$. Nach Definition 6.1 ist dann $\sum(h_\nu - p_\nu)$ auf $\mathbb{C}$ absolut und kompakt konvergent. – Falls $0 \in P$ mit Hauptteil h_0, so verfahre man mit den von 0 verschiedenen Punkten von P wie oben und bilde schließlich

$$h_0 + \sum_1^\infty (h_\nu - p_\nu).$$ □

Die p_ν sind natürlich nicht eindeutig festgelegt, im konkreten Fall wird man Polynome möglichst niedrigen Grades wählen.

Wir sehen uns zwei Beispiele an; die dabei konstruierten Funktionen werden wir anschließend identifizieren.

Beispiele:

i. Wir nehmen $P = \mathbb{Z}$; in $n \in \mathbb{Z}$ sei als Hauptteil $h_n(z) = (z - n)^{-2}$ gegeben. Für $|z| \leq R$ und $n \geq 2R$ gilt $|z - n|^2 \geq (|n| - R)^2 \geq |n|^2/4$, wegen $\sum_1^\infty \frac{1}{n^2} < \infty$ ist daher $\sum_{|n| \geq 2R}(z - n)^{-2}$ auf $|z| \leq R$ absolut und gleichmäßig konvergent. Somit ist

$$f_1(z) = \sum_{n \in \mathbb{Z}} \frac{1}{(z - n)^2} \tag{4}$$

eine auf $\mathbb{C}$ meromorphe Funktion mit Polen in den $n \in \mathbb{Z}$ und Hauptteilen $(z - n)^{-2}$.

ii. Wieder sei $P = \mathbb{Z}$, wir schreiben aber jetzt in n den Hauptteil $h_n(z) = (z - n)^{-1}$ vor, insbesondere $h_0(z) = 1/z$. Die Reihe $\sum_{n \in \mathbb{Z}}(z - n)^{-1}$ ist divergent; wir brauchen Korrekturglieder. Schon das konstante Glied $p_n(z) = -1/n$ der Taylor-Entwicklung von $h_n(z)$ reicht aus: Für $|z| \leq R$ und $|n| \geq 2R$ ist

$$\left| \frac{1}{z - n} + \frac{1}{n} \right| = \frac{|z|}{|n| \cdot |n - z|} \leq \frac{2R}{|n|^2}.$$

Daher ist die Reihe

$$f_2(z) = \frac{1}{z} + {\sum}' \left(\frac{1}{z - n} + \frac{1}{n} \right) \tag{5}$$

absolut und lokal gleichmäßig konvergent – dabei bedeutet das Zeichen $\sum'$ Summation über alle von 0 verschiedenen $n \in \mathbb{Z}$.

Wir suchen nun eine Partialbruchentwicklung der Funktion

$$f_0(z) = \frac{\pi^2}{\sin^2 \pi z}.$$

Sie ist meromorph auf $\mathbb{C}$ mit zweifachen Polen in den $n \in \mathbb{Z}$. Der Hauptteil von f_0 im Nullpunkt ist $1/z^2$, wie man leicht nachrechnet. Der Hauptteil in n ist gerade

$(z-n)^{-2}$ wegen der Periodizität $f_0(z+1) = f_0(z)$. Das gleiche gilt für die Funktion f_1 aus Beispiel i, man hat also

$$\frac{\pi^2}{\sin^2 \pi z} = g(z) + \sum_{n \in \mathbb{Z}} \frac{1}{(z-n)^2}$$

mit einer ganzen Funktion g. Wir behaupten $g \equiv 0$, d.i.

Satz 6.2.

$$\frac{\pi^2}{\sin^2 \pi z} = \sum_{n \in \mathbb{Z}} \frac{1}{(z-n)^2}.$$

Beweis: Wir benutzen einen Kunstgriff: Sowohl f_0 als auch f_1 genügen (für $2z \notin \mathbb{Z}$) der „Verdoppelungsformel"

$$4h(2z) = h(z) + h\left(z + \frac{1}{2}\right). \tag{6}$$

Es ist nämlich

$$\frac{4}{\sin^2(2\pi z)} = \frac{1}{\sin^2 \pi z} + \frac{1}{\cos^2 \pi z} = \frac{1}{\sin^2 \pi z} + \frac{1}{\sin^2 \pi(z + \frac{1}{2})}$$

und

$$f_1(2z) = \sum_{n \in \mathbb{Z}} \frac{1}{(2z-n)^2} = \sum_{m \in \mathbb{Z}} \frac{1}{(2z-2m)^2} + \sum_{m \in \mathbb{Z}} \frac{1}{(2z-2m+1)^2}$$

$$= \frac{1}{4} f_1(z) + \frac{1}{4} f_1\left(z + \frac{1}{2}\right).$$

Damit erfüllt die holomorphe Funktion $g = f_0 - f_1$ die Beziehung (6) auf ganz $\mathbb{C}$. Es sei nun $R > 0$, $A = \{z : 0 \leq \operatorname{Re} z \leq 1, |\operatorname{Im} z| \leq R\}$ und $M = \max\{|g(z)| : z \in A\}$. Wir wählen $z_0 \in A$ mit $|g(z_0)| = M$. Da auch $z_0/2$ und $(z_0 + 1)/2$ in A liegen, liefert (6)

$$4M = |4g(z_0)| = |g(z_0/2) + g((z_0+1)/2)| \leq 2M,$$

d.h. $M = 0$. Somit ist $g \equiv 0$ auf A und nach dem Identitätssatz auf ganz $\mathbb{C}$. $\qquad\square$

Aus Satz 6.2 gewinnen wir durch Integration eine Partialbruchentwicklung des Cotangens. Es ist nämlich $f_3(z) = -\pi \cot \pi z$ eine Stammfunktion von $f_0(z) = \pi^2(\sin \pi z)^{-2}$, andererseits ist

$$-f_2(z) = -\frac{1}{z} - \sum' \left(\frac{1}{z-n} + \frac{1}{n}\right)$$

offenbar eine Stammfunktion von f_1. Wegen $f_0 = f_1$ unterscheiden sich $-f_2$ und f_3 nur um eine Konstante. Da beides ungerade Funktionen von z sind, hat diese den Wert 0. Damit haben wir

Satz 6.3.

$$\pi \cot \pi z = \frac{1}{z} + {\sum}' \left(\frac{1}{z-n} + \frac{1}{n} \right) = \frac{1}{z} + \sum_{n=1}^{\infty} \frac{2z}{z^2 - n^2}.$$

Die zweite Summe ensteht aus der ersten, wenn man die Summanden für n und $-n$ zusammenfasst.

Mit Hilfe einfacher trigonometrischer Identitäten wie

$$\cos \pi z = \sin \pi \left(z + \frac{1}{2} \right),$$

$$\tan \pi z = - \cot \pi \left(z + \frac{1}{2} \right),$$

$$\cot \pi z + \tan \pi z = \frac{2}{\sin 2\pi z}$$

erhält man aus den letzten Sätzen weitere Partialbruch-Entwicklungen (Beweise als Aufgabe 3):

Folgerung 6.4. *Mit* $a_n = n - 1/2$ *gilt*

$$\frac{\pi^2}{\cos^2 \pi z} = \sum_{n \in \mathbb{Z}} \frac{1}{(z - a_n)^2},$$

$$\pi \tan \pi z = - \sum_{n \in \mathbb{Z}} \left(\frac{1}{z - a_n} + \frac{1}{a_n} \right),$$

$$\frac{\pi}{\sin \pi z} = \frac{1}{z} + \sum_1^{\infty} (-1)^n \frac{2z}{z^2 - n^2}.$$

Abschließend benutzen wir Satz 6.3, um die Summen

$$\zeta(2\mu) = \sum_{\nu=1}^{\infty} \frac{1}{\nu^{2\mu}}$$

für $\mu = 1, 2, \ldots$ auszuwerten. Das bemerkenswerte Ergebnis wurde von Euler gefunden. Die Idee ist, die Taylor-Entwicklung der in 0 holomorphen Funktion $\pi z \cot \pi z$ auf zwei Weisen zu bestimmen, zum einen ausgehend von der Partialbruch-Entwicklung, zum andern mit Hilfe der Darstellung des Cotangens durch die Exponentialfunktion.

Nach Satz 6.3 hat man

$$\pi z \cot \pi z = 1 + 2 \sum_{\nu=1}^{\infty} \frac{z^2}{z^2 - \nu^2}. \tag{7}$$

Wir entwickeln $\frac{z^2}{z^2-\nu^2}$ in eine geometrische Reihe:

$$\frac{z^2}{z^2 - \nu^2} = -\sum_{\mu=1}^{\infty} \frac{z^{2\mu}}{\nu^{2\mu}},$$

setzen dies in (7) ein, vertauschen die Summations-Reihenfolge und erhalten

$$\pi z \cot \pi z = 1 - 2 \sum_{\mu=1}^{\infty} \left(\sum_{\nu=1}^{\infty} \frac{1}{\nu^{2\mu}} \right) z^{2\mu}. \qquad (8)$$

Andererseits gilt

$$z \cot z = iz \frac{e^{2iz} + 1}{e^{2iz} - 1} = iz + \frac{2iz}{e^{2iz} - 1} = iz + f(2iz), \qquad (9)$$

wobei wir

$$f(z) = \frac{z}{e^z - 1}$$

gesetzt haben. Mit $f(0) = 1$ ist f holomorph in 0, wegen (9) ist $f(z) + \frac{z}{2}$ eine gerade Funktion, in deren Taylor-Reihe also nur gerade Potenzen von z vorkommen. Wir schreiben sie in der Form

$$f(z) = 1 - \frac{z}{2} + \sum_{\mu=1}^{\infty} \frac{B_{2\mu}}{(2\mu)!} z^{2\mu}. \qquad (10)$$

Durch (10) sind die *Bernoullischen Zahlen* $B_2, B_4, \ldots$ definiert, man kann die Definition noch durch $B_0 = 1, B_1 = -\frac{1}{2}, B_{2\mu+1} = 0$ für $\mu \geq 1$ ergänzen.

Aus der Beziehung $f(z)(e^z - 1) = z$ lässt sich eine Rekursionsformel für die $B_{2\mu}$ ableiten (Aufgabe 5), sie zeigt insbesondere, dass die $B_{2\mu}$ rationale Zahlen sind. Wir geben die ersten an:

$$B_2 = \frac{1}{6}, \quad B_4 = -\frac{1}{30}, \quad B_6 = \frac{1}{42}, \quad B_8 = -\frac{1}{30}.$$

Trägt man die Reihe (10) in (9) ein und ersetzt dabei z durch πz, so erhält man

$$\pi z \cot \pi z = 1 + \sum_{\mu=1}^{\infty} (-1)^{\mu} \frac{2^{2\mu} B_{2\mu}}{(2\mu)!} \pi^{2\mu} z^{2\mu}. \qquad (11)$$

Koeffizientenvergleich in (8) und (11) liefert die schöne Formel

Satz 6.5.

$$\sum_{\nu=1}^{\infty} \frac{1}{\nu^{2\mu}} = (-1)^{\mu-1} 2^{2\mu-1} \frac{B_{2\mu}}{(2\mu)!} \pi^{2\mu}.$$

Zum Beispiel:

$$\sum_1^\infty \frac{1}{\nu^2} = \frac{\pi^2}{6}, \quad \sum_1^\infty \frac{1}{\nu^4} = \frac{\pi^4}{90}, \quad \sum_1^\infty \frac{1}{\nu^6} = \frac{\pi^6}{945}, \quad \sum_1^\infty \frac{1}{\nu^8} = \frac{\pi^8}{9450}.$$

Wir notieren noch einige Folgerungen:

i. $\sum_{\nu=1}^\infty \frac{1}{\nu^{2\mu}}$ *ist ein rationales Vielfaches von* $\pi^{2\mu}$,

ii. die Bernoulli-Zahlen $B_{2\mu}$ *haben abwechselnde Vorzeichen,*

iii. $\lim\limits_{\mu \to \infty} |B_{2\mu}| = \infty$, *wegen* $\sum_{\nu=1}^\infty \frac{1}{\nu^{2\mu}} \geq 1$ *und* $\frac{a^n}{n!} \to 0$ *für* $a > 0$.

Aufgaben

1. Zeige durch Anpassung des Beweises von Satz 6.1: Ist $P = \{a_\nu\}$ eine diskrete Teilmenge in $\mathbb{D}$ und h_ν ein Hauptteil in a_ν (für jedes ν), so gibt es eine auf $\mathbb{D}$ meromorphe Funktion, die genau in den a_ν Pole hat und dort jeweils den Hauptteil h_ν.

2. Wende Aufgabe 1 an zur Konstruktion einer meromorphen Funktion auf $\mathbb{D}$ mit Polen in den Punkten $a_\nu = 1 - \frac{1}{\nu}$ ($\nu = 1, 2, 3, \ldots$) und Hauptteilen $h_\nu(z) = (z - a_\nu)^{-1}$.

3. Beweise die Formeln in Folgerung 6.4.

4. Zeige $\lim\limits_{\mu \to \infty} |B_{2\mu}| \frac{(2\pi)^{2\mu}}{(2\mu)!} = 2$.

5. Beweise die Rekursionsformeln für $k \geq 1$

$$\sum_{n=0}^k \binom{k+1}{n} B_n = 0, \quad \sum_{\mu=0}^k \binom{2k+1}{2\mu} B_{2\mu} = \frac{1}{2}(2k-1).$$

6. Zeige

$$\sum_{\nu=1}^\infty (-1)^{\nu-1} \frac{1}{\nu^{2\mu}} = (1 - 2^{1-2\mu}) \sum_{\nu=1}^\infty \frac{1}{\nu^{2\mu}},$$

$$\sum_{\nu=1}^\infty \frac{1}{(2\nu-1)^{2\mu}} = (1 - 2^{-2\mu}) \sum_{\nu=1}^\infty \frac{1}{\nu^{2\mu}}.$$

7. a) Aus Folgerung 6.4 iii. leite man die Potenzreihen-Entwicklung von $\frac{z}{\sin z}$ um 0 ab.
   b) Mit diesem Ergebnis und (8) stelle man die Potenzreihe für $\tan z$ um 0 auf (man drücke die Koeffizienten durch die Bernoulli-Zahlen aus).

8. Man benutze Folgerung 6.4 iii, um eine Partialbruchzerlegung von $\pi / \cos \pi z$ zu finden. Analog zum Beweis von Satz 6.5 drücke man die Summen

$$\sum_{\nu=1}^\infty \frac{(-1)^{\nu-1}}{(2\nu-1)^{2\mu+1}}, \quad \mu = 1, 2, 3, \ldots,$$

durch die Eulerschen Zahlen aus (vgl. Aufgabe 3 zu II.4).

Kapitel IV.

Ausbau der Theorie

In den vorigen Kapiteln haben wir die Grundlagen der Funktionentheorie entwickelt. An vielen Stellen bot sich eine Fortführung der Diskussion an – auf die wir aber nicht eingegangen sind. In diesem Kapitel nehmen wir eine ganze Reihe „loser Fäden" aus den bisherigen Überlegungen auf und „spinnen sie weiter".

Der Begriff der Umlaufszahl ermöglicht eine allgemeine Formulierung der Cauchyschen Sätze (IV.1), die für alles Weitere unumgänglich ist. Mit der Laurent-Entwicklung (IV.2) und dem Residuensatz (IV.3) liegt das wesentliche Werkzeug der komplexen Analysis bereit. Zunächst wird es zur Auswertung komplizierter Integrale benutzt (IV.4), anschließend zum Studium der Gleichung $f(z) = w$ bei einer holomorphen Funktion f (IV.5). Macht man die Integralformeln der Paragraphen IV.2 und IV.5 von Parametern abhängig, so erhält man als fundamentale Information über Nullstellen holomorpher Funktionen mehrerer Variabler den Weierstraßschen Vorbereitungssatz (IV.6). – Der nächste Paragraph führt mit den elliptischen Funktionen die erste (und in diesem Buch einzige) Klasse nichtelementarer Funktionen ein. – Die letzten vier Paragraphen (IV.8–IV.11) sind geometrischen Fragen gewidmet: Automorphismen von Gebieten in der Ebene, Schwarzsches Lemma und hyperbolische Geometrie; den Abschluss bilden der Beweis des Riemannschen Abbildungssatzes und der Nachweis, dass kein Analogon zu diesem Satz in der Theorie mehrerer Variabler existiert (IV.11).

Die Umlaufszahl wurde schon 1910 von Hadamard in der Funktionentheorie verwandt; sie ist Spezialfall des Kronecker-Index. Ihre systematische Benutzung zum Aufbau der Funktionentheorie wurde von Artin (ca. 1944) vorgeschlagen; die eleganten Beweise aus IV.1 wurden erst 1971 von Dixon entwickelt. Laurentreihen sind 1843 von Laurent eingeführt worden (Weierstraß kannte sie schon 1841); die Residuentheorie (IV.3–IV.5) geht auf Cauchy zurück. Der Weierstraßsche Vorbereitungssatz hat eine komplizierte Geschichte; er wurde mehrfach neu entdeckt und bewiesen – vgl. [GR]. Weierstraß publizierte ihn 1886, kannte ihn etwa seit 1860. Der Beweis aus IV.6, der auf einer geschickten Anwendung der Residuenformeln der vorigen Paragraphen beruht, stammt von Stickelberger (1887); wir folgen in der Darstellung [F2] und [R]. Elliptische Funktionen tauchen (bei Gauß, Abel, Jacobi, . . .) als Umkehrung elliptischer Integrale auf (ab ca. 1800); sie bilden einen wesentlichen Bestandteil der Mathematik des 19. Jh. Unsere Darstellung (IV.7) stützt sich auf Hurwitz, der wiederum von Weierstraß entwickelte Methoden benutzt. Die Ergebnisse des Paragraphen gehen auf Eisenstein und Liouville (1844–47) zurück. – Das Schwarzsche Lemma (Satz 8.3) und seine invariante Form (Satz 9.4) sind von Schwarz 1869 bzw. Pick 1915 aufgestellt worden; Carathéodory hat die Wichtigkeit dieser Aussagen, die Ausgangspunkt für die meisten Abschätzungen in der Theorie beschränkter holomorpher Funktionen sind, erkannt. Auch in der Theorie mehrerer Variabler spielt das Schwarzsche Lemma eine wichtige Rolle [La]. Zur nichteuklidischen Geometrie verweisen wir auf die historischen Anmerkungen im Text. – Riemann bewies seinen

Abbildungssatz 1851 mit – damals noch nicht gut begründeten – potentialtheoretischen Methoden. Fast alle heutigen Beweise benutzen den Satz von Montel, so wie es hier geschieht. Die Nichtäquivalenz von Kugel und Polyzylinder in $\mathbb{C}^n, n > 1$, wurde von Poincaré (1907) entdeckt; unsere Darstellung folgt Range [R], der sie seinerseits Remmert und Stein [RSt] zuschreibt.

1. Der allgemeine Cauchysche Integralsatz

Wir haben den Cauchyschen Integralsatz im zweiten Kapitel für sternförmige Gebiete bewiesen; es ist Zeit, diese Einschränkung loszuwerden. Genauer sind die folgenden Fragen zu beantworten:

1) Für welche geschlossenen Integrationswege γ in einem beliebigen Gebiet G gilt der Cauchysche Integralsatz, d.h. für welche γ ist

$$\int_\gamma f(z)\, dz = 0$$

für jede auf G holomorphe Funktion?

2) Wann gilt für zwei verschiedene Integrationswege γ_1 und γ_2 in G die Identität

$$\int_{\gamma_1} f(z)\, dz = \int_{\gamma_2} f(z)\, dz$$

für alle auf G holomorphen Funktionen?

Beide Fragen hängen miteinander zusammen. Es ist klar, dass eine Antwort auf die zweite Frage für die Auswertung von Integralen besonders nützlich ist. – Zur Diskussion beider Fragen erinnern wir an einen Begriff, der schon im dritten Kapitel eingeführt worden ist – siehe Definition III.5.5.

Definition 1.1. *Es sei γ ein geschlossener Integrationsweg und z ein Punkt, der nicht von γ getroffen wird, also $z \notin \operatorname{Sp} \gamma$. Die Umlaufzahl von γ um z ist*

$$n(\gamma, z) = \frac{1}{2\pi i} \int_\gamma \frac{d\zeta}{\zeta - z}.$$

Wir hatten bereits im vorigen Kapitel gesehen, dass $n(\gamma, z)$ immer eine ganze Zahl ist. Hier ein einfacher alternativer Beweis:

Es sei $\gamma\colon [0,1] \to \mathbb{C}$ stückweise stetig differenzierbar, mit $\gamma(0) = \gamma(1)$, und für $t \in [0, 1]$ sei

$$h(t) = \frac{1}{2\pi i} \int_0^t \frac{\gamma'(\tau)}{\gamma(\tau) - z}\, d\tau.$$

Dann ist $h(0) = 0$ und $h(1) = n(\gamma, z)$. Ferner ist

$$h'(t) = \frac{1}{2\pi i} \frac{\gamma'(t)}{\gamma(t) - z}.$$

Damit wird

$$\frac{d}{dt} \frac{e^{2\pi i\, h(t)}}{\gamma(t) - z} = \frac{e^{2\pi i\, h(t)}}{(\gamma(t) - z)^2} \Big[(\gamma(t) - z) 2\pi i\, h'(t) - \gamma'(t) \Big] = 0,$$

also

$$e^{2\pi i\, h(t)} = c(\gamma(t) - z)$$

mit einer von Null verschiedenen Konstanten c. Aus $\gamma(0) = \gamma(1)$ folgt dann

$$1 = e^{2\pi i\, h(0)} = c(\gamma(0) - z) = c(\gamma(1) - z) = e^{2\pi i\, h(1)},$$

d.h.

$$e^{2\pi i\, n(\gamma, z)} = 1;$$

somit ist $n(\gamma, z)$ eine ganze Zahl. $\qquad\square$

Als einfaches Beispiel notieren wir: Für $\kappa_m(t) = r\, e^{imt}$, $0 \le t \le 2\pi$, die *m-mal durchlaufene Kreislinie*, ist

$$n(\kappa_m, z) = \begin{cases} m & \text{für } |z| < r \\ 0 & \text{für } |z| > r; \end{cases}$$

m kann negativ sein – dann wird die Kreislinie im Uhrzeigersinn durchlaufen. Weiter gilt

Hilfssatz 1.1. *Die Funktion*

$$z \mapsto n(\gamma, z) \tag{1}$$

ist lokal konstant und verschwindet auf der unbeschränkten Wegkomponente der Menge $\mathbb{C} \setminus \mathrm{Sp}\,\gamma$.

Beweis: Die erste Aussage folgt aus der Stetigkeit der Funktion (1), die ja nur ganzzahlige Werte annehmen kann. Nehmen wir nun an, $\mathrm{Sp}\,\gamma$ sei im Kreis $D_R(0)$ enthalten, dann wird

$$|n(\gamma, z)| \le \frac{1}{2\pi} L(\gamma) \frac{1}{|z| - R} < 1,$$

falls $|z|$ groß genug ist. Damit ist $n(\gamma, z) = 0$ für diese z, also wegen der Stetigkeit auch auf der unbeschränkten Wegkomponente von $\mathbb{C} \setminus \mathrm{Sp}\,\gamma$. $\qquad\square$

Es ist zweckmäßig, den Begriff des geschlossenen Integrationsweges geringfügig zu verallgemeinern:

Definition 1.2. *Ein Zyklus* Γ *ist eine formale ganzzahlige Linearkombination geschlossener Integrationswege*

$$\Gamma = n_1\gamma_1 + \ldots + n_r\gamma_r. \tag{2}$$

Das Integral einer auf der Spur von Γ,

$$\operatorname{Sp}\Gamma = \operatorname{Sp}\gamma_1 \cup \ldots \cup \operatorname{Sp}\gamma_r,$$

erklärten stetigen Funktionen f *ist*

$$\int_\Gamma f(z)\,dz = \sum_{\rho=1}^r n_\rho \int_{\gamma_\rho} f(z)\,dz;$$

die Umlaufszahl von Γ *um* $z \notin \operatorname{Sp}\Gamma$ *wird erklärt als*

$$n(\Gamma, z) = \sum_{\rho=1}^r n_\rho n(\gamma_\rho, z).$$

Die Länge von Γ *ist* $L(\Gamma) = \sum_{\rho=1}^r |n_\rho| L(\gamma_\rho).$

Einige Erläuterungen:

Ein Summand $0 \cdot \gamma$ kann in (2) immer hinzugefügt oder weggelassen werden – zur Spur von Γ rechnen wir natürlich nur die γ_ρ, die mit einem Koeffizienten $\neq 0$ auftauchen; wir setzen immer $1 \cdot \gamma = \gamma$ und $(-1) \cdot \gamma = -\gamma$. Zyklen lassen sich addieren:

$$\sum_{\rho=1}^r n_\rho\gamma_\rho + \sum_{\rho=1}^r m_\rho\gamma_\rho = \sum_{\rho=1}^r (n_\rho + m_\rho)\gamma_\rho,$$

und bilden damit eine abelsche Gruppe. Man hat

$$\int_{\Gamma_1} f(z)dz + \int_{\Gamma_2} f(z)\,dz = \int_{\Gamma_1+\Gamma_2} f(z)\,dz, \tag{3}$$

insbesondere

$$n(\Gamma_1 + \Gamma_2, z) = n(\Gamma_1, z) + n(\Gamma_2, z), \tag{4}$$
$$n(-\Gamma, z) = -n(\Gamma, z), \tag{5}$$

(für alle z, für die die Umlaufszahlen definiert sind). – Es ist zu beachten, dass das +-Zeichen in (2) nichts mit dem Addieren von Wegen wie in I.8 zu tun hat.

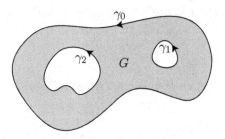

Bild 8. Positiv berandetes Gebiet

Jetzt kann eine für viele folgende Überlegungen wichtige Konfiguration beschrieben werden:

Es seien $0 < r < R$ reelle Zahlen, $z_0 \in \mathbb{C}$, und

$$\Gamma = \kappa(R; z_0) - \kappa(r; z_0).$$

Der *Kreisring*

$$K(z_0; r, R) = \{z \colon r < |z - z_0| < R\}$$

ist dann durch

$$n(\Gamma, z) = 1$$

gekennzeichnet, das Komplement seines Abschlusses durch $n(\Gamma, z) = 0$. Die Situation verallgemeinern wir:

Definition 1.3. *Ein positiv berandetes Gebiet G ist ein beschränktes Gebiet in $\mathbb{C}$, dessen Rand ∂G Spur von $n + 1$ paarweise punktfremden einfach geschlossenen Integrationswegen $\gamma_0, \ldots, \gamma_n$ ist. Dabei gelte für den Zyklus*

$$\Gamma = \gamma_0 - \gamma_1 - \ldots - \gamma_n,$$

dass

$$G = \{z \in \mathbb{C} \colon n(\Gamma, z) = 1\},$$
$$\mathbb{C} \setminus \overline{G} = \{z \in \mathbb{C} \colon n(\Gamma, z) = 0\}$$

ist.

Der „Randzyklus" Γ wird auch einfach mit ∂G bezeichnet und Rand (oder Randzyklus) von G genannt. Beispiele sind also Kreise, Kreisringe, allgemeine Gebiete wie in der Skizze (Bild 8).

Mittels der Umlaufzahlen führen wir nun den für das Folgende entscheidenden Begriff der Homologie ein.

Definition 1.4. *Ein Zyklus* Γ *in* G *heißt nullhomolog in* G, *wenn für jeden Punkt* $z \notin G$ *gilt:*

$$n(\Gamma, z) = 0.$$

Zwei Zyklen Γ_1 *und* Γ_2 *heißen homolog in* G, *wenn* $\Gamma_1 - \Gamma_2$ *nullhomolog ist. Schreibweise:* $\Gamma \sim 0$, $\Gamma_1 \sim \Gamma_2$.

Die Kreislinie $\kappa(r; 0)$ ist in $\mathbb{C}$ nullholomog, nicht aber in $\mathbb{C}^* = \mathbb{C} \setminus \{0\}$.

Hauptergebnis dieses Paragraphen ist

Theorem 1.2 (Allgemeiner Cauchyscher Integralsatz und allgemeine Cauchysche Integralformeln). *Es sei* Γ *ein im Gebiet* G *nullhomologer Zyklus und* f *eine in* G *holomorphe Funktion. Dann gilt:*

$i.$ $\qquad \displaystyle\int_\Gamma f(z)\, dz = 0;$

$ii.$ *für jedes* $z \notin \mathrm{Sp}\,\Gamma$ *und alle* $k = 0, 1, 2, \ldots$ *ist*

$$n(\Gamma, z) f^{(k)}(z) = \frac{k!}{2\pi i} \int_\Gamma \frac{f(\zeta)}{(\zeta - z)^{k+1}}\, d\zeta.$$

(Für $z \notin G$ besagt *ii*, dass das Integral rechts den Wert 0 hat.)

Beweis: Wir beweisen zunächst die zweite Aussage, wobei wir natürlich $k = 0$ setzen dürfen: die allgemeine Behauptung folgt dann durch Differentiation unter dem Integralzeichen. Setzt man die Definition der Umlaufzahl in die behauptete Formel ein, so nimmt sie die Gestalt

$$\int_\Gamma \frac{f(\zeta) - f(z)}{\zeta - z}\, d\zeta = 0, \ \text{ für } z \in G - \mathrm{Sp}\,\Gamma, \tag{6}$$

an. Das soll nun bewiesen werden.

Dazu betrachten wir das Integral (6) als Funktion von z. Wir werden diese Funktion zu einer ganzen Funktion h fortsetzen; von letzterer wird dann

$$\lim_{z \to \infty} h(z) = 0$$

gezeigt werden, was nach dem Satz von Liouville $h(z) \equiv 0$ impliziert.

Zunächst untersuchen wir den Integranden von (6) als Funktion von ζ und z gleichzeitig, also

$$g(\zeta, z) = \begin{cases} \dfrac{f(\zeta) - f(z)}{\zeta - z}, & \zeta \neq z, \\[2mm] f'(z), & \zeta = z. \end{cases}$$

Diese Funktion ist auf $G \times G$ definiert und – wie wir nun zeigen werden – in beiden Variablen stetig.

Für $\zeta \neq z$ ist das trivial, es sei nun $\zeta_0 = z_0$. Wir untersuchen die Differenz

$$g(\zeta, z) - g(z_0, z_0)$$

in einer Umgebung $U_\delta(z_0) \times U_\delta(z_0)$

a) im Fall $\zeta = z$:

$$g(z, z) - g(z_0, z_0) = f'(z) - f'(z_0),$$

b) im Fall $\zeta \neq z$:

$$g(\zeta, z) - g(z_0, z_0) = \frac{f(\zeta) - f(z)}{\zeta - z} - f'(z_0) = \frac{1}{\zeta - z} \int_{[z,\zeta]} \left(f'(w) - f'(z_0) \right) dw.$$

Nun ist – siehe Theorem II.3.4 – die Ableitung f' stetig. Damit kann zu $\varepsilon > 0$ die Zahl δ so klein gewählt werden, dass für w in $U_\delta(z_0)$ stets

$$|f'(w) - f'(z_0)| < \varepsilon$$

wird. Im Fall a ist dann

$$|g(z, z) - g(z_0, z_0)| < \varepsilon;$$

im Fall b

$$|g(\zeta, z) - g(z_0, z_0)| \leq \frac{1}{|\zeta - z|} |\zeta - z| \varepsilon = \varepsilon.$$

Das zeigt die Stetigkeit von g. Wir setzen nun

$$h_0(z) = \int_\Gamma g(\zeta, z) \, d\zeta.$$

Diese Funktion ist auf G stetig. Ist ferner γ Rand eines Dreieckes, welches in G liegt, so wird

$$\int_\gamma h_0(z) \, dz = \int_\gamma \int_\Gamma g(\zeta, z) \, d\zeta \, dz = \int_\Gamma \int_\gamma g(\zeta, z) \, dz \, d\zeta.$$

Für festes ζ ist die Funktion

$$z \mapsto g(\zeta, z)$$

holomorph außerhalb $z = \zeta$, stetig in ζ, also überall holomorph. Somit ist

$$\int_\gamma g(\zeta, z) \, dz = 0$$

nach dem Lemma von Goursat; es folgt

$$\int_\gamma h_0(z)\,dz = 0,$$

und nach dem Satz von Morera ist h_0 holomorph.

Jetzt nutzen wir die Nullhomologie von Γ aus. Es sei

$$G_0 = \{z \in \mathbb{C}\colon n(\Gamma, z) = 0\}.$$

Auf $G \cap G_0$ haben wir

$$h_0(z) = \int_\Gamma \frac{f(\zeta)}{\zeta - z}\,d\zeta \overset{\text{def}}{=} h_1(z);$$

die Funktion h_1 lässt sich aber durch das Integral auf ganz G_0 als holomorphe Funktion definieren. Damit lässt sich h_0 durch

$$h(z) = \begin{cases} h_0(z) & \text{für } z \in G \\ h_1(z) & \text{für } z \in G_0 \end{cases}$$

zu einer auf $G \cup G_0$ holomorphen Funktion fortsetzen. Aber wegen $\Gamma \sim 0$ ist

$$G \cup G_0 = \mathbb{C},$$

die Funktion h also eine ganze Funktion. Für großes $|z|$ gilt auf G_0

$$|h(z)| = |h_1(z)| \le \frac{1}{\operatorname{dist}(z, \operatorname{Sp}\Gamma)} \cdot L(\Gamma) \cdot \max_\Gamma |f|;$$

es folgt

$$\lim_{z \to \infty} h(z) = 0,$$

nach Liouville ist dann $h(z) \equiv 0$. Das war zu zeigen.

Die erste Behauptung des Theorems wird nun aus der zweiten hergeleitet. Dazu sei a ein beliebiger Punkt auf $G \backslash \operatorname{Sp}\Gamma$. Die Funktion $F(z) = (z-a)f(z)$ ist auf G holomorph mit $F(a) = 0$. Nach Teil ii des Theorems ist dann

$$0 = n(\Gamma, a)F(a) = \frac{1}{2\pi i} \int_\Gamma \frac{F(z)}{z - a}\,dz = \frac{1}{2\pi i} \int_\Gamma f(z)\,dz,$$

also in der Tat

$$\int_\Gamma f(z)\,dz = 0. \qquad\qquad\qquad\qquad\qquad\qquad \square$$

Als unmittelbare Folgerung notieren wir

Theorem 1.3. *Es seien* Γ_1 *und* Γ_2 *homologe Zyklen in* G. *Dann gilt für jede in* G
holomorphe Funktion

$$\int_{\Gamma_1} f(z)\,dz = \int_{\Gamma_2} f(z)\,dz.$$

Es ist nämlich

$$0 = \int_{\Gamma_1-\Gamma_2} f(z)\,dz = \int_{\Gamma_1} f(z)\,dz - \int_{\Gamma_2} f(z)\,dz.$$

Der Begriff „sternförmig" kann nun verallgemeinert werden:

Definition 1.5. *Ein Gebiet* $G \subset \mathbb{C}$ *heißt einfach zusammenhängend, wenn jeder Zyklus in* G *nullhomolog ist.*

In solchen Gebieten – und offenbar nur dort! – gilt also der Cauchysche Integralsatz:

$$\int_{\Gamma} f(z)\,dz = 0$$

für alle holomorphen Funktionen auf G und alle Zyklen in G. Beispiele sind positiv berandete Gebiete mit genau einer „Randkomponente" $\Gamma = \gamma_0$ – siehe Definition 1.3. Für einfach zusammenhängende Gebiete G – und nur für solche! – gilt: Jede auf G holomorphe Funktion f hat eine Stammfunktion; ist f nullstellenfrei, so hat f einen holomorphen Logarithmus und damit holomorphe Potenzen zu beliebigen Exponenten (vgl. Satz III.5.2).

Im Falle positiv berandeter Gebiete nimmt Theorem 1.2 eine besonders einfache und oft verwandte Gestalt an:

Theorem 1.4 (Cauchysche Sätze für positiv berandete Gebiete). *Es sei* f *eine auf einer Umgebung* U *von* $\overline{G}$ *holomorphe Funktion, wobei* G *ein positiv berandetes Gebiet ist. Dann gilt:*

i. $\displaystyle\int_{\partial G} f(z)\,dz = 0.$

ii. *Für* $z \in G$ *und alle* $k = 0, 1, 2, \ldots$ *ist*

$$f^{(k)}(z) = \frac{k!}{2\pi i} \int_{\partial G} \frac{f(\zeta)}{(\zeta - z)^{k+1}}\,d\zeta.$$

Wir dürfen nämlich U als zusammenhängend annehmen und notieren, dass $\partial G \sim 0$ in U ist. Damit folgt i; die zweite Aussage ergibt sich aus $n(\partial G, z) = 1$ und Theorem 1.2.ii. $\qquad\qquad\square$

Ohne Beweis sei notiert, dass man von f nur die Stetigkeit auf $\overline{G}$ und Holomorphie im Innern von G vorauszusetzen braucht.

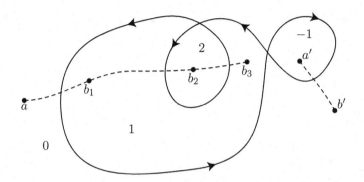

Bild 9. Bestimmung der Umlaufszahl

Zur Überprüfung der Voraussetzungen müssen wir Umlaufszahlen berechnen können. Es sei also γ ein geschlossener Integrationsweg und $U = \mathbb{C} \setminus \mathrm{Sp}\,\gamma$. U zerfällt in eine Reihe von Wegkomponenten, darunter genau eine unbeschränkte U_0. Gemäß Hilfssatz 1.1 ist $n(\gamma, z)$ auf den Wegkomponenten von U konstant und verschwindet auf U_0. Die weiteren Werte erhält man nach der folgenden „Vorfahrtsregel":

Es seien a und b Punkte aus verschiedenen Komponenten von U. Es gebe einen Weg in $\mathbb{C}$ von a nach b, der γ genau einmal schneidet, wobei γ von rechts nach links (bezüglich der Orientierung von γ) überquert wird. Dann ist

$$n(\gamma, b) = n(\gamma, a) + 1.$$

Für den Beweis sei auf [FL1] verwiesen.

Ebenso notieren wir ohne Beweis die anschaulich einsichtige Tatsache:

Jeder einfach geschlossene stetig differenzierbare Integrationsweg γ ist (bei geeigneter Orientierung) Rand eines einfach zusammenhängenden positiv berandeten Gebietes. Auch hier verweisen wir auf [FL1].

Eine letzte Methode zur Berechnung von Umlaufszahlen besprechen wir ausführlich:

Definition 1.6. *Es seien $\alpha\colon [0,1] \to \mathbb{C}$ und $\beta\colon [0,1] \to \mathbb{C}$ geschlossene stetig differenzierbare Integrationswege. Eine Homotopie zwischen α und β ist eine stetige Abbildung $\Gamma\colon [0,1] \times [0,1] \to \mathbb{C}$ mit folgenden Eigenschaften:*

   i. Für jedes $s \in [0,1]$ ist

$$\gamma_s\colon t \mapsto \gamma_s(t) = \Gamma(s,t)$$

   ein geschlossener stetig differenzierbarer Integrationsweg, und die Funktion $(s,t) \mapsto \frac{d}{dt}\gamma_s(t)$ ist stetig.

  ii. $\gamma_0 = \alpha$, $\gamma_1 = \beta$.

Anschaulich liefert Γ eine „stetige Deformation" von α in β. Jetzt folgt leicht

Satz 1.5. *Es sei Γ eine Homotopie zwischen α und β. Der Punkt $z \in \mathbb{C}$ gehöre nicht zum Bild von Γ. Dann ist*

$$n(\alpha, z) = n(\beta, z).$$

Beweis: Die Funktion

$$n(s) = n(\gamma_s, z)$$

ist in s stetig und ganzzahlig, also konstant auf $[0, 1]$. $\square$

Der Satz ist gut anwendbar; das sei an einem Beispiel illustriert. Wir betrachten die Ellipse α:

$$x = a \cos t, \quad y = b \sin t, \quad 0 \le t \le 2\pi, \tag{7}$$

und deformieren sie gemäß (9) in die Kreislinie κ:

$$x = r \cos t, \quad y = r \sin t, \quad 0 \le t \le 2\pi. \tag{8}$$

Es sei $\Gamma(s, t) = (x(s, t), y(s, t))$ mit

$$x(s, t) = \big(sr + (1 - s)a\big) \cos t,$$
$$y(s, t) = \big(sr + (1 - s)b\big) \sin t, \quad 0 \le t \le 2\pi, \quad 0 \le s \le 1. \tag{9}$$

Dabei haben wir $0 < r \le b \le a$ vorausgesetzt. Dann ist für $|z| < r$ also

$$n(\alpha, z) = n(\kappa, z) = 1.$$

Da für alle z aus dem „Innern" der Ellipse die Umlaufszahl konstant ist, folgt auch $n(\alpha, z) \equiv 1$ für diese Punkte. Völlig explizit haben wir damit bewiesen, dass das Gebiet, welches den Randzyklus $\alpha - \kappa$ hat, positiv berandet ist. Natürlich ist das „anschaulich klar": wir haben die Anschauung hier mit einem Beweis unterlegt. Im Allgemeinen ist es nicht schwer, gegebene geschlossene Integrationswege in solche zu deformieren, deren Umlaufszahlen man kennt, und damit in weiteren Fällen Umlaufszahlen zu berechnen.

Aufgaben

1. Das Gebiet G sei von einem einfach geschlossenen Polygonzug berandet. Zeige, dass G einfach zusammenhängend ist. Übertrage die Aussage auf „stückweise glatte" Ränder.

2. Untersuche auf einfachen Zusammenhang:

$$\mathbb{C} \setminus \{0\}, \quad \mathbb{C} \setminus [-1, 1], \quad \mathbb{C} \setminus \mathbb{R}_{\le 0}, \quad \mathbb{C}^* \setminus \{z = e^{t(1+i)} \text{ mit } t \in \mathbb{R}\}.$$

3. Zeige: Das Bild eines einfach zusammenhängenden Gebietes unter einer biholomorphen Abbildung ist einfach zusammenhängend. Reicht es, die Abbildung als lokal biholomorph vorauszusetzen?

2. Laurenttrennung und Laurententwicklung

Funktionen, die in Kreisen holomorph sind, lassen sich durch Potenzreihen darstellen. Für Kreisringe gilt eine Verallgemeinerung dieser Reihenentwicklung, die nun aufgestellt werden soll.

Es seien $r < R \le \infty$ reelle Zahlen; mit

$$K(r, R) = \{z \colon r < |z| < R\} \tag{1}$$

bezeichnen wir den Kreisring mit Innenradius r und Außenradius R um 0. Für $r < 0$ handelt es sich um den Kreis $D_R(0)$, für $r = 0$ um den im Zentrum punktierten Kreis $D_R(0) \setminus \{0\}$. Wählt man einen anderen Mittelpunkt, etwa z_0, so schreibt man

$$K(z_0; r, R) = \{z \colon r < |z - z_0| < R\}. \tag{2}$$

Die folgenden Sätze werden für den Allgemeinfall (2) formuliert; in den Rechnungen setzen wir immer $z_0 = 0$, d.h. betrachten nur (1).

Theorem 2.1 (Laurenttrennung). *Die Funktion f sei im Kreisring (2) holomorph. Dann gibt es eindeutig bestimmte holomorphe Funktionen f_0 auf $D_R(z_0)$ und f_∞ auf $\mathbb{C} \setminus \overline{D_r(z_0)}$ mit*

$$f = f_0 + f_\infty \tag{3}$$

$$\lim_{z \to \infty} f_\infty(z) = 0. \tag{4}$$

Definition 2.1. *Die durch (3) und (4) gegebene Zerlegung heißt Laurenttrennung von f, die Terme f_0 bzw. f_∞ Nebenteil bzw. Hauptteil der Zerlegung.*

Die Laurenttrennung ist in Spezialfällen bereits in der Theorie der isolierten Singularitäten (II.6) aufgetreten.

Beweis von Theorem 2.1: a) *Eindeutigkeit*. Es sei

$$0 = f_0 + f_\infty, \quad \lim_{z \to \infty} f_\infty(z) = 0, \tag{5}$$

eine Laurenttrennung der Nullfunktion. Setzt man dann

$$\widetilde{f}(z) = \begin{cases} f_0(z) & \text{für } |z| < R \\ -f_\infty(z) & \text{für } |z| > r, \end{cases}$$

so erhält man eine ganze Funktion $\widetilde{f}$, die für $z \to \infty$ gegen 0 strebt. Also ist $\widetilde{f}(z) \equiv 0$, und damit auch $f_0(z) \equiv 0 \equiv f_\infty(z)$.

b) *Existenz.* Wir nehmen $r \geq 0$ an – der Fall $r < 0$ ist trivial, nämlich $f = f_0$ und $f_\infty = 0$.

Es seien r' und R' mit $r < r' < R' < R$ gewählt. Für z mit $r' < |z| < R'$ ist dann nach der Cauchyschen Integralformel

$$f(z) = \frac{1}{2\pi i} \int_{|\zeta|=R'} \frac{f(\zeta)}{\zeta - z} \, d\zeta - \frac{1}{2\pi i} \int_{|\zeta|=r'} \frac{f(\zeta)}{\zeta - z} \, d\zeta$$
$$\overset{\text{def}}{=} f_0(z) + f_\infty(z). \tag{6}$$

Die durch die beiden Integrale definierten Funktionen f_0 und f_∞ sind holomorph für $|z| < R'$ bzw. $|z| > r'$, es gilt auch $f_\infty(z) \to 0$ für $z \to \infty$. Vergrößert man R' und verkleinert man r', so ändert sich der Wert der beiden Integrale in (6) nicht – nach dem Cauchyschen Integralsatz für nullhomologe Zyklen. Also können f_0 und f_∞ nach ganz $D_R(0)$ bzw. $\mathbb{C} \setminus \overline{D_r(0)}$ holomorph fortgesetzt werden, wobei die Zerlegung (3) und Eigenschaft (4) bestehen bleiben. $\square$

Es sei nun $f = f_0 + f_\infty$ die Laurenttrennung der im Kreisring $K(r, R)$ holomorphen Funktion f. Die in $D_R(0)$ holomorphe Funktion f_0 wird dort durch ihre (lokal gleichmäßig konvergente) Taylor-Reihe dargestellt:

$$f_0(z) = \sum_{\nu=0}^{\infty} a_\nu z^\nu, \quad |z| < R. \tag{7}$$

Der Hauptteil f_∞ ist auf $\mathbb{C} \setminus \overline{D_r(0)}$ holomorph und wegen $\lim_{z \to \infty} f_\infty(z) = 0$ sogar durch $f_\infty(\infty) = 0$ zu einer auf $\hat{\mathbb{C}} \setminus \overline{D_r(0)}$ holomorphen Funktion fortsetzbar. Demnach ist

$$g(z) = f_\infty \left(\frac{1}{z} \right), \quad g(0) = 0 \tag{8}$$

auf dem Kreis vom Radius $1/r$ holomorph und besitzt dort die Reihenentwicklung

$$g(z) = \sum_{\nu=1}^{\infty} b_\nu z^\nu; \tag{9}$$

(b_0 muss ja verschwinden!). Wir schreiben (9) um:

$$f_\infty(z) = g \left(\frac{1}{z} \right) = \sum_{\nu=1}^{\infty} b_\nu \frac{1}{z^\nu} = \sum_{\nu=-1}^{-\infty} a_\nu z^\nu, \tag{10}$$

mit $a_\nu = b_{-\nu}$. Indem wir (7) und (10) zusammenfassen, erhalten wir das

Theorem 2.2 (Laurent-Entwicklung). *Die Funktion f sei im Kreisring $K(z_0; r, R)$ holomorph. Dann ist f auf dem Kreisring in eine absolut lokal gleichmäßig konvergente Reihe*

$$f(z) = \sum_{-\infty}^{\infty} a_\nu (z - z_0)^\nu \tag{11}$$

entwickelbar. Für die Koeffizienten a_ν gilt

$$a_\nu = \frac{1}{2\pi i} \int_{|z-z_0|=\rho} f(z)(z - z_0)^{-(\nu+1)} \, dz, \tag{12}$$

wobei ρ beliebig zwischen r und R gewählt werden kann.

Nur noch (12) ist zu zeigen – folgt aber sofort durch Einsetzen von (11) in das Integral in (12) und Vertauschen der Grenzübergänge. $\square$

Zur Erläuterung von (11): gemeint ist

$$\sum_{-\infty}^{\infty} a_\nu (z - z_0)^\nu = \sum_{\nu=-1}^{-\infty} a_\nu (z - z_0)^\nu + \sum_{\nu=0}^{\infty} a_\nu (z - z_0)^\nu; \tag{13}$$

die linke Seite wird durch die rechte Seite von (13) definiert.

Die in Theorem 2.2 auftretenden Reihen

$$\sum_{-\infty}^{\infty} a_\nu (z - z_0)^\nu$$

werden *Laurentreihen* genannt; sie heißen in z konvergent, wenn ihr *Hauptteil*

$$\sum_{\nu=-1}^{-\infty} a_\nu (z - z_0)^\nu$$

und ihr *Nebenteil*

$$\sum_{\nu=0}^{\infty} a_\nu (z - z_0)^\nu$$

in z konvergieren. Ihr Konvergenzbereich ist ein Kreisring $K(z_0; r, R)$ oder leer; im ersten Fall konvergieren sie kompakt gegen eine holomorphe Grenzfunktion. Aus den Formeln (12) ergeben sich mittels der Standardabschätzung für Integrale die Cauchyschen Ungleichungen:

Satz 2.3. *Im Kreisring $K(z_0; r, R)$ sei*

$$f(z) = \sum_{-\infty}^{\infty} a_\nu (z - z_0)^\nu.$$

Dann gilt für jedes ρ mit $r < \rho < R$:

$$|a_\nu| \leq \rho^{-\nu} \max_{|z - z_0| = \rho} |f(z)|.$$

Potenzreihen sind natürlich Sonderfälle von Laurentreihen. Ähnlich wie die Potenzreihenentwicklungen können auch die Laurententwicklungen rationaler Funktionen durch Anwendung geometrischer Reihen gewonnen werden – hier ein Beispiel:

Die Funktion

$$f(z) = \frac{1}{z(z-1)^2}$$

ist holomorph auf $\mathbb{C} \backslash \{0, 1\}$. Ihre Laurent-Entwicklung in $K(0; 0, 1)$ kennen wir schon:

$$\frac{1}{z(z-1)^2} = \frac{1}{z} \frac{d}{dz} \frac{1}{1-z} = \frac{1}{z} \sum_{\nu=1}^{\infty} \nu z^{\nu-1};$$

in $K(0; 1, \infty)$ hat man entsprechend

$$\frac{1}{z(z-1)^2} = \frac{1}{z^3} \sum_{\nu=1}^{\infty} \nu \left(\frac{1}{z} \right)^{\nu-1}.$$

Abschließend sei noch der Identitätssatz für Laurentreihen notiert:

Satz 2.4. *Konvergiert im Kreisring $K(r, R)$ die Laurentreihe $\sum a_\nu z^\nu$ gegen 0, so sind alle a_ν Null.*

Wir kehren mit den gewonnenen Ergebnissen zur Theorie isolierter Singularitäten zurück. Die Funktion f hat ja in z_0 genau dann eine isolierte Singularität, wenn sie in einem punktierten Kreis

$$D_R(z_0) \backslash \{z_0\} = K(z_0; 0, R)$$

holomorph ist. Damit besitzt sie dort die absolut lokal gleichmäßig konvergente Laurententwicklung

$$f(z) = \sum_{-\infty}^{\infty} a_\nu (z - z_0)^\nu = \sum_{\nu=-1}^{-\infty} a_\nu (z - z_0)^\nu + \sum_{\nu=0}^{\infty} a_\nu (z - z_0)^\nu, \tag{14}$$

die wir gleich in Haupt- und Nebenteil zerlegt haben. Der Fall eines endlichen Hauptteils – d.h. $a_\nu = 0$ für $\nu \leq -n$ – ist der uns schon vertraute Fall eines Poles in z_0 von der Ordnung $\leq n$, bzw. einer hebbaren Singularität, falls der Hauptteil in (14) verschwindet. Der Fall unendlichen Hauptteils – d.h. unendlich viele a_ν mit $\nu < 0$ sind von Null verschieden – muss dann der verbleibende Fall einer wesentlichen Singularität sein, also

Satz 2.5. *Die Funktion f hat in z_0 genau dann eine wesentliche Singularität, wenn der Hauptteil ihrer Laurententwicklung um z_0 unendlich viele Potenzen von $(z - z_0)^{-1}$ enthält.*

Man beachte, dass in jedem Fall der Hauptteil in (14) auf $\hat{\mathbb{C}} \setminus \{z_0\}$ holomorph ist.

Zum Abschluss noch eine Bemerkung: Die Funktion f sei holomorph auf $\mathbb{C}$ mit Ausnahme einer diskreten Singularitätenmenge S. Für beliebiges $z_0 \in \mathbb{C}$ konvergiert die Taylor- bzw. Laurent-Reihe von f um z_0 in der größten (ggf. punktierten) Kreisscheibe um z_0, die keinen Punkt von $S \setminus \{z_0\}$ enthält. Im Verein mit der Cauchy-Hadamardschen Formel für den Konvergenzradius ist diese Aussage gelegentlich nützlich zur Berechnung von Grenzwerten (Aufgabe 5).

Aufgaben

1. Bestimme die Konvergenzmengen der folgenden Laurent-Reihen:
$$\sum_{n \in \mathbb{Z}} 2^{-|n|} z^n, \quad \sum_{n \in \mathbb{Z}} \frac{(z-1)^n}{3^n + 1}, \quad \sum_{n \in \mathbb{Z}} \frac{z^n}{1 + n^2}, \quad \sum_{n \in \mathbb{Z}} 2^n (z+2)^n.$$

2. Konvergente Laurent-Reihen sind gliedweise differenzierbar. Beweis?

3. Stelle die Laurent-Reihen für die folgenden Funktionen auf:

   a) $\dfrac{1}{(z-1)(z-2)}$ in $0 < |z - 1| < 1$, $0 < |z - 2| < 1$,
   $|z| > 2$, $|z - 1| > 1$, $|z - 2| > 1$;

   b) $\dfrac{z^2 - 1}{z^2 + 1}$ in $0 < |z - i| < 1$ und in $|z + i| > 2$.

4. Bestimme den Hauptteil der Laurententwicklung von
$$\frac{z-1}{\sin^2 z} \quad \text{in } 0 < |z| < \pi \qquad \text{und von} \qquad \frac{z}{(z^2 + b^2)^2} \quad \text{in } 0 < |z - ib| < 2b.$$

5. a) Es sei $a_n = 3 \cdot 2^n + 2 \cdot 3^n$. Bestimme $\lim a_n^{1/n}$ durch Betrachtung von $\sum_0^\infty a_n z^n$.

   b) Berechne $\limsup \left(\dfrac{|E_{2n}|}{(2n)!} \right)^{1/2n}$ (vgl. II.4, Aufg. 3).

   Es folgt, dass die Euler-Zahlen sehr groß werden können.

3. Residuen

Definition 3.1. *Es sei f eine auf dem Gebiet G mit Ausnahme einer diskreten Menge S holomorphe Funktion. Das Residuum von f im Punkte $z_0 \in G$ ist die Zahl*

$$\operatorname{res}_{z_0} f = \frac{1}{2\pi i} \int_{\kappa(r;z_0)} f(z)\, dz, \tag{1}$$

wobei r so klein sei, dass S mit Ausnahme eventuell von z_0 keine Punkte im Kreis $D_r(z_0)$ hat.

Abgesehen von der obigen Einschränkung darf r beliebig gewählt werden – natürlich mit $\overline{D_r(z_0)} \subset G$: am Integral (1) ändert sich nichts. Ebenso wenig ändert sich der Wert des Integrals, wenn man $\kappa(r; z_0)$ durch einen Zyklus Γ ersetzt mit $n(\Gamma, z_0) = 1$, $n(\Gamma, z) = 0$ für alle $z \in S \setminus \{z_0\}$.

In den Punkten von S liegen isolierte Singularitäten von f. Formel (12) aus dem vorigen Paragraphen liefert:

$$\operatorname{res}_{z_0} f = a_{-1}, \tag{2}$$

wobei

$$f(z) = \sum_{-\infty}^{\infty} a_\nu (z - z_0)^\nu$$

die Laurententwicklung von f um z_0 ist. Insbesondere ist das Residuum 0 im Falle hebbarer Singularitäten – aber nicht nur dann! Formel (2) wird gelegentlich auch als lokaler Residuensatz bezeichnet. Z.B. liefern (1) und (2) sofort

$$\int_{\kappa(r;0)} e^{\frac{1}{z}} \, dz = 2\pi i,$$

ein Ergebnis, das umso bemerkenswerter ist, als die Funktion $\exp(1/z)$ nicht elementar integrierbar ist. Man erkennt hier einen Ansatz zur Auswertung bestimmter Integrale: die Methode wird im Folgeabschnitt ausgebaut werden. Zunächst aber „globalisieren" wir Formel (2):

Theorem 3.1 (Residuensatz). *Es sei f eine auf einem Gebiet G mit Ausnahme einer diskreten Menge $S \subset G$ holomorphe Funktion und Γ ein nullhomologer Zyklus in G, der keinen Punkt von S trifft. Dann ist*

$$\frac{1}{2\pi i} \int_\Gamma f(z) \, dz = \sum_{z \in G} n(\Gamma, z) \operatorname{res}_z f. \tag{3}$$

Beweis: Die Summe in (3) ist endlich, da es nur endlich viele Punkte $z \in S$ mit $n(\Gamma, z) \neq 0$ gibt. Es seien $z_1, \ldots, z_k$ diese Punkte; der Zyklus Γ ist dann auch nullhomolog in $G \setminus S'$, wobei S' die übrigen Punkte von S bezeichnet. Für jedes $z_\varkappa$ bezeichne $h_\varkappa$ den Hauptteil der Laurententwicklung von f um $z_\varkappa$:

$$h_\varkappa(z) = \sum_{\nu=-1}^{-\infty} a_\nu^\varkappa (z - z_\varkappa)^\nu. \tag{4}$$

$h_\varkappa$ ist auf $\hat{\mathbb{C}} \setminus \{z_\varkappa\}$ holomorph, und die Funktion

$$F(z) = f(z) - \sum_{\varkappa=1}^{k} h_\varkappa(z) \tag{5}$$

ist auf $G \setminus S'$ holomorph, d.h. in die $z_\varkappa$ holomorph fortsetzbar. Aus dem Cauchyschen Integralsatz folgt

$$\int_\Gamma F(z)\, dz = 0,$$

also

$$\int_\Gamma f(z)\, dz = \sum_\varkappa \int_\Gamma h_\varkappa(z)\, dz. \tag{6}$$

Wir berechnen die Integrale rechts:

$$\int_\Gamma h_\varkappa(z)\, dz = \sum_{\nu=-1}^{-\infty} a_\nu^\varkappa \int_\Gamma (z - z_\varkappa)^\nu\, dz$$

$$= a_{-1}^\varkappa \cdot n(\Gamma, z_\varkappa) \cdot 2\pi i \tag{7}$$

$$= \operatorname{res}_{z_\varkappa} f \cdot n(\Gamma, z_\varkappa) \cdot 2\pi i.$$

Einsetzen von (7) in (6) liefert die Behauptung.   □

Als unmittelbare Folgerung erhält man

Folgerung 3.2. *Es sei G ein positiv berandetes Gebiet mit Randzyklus $\partial G = \Gamma$; die Funktion f sei in einer Umgebung von $\overline{G}$ holomorph bis auf isolierte Singularitäten, von denen keine auf dem Rande liegt. Dann ist*

$$\frac{1}{2\pi i} \int_{\partial G} f(z)\, dz = \sum_{z \in G} \operatorname{res}_z f. \tag{8}$$

Zur Anwendung der obigen Formeln muss man natürlich Residuen berechnen können. Man beweist leicht die folgenden Regeln:

$$\operatorname{res}_z(af + bg) = a \operatorname{res}_z f + b \operatorname{res}_z g, \tag{9}$$

für $a, b \in \mathbb{C}$. Falls f in z_0 einen einfachen Pol hat, so ist

$$\operatorname{res}_{z_0} f = \lim_{z \to z_0} f(z)(z - z_0); \tag{10}$$

ist zusätzlich g in z_0 holomorph, so gilt

$$\operatorname{res}_{z_0}(gf) = g(z_0) \operatorname{res}_{z_0} f. \tag{11}$$

Für Pole n-ter Ordnung, $n \geq 2$, ist die Lage geringfügig komplizierter:

$$\operatorname{res}_{z_0} f = \frac{1}{(n-1)!} \frac{d^{n-1}}{dz^{n-1}} \left((z - z_0)^n f(z) \right) \Big|_{z=z_0}. \tag{12}$$

Auch (12) liest man leicht aus der Laurent-Entwicklung von f ab. Aus (10) gewinnt man eine Regel, die oft verwendbar ist:

Die Funktion f habe in z_0 eine einfache Nullstelle (also $1/f$ einen einfachen Pol); dann ist für holomorphes g

$$\operatorname{res}_{z_0} \frac{g(z)}{f(z)} = \frac{g(z_0)}{f'(z_0)}. \tag{13}$$

Als einfaches Beispiel berechnen wir die Residuen der Funktion

$$f(z) = \frac{z}{z^2 + 1}.$$

Sie hat in i und $-i$ einfache Pole, gemäß (13) hat man dann

$$\operatorname{res}_i f = \frac{i}{2i} = \frac{1}{2},$$

ebenso in $-i$.

Schlussbemerkung: Es sei $F\colon G \to G'$ eine biholomorphe Abbildung und f eine bis auf isolierte Singularitäten holomorphe Funktion auf G'. Dann ist $f \circ F$ auf G holomorph bis auf isolierte Singularitäten. Hat f in w_0 eine Singularität eines bestimmten Typs (hebbar, Pol k-ter Ordnung, wesentlich), so hat $f \circ F$ in z_0 mit $F(z_0) = w_0$ eine Singularität desselben Typs. Aber die Residuen bleiben bei dieser Transformation nicht erhalten: man beweist mühelos mittels Formel (1):

$$\operatorname{res}_{F(z_0)} f = \operatorname{res}_{z_0}(f \circ F) \cdot F'. \tag{14}$$

Die Formel zeigt, dass das Residuum eigentlich der Differentialform

$$f(w)dw \tag{15}$$

zuzuschreiben ist. Diese Auffassung ist auch notwendig, um Residuen im Punkte ∞ zu erklären. Wir verweisen für eine Ausführung dieser Bemerkung auf [FL1].

Aufgaben

1. Es sei f holomorph auf $\mathbb{C}$ bis auf isolierte Singularitäten. Zeige:
   – Ist f gerade, so gilt $\operatorname{res}_{-z} f = -\operatorname{res}_z f$;
   – ist f ungerade, so gilt $\operatorname{res}_{-z} f = \operatorname{res}_z f$.
   – Gilt $f(z + \omega) \equiv f(z)$ für ein $\omega \in \mathbb{C}$, so ist $\operatorname{res}_{z+\omega} f = \operatorname{res}_z f$.
   – Ist f reell auf $\mathbb{R}$, so gilt $\operatorname{res}_{\bar{z}} f = \overline{\operatorname{res}_z f}$.

2. Bestimme die Residuen in den Singularitäten der folgenden Funktionen:
$$\frac{1 - \cos z}{z}, \quad \frac{z^2}{(1+z)^2}, \quad \frac{e^z}{(z-1)^3}, \quad \frac{1}{\cos z}, \quad \tan z.$$

3. G sei ein einfach zusammenhängendes Gebiet, f sei holomorph auf G bis auf isolierte Singularitäten. Zeige: f hat genau dann eine Stammfunktion (auf $G \setminus$ Singularitätenmenge), wenn alle Residuen von f verschwinden.

4. Begründe Formel (12).

4. Residuenkalkül

Durch Anwendung des Residuensatzes auf meromorphe Funktionen mit unendlich vielen Polen kann man gelegentlich Reihen-Entwicklungen herleiten – wir illustrieren das für die Partialbruch-Entwicklung des Cotangens (vgl. auch Aufgabe 3).

Das Hauptthema dieses Paragraphen ist jedoch die Auswertung von bestimmten Integralen über reelle Intervalle mit dem Residuensatz; dazu sollte der Integrand natürlich zu einer holomorphen Funktion fortsetzbar sein. Eine einfache Situation liegt bei dem Integral einer periodischen Funktion über ein Perioden-Intervall vor: es lässt sich durch eine Substitution direkt in ein Integral über einen geschlossenen Weg in $\mathbb{C}$ verwandeln. In anderen Fällen ergänzt man das Integrationsintervall durch einen Hilfsweg γ zu einem geschlossenen Weg in $\mathbb{C}$. Dann lässt sich der Residuensatz anwenden, man braucht aber Information über das über γ erstreckte Integral. Wir stellen eine Sammlung von Methoden und Beispielen vor, die man auch an andere als die beschriebenen Situationen anpassen kann – eine systematische Theorie gibt es nicht.

Nun also zum Cotangens! Es sei w eine komplexe Zahl, $w \notin \mathbb{Z}$. Dann hat die auf $\mathbb{C}$ meromorphe Funktion

$$f(z) = \frac{\pi \cot \pi z}{z^2 - w^2}$$

einfache Pole in $z = w$ und $z = -w$ mit Residuen $\pi \cot(\pi w)/2w$ in beiden Fällen, ferner in den Punkten $\nu \in \mathbb{Z}$, mit dem Residuum $1/(\nu^2 - w^2)$. Für einen Weg γ_n in $\mathbb{C}$, auf dem keine Pole von f liegen und der die Pole $\pm w, -n, -n+1, \dots, n$ mit Umlaufzahl 1 umläuft, besagt der Residuensatz

$$\frac{1}{2\pi i} \int_{\gamma_n} f(z)\, dz = \frac{\pi \cot \pi w}{w} + \sum_{\nu=-n}^{n} \frac{1}{\nu^2 - w^2} = \frac{\pi \cot \pi w}{w} - \frac{1}{w^2} - \sum_{\nu=1}^{n} \frac{2}{w^2 - \nu^2}. \quad (1)$$

Gelingt es, Wege γ_n so zu wählen, dass $\lim\limits_{n \to \infty} \int_{\gamma_n} f(z)\, dz = 0$, so folgt aus (1)

$$\pi \cot \pi w = \frac{1}{w} + \sum_{1}^{\infty} \frac{2w}{w^2 - \nu^2};$$

damit hat man einen einfachen Beweis für die aus III.6 bekannte Partialbruch-Entwicklung des Cotangens. In der Tat leistet der (positiv orientierte) Rand γ_n des Rechtecks R_n mit den Ecken $\pm(n + \frac{1}{2}) \pm in$ das Gewünschte! Für $n > |w|$ liegen die Pole $\pm w, -n, \dots, n$ in R_n, die Beziehung $\int_{\gamma_n} f(z)\, dz \to 0$ ergibt sich mit der Standard-Abschätzung daraus, dass $\cot \pi z$ auf γ_n unabhängig von n beschränkt ist. Im Einzelnen:

a) Für $z = \pm in + t$, $t \in \mathbb{R}$, ist

$$|\cot \pi z| = \left| \frac{\exp(\mp 2n)\, e^{2\pi i t} + 1}{\exp(\mp 2n)\, e^{2\pi i t} - 1} \right| \leq \left| \frac{\exp(\mp 2n) + 1}{\exp(\mp 2n) - 1} \right| \to 1,$$

b) Für $z = \pm n + \frac{1}{2} + it$, $t \in \mathbb{R}$, gilt

$$|\cot \pi z| = \left| \frac{\sin(\pi it)}{\cos(\pi it)} \right| = \left| \frac{\sinh \pi t}{\cosh \pi t} \right| \leq 1,$$

c) auf γ_n gilt $|z^2 - w^2|^{-1} \leq 2n^{-2}$ für große n,

d) $L(\gamma_n) = 8n + 2$.

Wir wenden uns nun der Auswertung bestimmter Integrale über reelle Intervalle zu und beginnen mit periodischen Integranden. Als Beispiel untersuchen wir

$$I = \int_0^{2\pi} \frac{dt}{a + \sin t} \quad \text{mit } a > 1.$$

Mittels $z = e^{it}$ und $\sin t = \frac{1}{2i}\left(z - \frac{1}{z}\right)$ können wir I als Integral über den Rand des Einheitskreises schreiben:

$$I = \int_{|z|=1} \frac{1}{a + \frac{1}{2i}\left(z - \frac{1}{z}\right)} \frac{dz}{iz} = \int_{|z|=1} \frac{2\,dz}{z^2 + 2iaz - 1}.$$

Der Integrand ist nun eine rationale Funktion von z mit einfachen Polen bei $z_1 = -i(a - \sqrt{a^2 - 1}) \in \mathbb{D}$ und $z_2 = -i(a + \sqrt{a^2 - 1}) \notin \mathbb{D}$. Das Residuum bei z_1 ist

$$\frac{2}{z_1 - z_2} = \frac{1}{i} \frac{1}{\sqrt{a^2 - 1}},$$

also hat man nach dem Residuensatz

$$\int_0^{2\pi} \frac{dt}{a + \sin t} = \frac{2\pi}{\sqrt{a^2 - 1}}.$$

Wir formulieren als Regel:

Für eine rationale Funktion $R(\cos t, \sin t)$, die für $t \in \mathbb{R}$ nicht unendlich wird, lässt sich $\int_0^{2\pi} R(\cos t, \sin t)\, dt$ durch die Substitution $z = e^{it}$, also

$$\cos t = \frac{1}{2}\left(z + \frac{1}{z}\right), \quad \sin t = \frac{1}{2i}\left(z - \frac{1}{z}\right),$$

in das Integral einer rationalen Funktion $\widetilde{R}(z)$ über $\partial\mathbb{D}$ umformen, welches man mit dem Residuensatz auswerten kann.

Als nächstes betrachten wir Integrale der Form $\int_{-\infty}^{+\infty} f(x)\, dx$. Dabei nehmen wir an, dass $f(x)$ fortgesetzt werden kann zu einer Funktion $f(z)$, die auf einer Umgebung der abgeschlossenen oberen Halbebene $\overline{\mathbb{H}}$ holomorph ist bis auf endlich viele Singularitäten, von denen keine auf $\mathbb{R}$ liegt – solche Funktionen wollen wir in diesem Abschnitt „zulässig" nennen.

Der Grundgedanke ist: Man wähle $r_1, r_2 > 0$ und (von r_1, r_2 abhängige) Hilfswege γ in $\overline{\mathbb{H}}$ von r_2 nach $-r_1$, so dass der geschlossene Weg $[-r_1, r_2] + \gamma$ alle Singularitäten von f in $\mathbb{H}$ mit der Umlaufzahl 1 umläuft. Der Residuensatz liefert dann

$$\int_{-r_1}^{r_2} f(x)\,dx = 2\pi i \sum_{z \in \mathbb{H}} \operatorname{res}_z f - \int_\gamma f(z)\,dz.$$

Wenn $f(z)$ hinreichend stark gegen 0 geht für $z \to \infty$, kann man bei geeigneter Wahl der γ erwarten, dass das letzte Integral für $r_1, r_2 \to +\infty$ auch gegen Null geht; dann ist

$$\int_{-\infty}^{\infty} f(x)\,dx = 2\pi i \sum_{z \in \mathbb{H}} \operatorname{res}_z f \tag{2}$$

und die Existenz des Integrals links (als uneigentliches Riemann-Integral) ist mitbewiesen.

Wir illustrieren das an dem Beispiel $f(z) = z^2/(1 + z^4)$. Hier ist die Existenz des über $\mathbb{R}$ erstreckten Integrals klar. Wählen wir $r_1 = r_2 = r$ und $\gamma = \gamma_r$ als Halbkreis von r nach $-r$, so ist

$$\left| \int_{\gamma_r} f(z)\,dz \right| \leq \pi r \max\{|f(z)| : |z| = r,\ z \in \overline{\mathbb{H}}\}.$$

Da unser f eine zweifache Nullstelle in ∞ hat, ist $|f(z)| \leq \text{const} \cdot r^{-2}$ auf $\operatorname{Sp}\gamma$, es folgt $\int_{\gamma_r} f(z)\,dz \to 0$ für $r \to \infty$. Damit ist (2) anwendbar, es bleiben die Residuen zu berechnen. Die in $\mathbb{H}$ gelegenen (einfachen) Pole von f sind $z_1 = (1 + i)/\sqrt{2}$ und $z_2 = (-1 + i)/\sqrt{2}$, der Nenner von f hat die Faktorisierung

$$z^4 + 1 = (z - z_1)(z - z_2)(z + z_1)(z + z_2).$$

Somit hat man

$$\operatorname{res}_{z_1} f = \frac{z_1^2}{2z_1(z_1 - z_2)(z_1 + z_2)}, \quad \operatorname{res}_{z_2} f = \frac{z_2^2}{2z_2(z_2 - z_1)(z_2 + z_1)},$$

ihre Summe ist $1/2(z_1 + z_2) = 1/(2\sqrt{2}i)$. Damit liefert (2)

$$\int_{-\infty}^{\infty} \frac{x^2}{1 + x^4}\,dx = \frac{\pi}{\sqrt{2}}.$$

Wir extrahieren die Voraussetzungen, unter denen diese „Halbkreismethode" funktioniert:

$f(z)$ sei eine zulässige Funktion, $\int_{-\infty}^{\infty} f(x)\,dx$ existiere, es sei

$$\lim_{z \to \infty} z f(z) = 0.$$

Dann gilt (2).

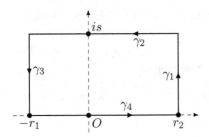 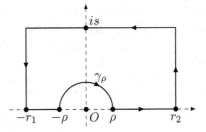

Bild 10. Zum Beweis von (3) und (7)

Bei dem Integral

$$\int_{-\infty}^{\infty} \frac{x \sin x}{a^2 + x^2} \, dx \quad (\text{mit } a > 0)$$

versagt diese Regel, da $|\sin it| = |\sinh t|$ exponentiell wächst für $t \to +\infty$, überdies ist die Existenz des Integrals nicht von vornherein klar. Die Lage verbessert sich, wenn wir

$$\int_{-\infty}^{\infty} \frac{x \sin x}{a^2 + x^2} \, dx = \text{Im} \int_{-\infty}^{\infty} \frac{x \, e^{ix} \, dx}{a^2 + x^2}$$

schreiben: Der Faktor e^{iz} im rechten Integranden wird klein für großes $\text{Im}\, z$. Aber die auf der Standard-Abschätzung beruhende Halbkreismethode hilft auch hier nicht; man braucht sorgfältigere Abschätzungen und besser gewählte Integrationswege.

Wir behandeln gleich allgemein Integrale der Form

$$\int_{-\infty}^{\infty} g(z) \, e^{iz} \, dz$$

und setzen zunächst nur voraus, dass g eine zulässige Funktion ist. Die positiven Zahlen r_1, r_2, s seien so groß, dass das Rechteck mit den Ecken $-r_1, r_2, r_2 + is, -r_1 + is$ alle in $\mathbb{H}$ gelegenen Singularitäten von g enthält. Als Hilfsweg γ nehmen wir den Teil $\gamma_1 + \gamma_2 + \gamma_3$ des Randes dieses Rechtecks (siehe Bild 10). Wir schätzen die Integrale über die γ_j ab. Für γ_2 genügt die Standardabschätzung

$$\left| \int_{\gamma_2} g(z) \, e^{iz} \, dz \right| \leq \max_{\text{Sp}\,\gamma_2} |g| \cdot e^{-s}(r_1 + r_2);$$

für γ_1 rechnen wir

$$\left| \int_{\gamma_1} g(z) \, e^{iz} \, dz \right| = \left| \int_0^s g(r_2 + it) \, e^{i(r_2 + it)} i \, dt \right|$$

$$\leq \max_{\text{Sp}\,\gamma_1} |g| \cdot \int_0^s e^{-t} \, dt \leq \max_{\text{Sp}\,\gamma_1} |g|,$$

analog für γ_3. Setzt man noch $\lim\limits_{z \to \infty} g(z) = 0$ voraus (das ist im obigen Beispiel erfüllt), so kann man bei gegebenem $\varepsilon > 0$ zunächst r_1, r_2, s so groß wählen, dass $|g(z)| < \varepsilon$ auf γ ist, und dann ggf. noch s vergrößern, bis $e^{-s}(r_1 + r_2) \leq 1$ wird. Dann ist $\left| \int_\gamma g(z)\, e^{iz}\, dz \right| < 3\varepsilon$, und das beweist die folgende Regel:

Es sei $g(z)$ eine zulässige Funktion, es gelte $g(z) \to 0$ für $z \to \infty$ in $\overline{\mathbb{H}}$. Dann ist

$$\int_{-\infty}^{\infty} g(z)\, e^{iz}\, dz = 2\pi i \sum_{z \in \mathbb{H}} \mathrm{res}_z \left(g(\zeta)\, e^{i\zeta} \right). \tag{3}$$

Dabei ist das Integral ggf. als uneigentliches zu verstehen.

Die Voraussetzungen sind offenbar erfüllt, wenn g eine rationale Funktion ohne Pole auf $\mathbb{R}$ ist, die in ∞ verschwindet. Zurück zu unserem Beispiel: Die einzige Singularität von $g(z) = z\, e^{iz}/(a^2 + z^2)$ in $\mathbb{H}$ ist der einfache Pol ia mit dem Residuum $e^{-a}/2$, also ist nach (3)

$$\int_{-\infty}^{\infty} \frac{x \sin x}{a^2 + x^2}\, dx = \mathrm{Im} \int_{-\infty}^{\infty} \frac{x\, e^{ix}\, dx}{a^2 + x^2} = \mathrm{Im}\, 2\pi i \cdot e^{-a}/2 = \pi\, e^{-a}.$$

Als Konsequenz von (3) notieren wir noch: Ist $g(z)$ reellwertig auf $\mathbb{R}$, so gilt

$$\int_{-\infty}^{\infty} g(x) \cos x\, dx = \mathrm{Re} \left(2\pi i \sum_{z \in \mathbb{H}} \mathrm{res}_z \left(g(\zeta)\, e^{i\zeta} \right) \right),$$
$$\int_{-\infty}^{\infty} g(x) \sin x\, dx = \mathrm{Im} \left(2\pi i \sum_{z \in \mathbb{H}} \mathrm{res}_z \left(g(\zeta)\, e^{i\zeta} \right) \right). \tag{4}$$

Benötigt man diese Integrale für nicht reellwertiges $g(z)$, so kann man z.B.

$$\int_{-\infty}^{\infty} g(x) \cos x\, dx = \frac{1}{2} \int_{-\infty}^{\infty} g(z)\, e^{iz}\, dz + \frac{1}{2} \int_{-\infty}^{\infty} g(z)\, e^{-iz}\, dz$$

ansetzen. Auf das erste der Integrale auf der rechten Seite lässt sich unsere Regel anwenden; um das zweite analog auszuwerten, muss man in die untere Halbebene gehen (e^{-iz} wird klein, wenn $\mathrm{Im}\, z \to -\infty$!). Dafür ist natürlich vorauszusetzen, dass g auf der ganzen Ebene holomorph ist bis auf endlich viele Singularitäten (von denen keine auf $\mathbb{R}$ liegt) und $\lim\limits_{z \to \infty} g(z) = 0$ erfüllt. Man erhält auf diese Weise

$$\int_{-\infty}^{\infty} g(x) \cos x\, dx = \pi i \sum_{\mathrm{Im}\, z > 0} \mathrm{res}_z \left(g(\zeta)\, e^{i\zeta} \right) - \pi i \sum_{\mathrm{Im}\, z < 0} \mathrm{res}_z \left(g(\zeta)\, e^{-i\zeta} \right); \tag{5}$$

das Minuszeichen vor der zweiten Summe rührt daher, dass der beim Beweis zu benutzende Rechteckrand in der unteren Halbebene die dortigen Singularitäten mit Umlaufzahl -1 einschließt. – Ebenso bekommt man

$$\int_{-\infty}^{\infty} g(x) \sin x\, dx = \pi \sum_{\mathrm{Im}\, z > 0} \mathrm{res}_z \left(g(\zeta)\, e^{i\zeta} \right) + \pi \sum_{\mathrm{Im}\, z < 0} \mathrm{res}_z \left(g(\zeta)\, e^{-i\zeta} \right). \tag{6}$$

Das Bisherige erlaubt nicht, das Integral

$$\int_{-\infty}^{\infty} \frac{\sin x}{x}\,dx$$

auszurechnen. Zwar ist der reelle Integrand in $x = 0$ harmlos, aber der komplexe Integrand e^{iz}/z hat in 0 einen Pol erster Ordnung. In solchen Fällen führt ein Kunstgriff zum Ziel, den wir gleich allgemeiner formulieren. Es sei also $g(z)$ holomorph in einer Umgebung von $\overline{\mathbb{H}}$ bis auf endlich viele Singularitäten in $\mathbb{H}$ und einen einfachen Pol in 0, es gelte $\lim_{z\to\infty} g(z) = 0$. Wir wählen dann $\rho > 0$ so, dass g in $\overline{D_\rho(0)} \setminus \{0\}$ singularitätenfrei ist. Wir verfahren nun wie im Beweis von (3), ersetzen allerdings das Teilintervall $[-\rho, \rho]$ von $[-r_1, r_2]$ durch den Halbkreis $\gamma_\rho(t) = \rho\, e^{i(\pi-t)}$, $0 \le t \le \pi$ (vgl. Bild 10). Im Limes $r_1, r_2, s \to \infty$ bekommen wir

$$\int_{-\infty}^{-\rho} g(z)\, e^{iz}\, dz + \int_{\gamma_\rho} g(z)\, e^{iz}\, dz + \int_{\rho}^{\infty} g(z)\, e^{iz}\, dz = 2\pi i \sum_{\mathrm{Im}\, z > 0} \mathrm{res}_z\big(g(\zeta)\, e^{i\zeta}\big).$$

Man hat aber mit

$$g(z)\, e^{iz} = \frac{c}{z} + h(z)$$

in $D_\rho(0)$

$$\int_{\gamma_\rho} g(z)\, e^{iz}\, dz = c \int_{\gamma_\rho} \frac{dz}{z} + \int_{\gamma_\rho} h(z)\, dz = c \int_0^\pi (-i)\, dt + \int_{\gamma_\rho} h(z)\, dz.$$

Das erste Integral rechts ist

$$-\pi i\, \mathrm{res}_0\big(g(\zeta)\, e^{i\zeta}\big) = -\pi i\, \mathrm{res}_0\, g,$$

das letzte geht gegen Null für $\rho \to 0$. Es folgt

$$\lim_{\rho\to 0} \left(\int_{-\infty}^{-\rho} g(z)\, e^{iz}\, dz + \int_{\rho}^{\infty} g(z)\, e^{iz}\, dz \right) = 2\pi i \sum_{\mathrm{Im}\, z > 0} \mathrm{res}_z\big(g(\zeta)\, e^{i\zeta}\big) + \pi i\, \mathrm{res}_0\, g. \quad (7)$$

Die linke Seite dieser Formel wird auch als „Cauchyscher Hauptwert" des nicht existierenden Integrals $\int_{-\infty}^{\infty} g(z)\, e^{iz}\, dz$ bezeichnet. – Es macht keine Mühe, (7) auf den Fall zu erweitern, dass g auf $\mathbb{R}$ endlich viele einfache Pole hat.

Für unser Beispiel bekommen wir nun

$$\int_{-\infty}^{\infty} \frac{\sin x}{x}\, dx = \lim_{\rho\to 0} \mathrm{Im} \left(\int_{-\infty}^{-\rho} \frac{e^{iz}}{z}\, dz + \int_{\rho}^{\infty} \frac{e^{iz}}{z}\, dz \right) = \mathrm{Im} \left(\pi i\, \mathrm{res}_0 \left(\frac{1}{\zeta} \right) \right) = \pi.$$

Es sei noch darauf hingewiesen, dass $(\sin x)/x$ nicht über $\mathbb{R}$ integrierbar ist; das Ausgangsintegral muss als uneigentliches Integral verstanden werden.

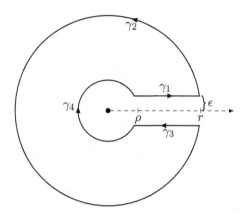

Bild 11. Zum Beweis von (8), (9), (12)

Wir stellen schließlich eine Methode vor, mit der man Integrale der Typen

$$\int_0^\infty R(x)\,dx, \quad \int_0^\infty R(x)\log x\,dx, \quad \int_0^\infty x^\alpha R(x)\,dx$$

berechnen kann, dabei ist $R(x)$ eine rationale Funktion ohne Pole auf $\mathbb{R}_{\geq 0}$ mit einer doppelten Nullstelle in ∞, es gelte $0 < \alpha < 1$.

Es tritt eine neue Idee hinzu: Wir schneiden die Ebene längs der *positiven* reellen Achse auf, wählen auf $G = \mathbb{C} \setminus \mathbb{R}_{\geq 0}$ den Zweig des Logarithmus mit $0 < \operatorname{Im} \log z < 2\pi$ und vergleichen Integrale über Strecken oberhalb und unterhalb des Schnittes. Konkret etwa mit (kleinem) $\rho > 0$ und (großem) $r > \rho$:

$$\int_\rho^r R(x + i\varepsilon)\log(x + i\varepsilon)\,dx \;\to\; \int_\rho^r R(x)\log x\,dx \text{ für } \varepsilon \downarrow 0,$$

$$\int_\rho^r R(x - i\varepsilon)\log(x - i\varepsilon)\,dx \;\to\; \int_\rho^r R(x)(\log x + 2\pi i)\,dx \text{ für } \varepsilon \downarrow 0.$$

Die Differenz der linken Integrale strebt also gegen $-2\pi i \int_\rho^r R(x)\,dx$. Um den Residuensatz anwenden zu können, bauen wir die Strecken $\gamma_1 = [\rho + i\varepsilon, r + i\varepsilon]$ und $\gamma_3 = [r - i\varepsilon, \rho - i\varepsilon]$ in einen geschlossenen Weg wie im Bild 11 ein (dabei sind γ_2 und γ_4 Kreisbögen um 0, es wird $0 < \varepsilon < \rho$ angenommen). Wenn ρ hinreichend klein und r hinreichend groß ist, umläuft $\gamma = \gamma_1 + \gamma_2 + \gamma_3 + \gamma_4$ alle Pole von $R(z)\log z$, d.h. die Pole von $R(z)$, und wir haben

$$\int_\gamma R(z)\log z\,dz = 2\pi i \sum_{z \in G} \operatorname{res}_z (R(\zeta)\log \zeta).$$

Andererseits liefert die obenstehende Überlegung

$$\lim_{\substack{\rho \to 0 \\ r \to \infty}} \lim_{\varepsilon \to 0} \int_{\gamma_1 + \gamma_3} R(z) \log z \, dz = -2\pi i \int_0^\infty R(z) \, dz.$$

Um ein brauchbares Ergebnis zu bekommen, müssen wir die Grenzwerte der Integrale über γ_2 und γ_4 bestimmen. Nahe 0 ist $R(z)$ beschränkt, in einer Umgebung von ∞ ist $|R(z)| \le c/|z|^2$. Wegen $\lim_{\rho \to 0}(\rho \log \rho) = 0$ und $\lim_{r \to \infty}(r^{-1} \log r) = 0$ liefert die Standard-Abschätzung

$$\lim_{\rho \to 0} \int_{\gamma_4} R(z) \log z \, dz = 0, \quad \lim_{r \to \infty} \int_{\gamma_2} R(z) \log z \, dz = 0$$

gleichmäßig in ε. Wir fassen zu einer Regel zusammen:

Es sei $R(z)$ eine rationale Funktion ohne Pole auf $[0, +\infty[$ und mit einer zweifachen Nullstelle in ∞. Dann gilt

$$\int_0^\infty R(x) \, dx = -\sum_{z \neq 0} \operatorname{res}_z (R(\zeta) \log \zeta). \tag{8}$$

Zum Beispiel ist

$$\int_0^\infty \frac{dx}{x^3 + 1} = \frac{2\pi}{3\sqrt{3}}.$$

$R(z) = (z^3 + 1)^{-1}$ hat nämlich einfache Pole in -1, $z_1 = \frac{1}{2}(1 + i\sqrt{3})$ und $\bar{z}_1$ mit den Residuen $\frac{1}{3}$, $\frac{-1}{6}(1 + i\sqrt{3})$, $\frac{-1}{6}(1 - i\sqrt{3})$. Mit $\log(-1) = \pi i$, $\log z_1 = \pi i/3$, $\log \bar{z}_1 = 5\pi i/3$ erhält man aus (8) das Ergebnis.

Um nun

$$\int_0^\infty R(x) \log x \, dx$$

zu bestimmen, integrieren wir die Funktion $R(z)(\log z)^2$ über unseren Weg γ, dabei wählen wir die gleiche Logarithmusfunktion wie oben. Wir haben jetzt

$$\lim_{\varepsilon \to 0} \int_{\gamma_1} R(z) \log^2 z \, dz = \int_\rho^r R(x) \log^2 x \, dx,$$

$$\lim_{\varepsilon \to 0} \int_{\gamma_3} R(z) \log^2 z \, dz = -\int_\rho^r R(x)(\log x + 2\pi i)^2 \, dx$$

und wie vorher

$$\lim_{\rho \to 0} \int_{\gamma_4} R(z) \log^2 z \, dz = 0 = \lim_{r \to \infty} \int_{\gamma_2} R(z) \log^2 z \, dz.$$

Die Beziehung

$$\int_\gamma R(z) \log^2 z \, dz = 2\pi i \sum_{z \in G} \mathrm{res}_z (R(\zeta)(\log \zeta)^2)$$

ergibt also im Limes

$$4\pi i \int_0^\infty R(x) \log x \, dx = 4\pi^2 \int_0^\infty R(x) \, dx - 2\pi i \sum_{z \neq 0} \mathrm{res}_z (R(\zeta) \log^2 \zeta). \qquad (9)$$

Über Methoden zur Berechnung des letzten Integrals verfügen wir bereits; sie ist allerdings überflüssig, wenn $R(x)$ auf $\mathbb{R}$ reellwertig ist: in diesem Fall folgt aus (9) durch Übergang zum Imaginärteil

$$\int_0^\infty R(x) \log x \, dx = -\frac{1}{2} \, \mathrm{Re} \sum_{z \neq 0} \mathrm{res}_z (R(\zeta) \log^2 \zeta). \qquad (10)$$

Als Beispiel zeigen wir

$$\int_0^\infty \frac{\log x \, dx}{x^2 + a^2} = \frac{\pi \log a}{2a} \quad \text{für } a > 0:$$

$R(z) = (z^2 + a^2)^{-1}$ hat einfache Pole in ia und $-ia$ mit den Residuen $1/2ia$ bzw. $-1/2ia$; mit $\log ia = \log a + \pi i/2$, $\log(-ia) = \log a + 3\pi i/2$ ergibt sich die Behauptung aus (10).

Zum Schluss betrachten wir Integrale der Form

$$\int_0^\infty x^\alpha R(x) \, dx \text{ mit } 0 < \alpha < 1.$$

Hier können wir zulassen, dass $R(z)$ einen einfachen Pol im Nullpunkt hat, ohne die Existenz des Integrals zu gefährden. Auf $G = \mathbb{C} \setminus \mathbb{R}_{\geq 0}$ definieren wir $z^\alpha = \exp(\alpha \log z)$ mit dem oben gewählten $\log z$ und integrieren dann $z^\alpha R(z)$ über unseren Weg γ, der alle Pole von R außer ggf. 0 umläuft. Wegen

$$\lim_{\varepsilon \downarrow 0}(x + i\varepsilon)^\alpha = x^\alpha \quad \text{und} \quad \lim_{\varepsilon \downarrow 0}(x - i\varepsilon)^\alpha = e^{2\pi i \alpha} x^\alpha$$

bekommen wir

$$\lim_{\varepsilon \to 0} \int_{\gamma_3} z^\alpha R(z) \, dz = -e^{2\pi i \alpha} \lim_{\varepsilon \to 0} \int_{\gamma_1} z^\alpha R(z) \, dz. \qquad (11)$$

Die Integrale über γ_2 und γ_4 verschwinden im Limes $r \to \infty$, $\rho \to 0$. Man hat nämlich $|R(z)| \leq c/|z|$ bei 0 und $|R(z)| \leq c|z|^{-2}$ bei ∞, die Standard-Abschätzung liefert

$$\left| \int_{\gamma_4} z^\alpha R(z) \, dz \right| \leq 2\pi\rho \cdot \rho^\alpha \cdot c\rho^{-1} \quad \text{und} \quad \left| \int_{\gamma_2} z^\alpha R(z) \, dz \right| \leq 2\pi r \cdot r^\alpha \cdot cr^{-2}.$$

Der Grenzübergang $\varepsilon \to 0$, $\rho \to 0$, $r \to \infty$ führt also mit (11) und dem Residuensatz zu dem Ergebnis

$$\int_0^\infty x^\alpha R(x)\,dx = \frac{2\pi i}{1 - e^{2\pi i\,\alpha}} \sum_{z\neq 0} \operatorname{res}_z (R(\zeta)\zeta^\alpha). \tag{12}$$

Zum Beispiel:

$$R(z) = \frac{1}{z(z+1)}$$

hat -1 als einzigen Pol in G, das Residuum dort ist -1, es ist $(-1)^\alpha = e^{\pi i\alpha}$. Also liefert (12) für $0 < \alpha < 1$

$$\int_0^\infty \frac{x^{\alpha-1}}{x+1}\,dx = \frac{-2\pi i\,e^{\pi i\alpha}}{1 - e^{2\pi i\,\alpha}} = \frac{\pi}{\sin \pi\alpha}.$$

Aufgaben

1. Beweise
$$\int_{-\infty}^\infty \frac{dx}{\cosh x} = \pi.$$

   Vorschlag: Integriere über den Rand des Rechtecks mit den Ecken $\pm r$, $\pm r + i\pi$.

2. Bestimme
$$\int_0^\infty \frac{x^\alpha}{1+x^n}\,dx \quad \text{für } n > \alpha + 1 > 0 \text{ und } n \geq 2.$$

   Vorschlag: Integriere über den Rand des Sektors mit den Ecken 0, r, $r\,e^{2\pi i/n}$.

3. Analog zur Partialbruch-Entwicklung des Cotangens leite man die Entwicklung her:
$$\frac{\pi^2}{\sin^2 \pi w} = \sum_{-\infty}^\infty \frac{1}{(w+n)^2} \quad \text{mit } w \notin \mathbb{Z}.$$

4. Berechne

   a) $\displaystyle\int_0^{\pi/2} \frac{dx}{1+\sin^2 x}$,

   b) $\displaystyle\int_0^\pi \frac{\sin^2 x}{a + \cos x}\,dx \quad \text{für } a > 1$,

   c) $\displaystyle\int_0^{2\pi} \frac{dt}{1 - 2a\cos t + a^2}$,

   d) $\displaystyle\int_0^{2\pi} \frac{\sin^2 t}{1 - 2a\cos t + a^2}\,dt$.

   Bei c und d sei $a \in \mathbb{C}$, $|a| \neq 1$.

5. Berechne

   a) $\displaystyle\int_0^\infty \frac{dx}{(x^2+1)(x^2+4)}$,

   b) $\displaystyle\int_{-\infty}^\infty \frac{dx}{(a^2 + b^2 x^2)^n} \quad (a,b > 0,\ n \geq 1)$,

   c) $\displaystyle\int_0^\infty \frac{\sqrt{x}\,dx}{x^2 + 16}$ einerseits durch Zurückführen auf (2) mittels $x = u^2$, andererseits mittels (12).

6. a) Berechne
$$\int_{-\infty}^\infty \frac{x\,e^{-\pi i x/2}\,dx}{x^2 - 2x + 5}.$$

b) Berechne

$$I(a) = \int_{-\infty}^{\infty} \frac{e^{iax}\, dx}{x^2 + 1} \quad \text{für } a \in \mathbb{R}.$$

Ist $a \mapsto I(a)$ differenzierbar?

7. Zeige

$$\int_{2i-\infty}^{2i+\infty} \frac{z \sin az}{z^2 + 1}\, dz = \pi \cosh a$$

(es soll über die Parallele zur reellen Achse durch $2i$ integriert werden). Hinweis: Es ist einfacher, den Beweis von (6) anzupassen, als auf ein Integral über $\mathbb{R}$ zu transformieren.

8. Berechne den Cauchyschen Hauptwert von

$$\int_{-\infty}^{\infty} \frac{1 - e^{itx}}{x^2}\, dx$$

für $t > 0$ und damit dann

$$\int_0^{\infty} \frac{1 - \cos tx}{x^2}\, dx, \quad \int_0^{\infty} \frac{\sin^2 x}{x^2}\, dx.$$

9. Berechne

a) $\displaystyle \int_0^{\infty} \frac{x^\alpha\, dx}{(x + t)(x + 2t)} \quad$ für $0 < \alpha < 1,\ t > 0,$

b) $\displaystyle \int_0^{\infty} \frac{x^\alpha}{1 + x^{1/3}}\, dx \quad$ für $-1 < \alpha < -2/3.$

10. Man zeige für rationales $R(x)$, welches den Voraussetzungen für Formel (12) genügt, und $0 < \alpha < 1$:

$$\int_0^{\infty} R(x) x^\alpha \log x\, dx = \frac{2\pi i}{1 - e^{2\pi i \alpha}} \sum_{z \neq 0} \operatorname{res}_z (R(\zeta) \zeta^\alpha \log \zeta) + \frac{\pi^2}{\sin^2(\pi\alpha)} \sum_{z \neq 0} \operatorname{res}_z (R(\zeta)\zeta^\alpha).$$

Für z^α ist wieder $0 < \arg z < 2\pi$ zu wählen.

11. Mit Aufgabe 10 berechne man

$$\int_0^{\infty} \frac{\log x}{(x^2 + 1)\sqrt{x}}\, dx.$$

12. Man leite eine Residuenformel für

$$\int_0^{\infty} R(x) \log^2 x\, dx$$

ab.

13. Berechne

$$\int_0^{\infty} \frac{\log^2 x}{1 + x^2}\, dx.$$

5. Abzählen von Nullstellen

Die Fasern $f^{-1}(w)$ einer nichtkonstanten holomorphen Funktion sind aufgrund des Identitätssatzes diskrete Teilmengen des Definitionsgebietes. Der Residuensatz ermöglicht es, Aussagen über die Anzahl der Punkte in einer solchen Faser zu treffen. Das führen wir in diesem Paragraphen aus.

Es sei also $f\colon G \to \mathbb{C}$ holomorph auf dem Gebiet G, und in $z_0 \in G$ nehme f den Wert $w_0 = f(z_0)$ mit der Vielfachheit $k > 0$ an. Dann ist

$$f(z) = w_0 + (z - z_0)^k g(z), \tag{1}$$

g holomorph in z und $g(z_0) \neq 0$, also

$$\frac{f'(z)}{f(z) - w_0} = \frac{k}{z - z_0} + \frac{g'(z)}{g(z)}. \tag{2}$$

Damit:

$$\operatorname{res}_{z_0} \frac{f'(z)}{f(z) - w_0} = k. \tag{3}$$

Für meromorphe Funktionen, die in z_0 einen Pol der Ordnung k haben, gilt für beliebiges $w \in \mathbb{C}$

$$f(z) - w = \frac{g(z)}{(z - z_0)^k} \tag{4}$$

mit holomorphem g und $g(z_0) \neq 0$. Somit ist

$$\frac{f'(z)}{f(z) - w} = \frac{-k}{z - z_0} + \frac{g'}{g}, \tag{5}$$

also

$$\operatorname{res}_{z_0} \frac{f'(z)}{f(z) - w} = -k. \tag{6}$$

Jetzt ergibt der Residuensatz

Satz 5.1. *Die Funktion f sei im Gebiet G meromorph mit den Polen $b_1, b_2, \ldots$ der Vielfachheit $k(b_\mu), \mu = 1, 2, \ldots$. Es sei $w \in \mathbb{C}$ und $a_1, a_2, \ldots$ seien die w-Stellen von f, d.h. $f(a_\mu) = w$, mit der jeweiligen Vielfachheit $k(a_\mu)$. Dann gilt für jeden in G nullhomologen Zyklus, der keinen dieser Punkte trifft:*

$$\frac{1}{2\pi i} \int_\Gamma \frac{f'(z)}{f(z) - w}\, dz = \sum_\mu n(\Gamma, a_\mu) k(a_\mu) - \sum_\mu n(\Gamma, b_\mu) k(b_\mu).$$

Die rechte Seite ist gemäß (3) und (6) das „Gesamtresiduum" von $f'(z)/(f(z) - w)$ im Gebiet $G_0 = \{z\colon n(\Gamma, z) \neq 0\}$. Die Summe ist endlich, da G_0 relativ kompakt in G liegt.

Besonders übersichtlich ist die Situation im Fall positiv berandeter Gebiete:

Folgerung 5.2. *Es sei G ein positiv berandetes Gebiet und f eine in einer Umgebung von $\overline{G}$ meromorphe Funktion, die auf ∂G die Werte w und ∞ nicht annimmt. Dann ist*

$$\frac{1}{2\pi i} \int_{\partial G} \frac{f'(z)}{f(z) - w}\, dz = N(w) - N(\infty),$$

wobei $N(w)$ und $N(\infty)$ die Anzahl der w-Stellen bzw. Pole, mit Vielfachheit gezählt, bezeichnet.

Wir betrachten nun wieder eine holomorphe Funktion $f\colon G \to \mathbb{C}$, die in z_0 den Wert w_0 mit Multiplizität k annehme. Dann existiert eine Umgebung $U = U_\delta(z_0)$, so dass f auf $\overline{U_\delta(z_0)}$ den Punkt z_0 als einzige w_0-Stelle hat und darüber hinaus f' höchstens in z_0 verschwindet. Es gilt also für die Anzahl der w_0-Stellen von f in U

$$N(w_0) = k = \frac{1}{2\pi i} \int_{\partial U_\delta(z_0)} \frac{f'(z)}{f(z) - w_0}\, dz.$$

Für hinreichend dicht bei w_0 gelegene Werte w, etwa $w \in V$, einer Umgebung von w_0, existiert das Integral

$$N(w) = \frac{1}{2\pi i} \int_{\partial U_\delta(z_0)} \frac{f'(z)}{f(z) - w}\, dz$$

und ist eine stetige Funktion von w. Nach Folgerung 5.2 ist sie ganzzahlig, also konstant, also $\equiv k$. Wir haben damit

Satz 5.3. *Hat die holomorphe Funktion f in z_0 eine k-fache w_0-Stelle, so existieren Umgebungen U von z_0 und V von w_0 mit folgender Eigenschaft: Jeder Wert $w \in V$ wird von f an genau k verschiedenen Punkten von U angenommen, mit Ausnahme des Wertes w_0, der genau in z_0 angenommen wird.*

Dass die Gleichung $f(z) = w$ genau k verschiedene Lösungen in V hat, folgt aus $f'(z) \neq 0$ für $z \neq z_0$. Setzt man

$$U' = U \cap f^{-1}(V),$$

so ist damit $f\colon U' \to V$ surjektiv und eine k-fach verzweigte Überlagerung von V mit genau einem Verzweigungspunkt z_0; für $k = 1$ ist f biholomorph. Das Ergebnis ist uns (mit einem etwas anderen Argument) aus dem dritten Kapitel bekannt.

Als weitere leichte Folgerung aus Satz 5.1 hat man

Satz 5.4 (Rouché). *Es seien f und g holomorph in einer Umgebung von $\overline{G}$, wobei G ein positiv berandetes Gebiet ist. Auf ∂G gelte*

$$|f(z) - g(z)| < |f(z)|.$$

Dann haben f und g gleichviele Nullstellen (mit Vielfachheit gezählt) in G.

Beweis: Für $0 \leq \lambda \leq 1$ ist

$$|f(z) + \lambda(g(z) - f(z))| > 0$$

auf ∂G. Die Nullstellenzahl N_λ dieser Funktion in G wird nach Folgerung 5.2 durch

$$N_\lambda = \frac{1}{2\pi i} \int_{\partial G} \frac{f'(z) + \lambda(g'(z) - f'(z))}{f(z) + \lambda(g(z) - f(z))} \, dz$$

gegeben und ist daher in λ stetig, also – als ganze Zahl – konstant. Für $\lambda = 0$ bzw. $\lambda = 1$ erhält man die Nullstellen von f bzw. g. $\square$

Die folgende Anwendung von Folgerung 5.2 ist für die Theorie holomorpher Abbildungen wichtig:

Satz 5.5. *Es sei $f_\nu \colon G \to \mathbb{C}$ eine lokal gleichmäßig konvergente Folge injektiver holomorpher Funktionen mit Grenzfunktion f. Dann ist f entweder injektiv oder konstant.*

Beweis: Es sei w ein Wert, der von f an zwei verschiedenen Punkten z_0 und z_1 angenommen wird. Wenn f nicht konstant ist, gibt es kompakte Kreise $\overline{D_r(z_0)}$ und $\overline{D_r(z_1)}$ in G, so dass f dort den Wert w nur in z_0 bzw. z_1 annimmt. Es gilt nach Folgerung 5.2 für die Anzahl der w-Stellen von f in diesen Kreisen:

$$N_0 = \frac{1}{2\pi i} \int_{\partial D_r(z_0)} \frac{f'(z)}{f(z) - w} \, dz \geq 1,$$

$$N_1 = \frac{1}{2\pi i} \int_{\partial D_r(z_1)} \frac{f'(z)}{f(z) - w} \, dz \geq 1.$$

Andererseits ist

$$N_0 = \lim_{\nu \to \infty} \frac{1}{2\pi i} \int_{\partial D_r(z_0)} \frac{f_\nu'(z)}{f_\nu(z) - w} \, dz,$$

entsprechend N_1. Die Integrale rechts geben aber die Anzahl der w-Stellen der f_ν in den Kreisen $D_r(z_0)$ bzw. $D_r(z_1)$ an und können daher nur in einem Fall gegen einen Wert $\neq 0$ konvergieren, d.h. *entweder* im Fall von $\partial D_r(z_0)$ *oder* im Fall von $\partial D_r(z_1)$. – Der Widerspruch zeigt, dass f konstant sein muss: $f(z) \equiv w$. $\square$

Zum Schluss verwenden wir die Mittel dieses Paragraphen, um einen im nächsten Paragraphen nützlichen Satz bereitzustellen.

Satz 5.6. *Es sei f eine im Kreis $D_R(0)$ meromorphe Funktion, die genau k Nullstellen und k Pole haben möge (mit Vielfachheit gezählt). Alle diese Punkte mögen im Kreis $D_r(0)$ mit $r < R$ liegen. Dann existiert im Kreisring $K(r, R)$ ein holomorpher Logarithmus von f.*

Beweis: Es sei γ ein geschlossener Integrationsweg in $K(r, R)$. Dann ist γ in $D_R(0)$ nullhomolog, und nach Satz 5.1 ist

$$\frac{1}{2\pi i} \int_\gamma \frac{f'(z)}{f(z)} \, dz = \sum n(\gamma, a_\mu) k(a_\mu) - \sum n(\gamma, b_\mu) k(b_\mu), \tag{7}$$

wobei die a_μ und b_μ die Nullstellen und Pole mit den entsprechenden Vielfachheiten sind. Es ist aber

$$n(\gamma, a_\mu) = n(\gamma, b_\mu) \stackrel{\text{def}}{=} n_0$$

unabhängig von μ – die rechte Seite von (7) wird also $= n_0(k - k) = 0$. Somit hat f'/f eine Stammfunktion g, und wie früher folgt

$$e^g = cf, \quad c \in \mathbb{C}^*,$$

also ist $g - a$, mit $e^a = c$, ein holomorpher Logarithmus von f. $\qquad\square$

Wir notieren in dieser Situation noch die Formel

$$\log f(z) = \int_{z_0}^z \frac{f'(\zeta)}{f(\zeta)} \, d\zeta + \text{const}, \tag{8}$$

wobei die Integration über einen beliebigen Integrationsweg in $K(r, R)$ erfolgen darf.

Aufgaben

1. Es sei f im Gebiet G holomorph, Γ sei ein nullhomologer Zyklus in G, der keine Nullstelle von f trifft. Es seien a_μ die Nullstellen von f mit Vielfachheiten k_μ. Zeige:

$$\frac{1}{2\pi i} \int_\Gamma z \frac{f'(z)}{f(z)} \, dz = \sum_\mu n(\Gamma, a_\mu) \, k_\mu \, a_\mu.$$

2. Ersetze in Aufgabe 1 die Nullstellen durch die w-Stellen und stelle eine analoge Formel auf. Ist insbesondere f injektiv, so gebe man für die Umkehrfunktion f^{-1} eine Integralformel an.

3. Es sei $\lambda > 1$. Zeige: die Gleichung $e^{-z} + z = \lambda$ hat in der Halbebene $\operatorname{Re} z > 0$ genau eine Lösung; diese ist reell.

4. Bestimme die Anzahl der Nullstellen von $f(z)$ in den Gebieten G:

$$f(z) = 2z^4 - 5z + 2, \qquad G = \{z: |z| > 1\};$$
$$f(z) = z^7 - 5z^4 + iz^2 - 2, \quad G = \mathbb{D};$$
$$f(z) = z^5 + iz^3 - 4z + i, \qquad G = \{z: 1 < |z| < 2\}.$$

5. Beweise den Fundamentalsatz der Algebra mit Hilfe des Satzes von Rouché.

6. Der Weierstraßsche Vorbereitungssatz

Die Ergebnisse und Methoden der Paragraphen 2 und 5 vermitteln auch Einsicht in die Nullstellenverteilung holomorpher Funktionen mehrerer Variabler. Bisher wissen wir nur, dass Nullstellen niemals isoliert auftreten können – siehe II.7.

Zunächst beweisen wir „parameterabhängige" Versionen von Theorem 2.1 und der Sätze 5.1 und 5.6.

Satz 6.1 (Laurenttrennung). *Es sei $U \subset \mathbb{C}^n$ eine offene Menge, $K = K(r,R) \subset \mathbb{C}$ ein Kreisring, und $f: U \times K \to \mathbb{C}$ eine holomorphe Funktion. Dann existieren eindeutig bestimmte holomorphe Funktionen f_0 auf $U \times D_R(0)$ und f_∞ auf $U \times (\mathbb{C} \setminus \overline{D_r(0)})$ mit*

$$f = f_0 + f_\infty$$
$$\lim_{w \to \infty} f_\infty(\mathbf{z}, w) = 0.$$

Wir haben dabei die Koordinaten in $U \subset \mathbb{C}^n$ mit $\mathbf{z}$, in $K \subset \mathbb{C}$ mit w bezeichnet. – Für den Fall $n = 0$ erhält man Theorem 2.1 zurück.

Zum Beweis der Existenz verwenden wir Formel (6) aus IV.2; in unserer Situation lautet sie

$$f(\mathbf{z}, w) = \frac{1}{2\pi i} \int_{|\zeta| = R'} \frac{f(\mathbf{z}, \zeta)}{\zeta - w} \, d\zeta - \frac{1}{2\pi i} \int_{|\zeta| = r'} \frac{f(\mathbf{z}, \zeta)}{\zeta - w} \, d\zeta, \tag{1}$$

mit $\mathbf{z} \in U$ und $r' < |w| < R'$. Die beiden Integrale sind in $\mathbf{z}$ und w gleichzeitig holomorph, für $|w| < R'$ bzw. $|w| > r'$, und liefern wie früher die gewünschte Zerlegung. – Die Eindeutigkeit ergibt sich wörtlich wie im Beweis von Theorem 2.1.   □

Auch der folgende Satz ergibt sich durch Analyse eines Beweises, und zwar von Satz 5.1:

Satz 6.2. *Es sei $U \subset \mathbb{C}^n$ ein Gebiet, $D_R(0) \subset \mathbb{C}$ die Kreisscheibe vom Radius R. $f: U \times D_R(0) \to \mathbb{C}$ sei eine holomorphe Funktion der $n+1$ Variablen $\mathbf{z} \in U$, $w \in D_R(0)$, die für $r \leq |w| < R$ und $\mathbf{z} \in U$ keine Nullstellen habe. Dann ist die Nullstellenanzahl (mit Vielfachheit) der Funktionen $w \mapsto f(\mathbf{z}, w)$ unabhängig von $\mathbf{z} \in U$.*

In der Tat ist die Nullstellenanzahl von $w \mapsto f(\mathbf{z}, w)$ durch

$$N(\mathbf{z}) = \frac{1}{2\pi i} \int_{\partial D_r} \frac{f_w(\mathbf{z}, w)}{f(\mathbf{z}, w)} \, dw \tag{2}$$

gegeben, und diese Funktion ist stetig in $\mathbf{z}$ und ganzzahlig, also konstant.   □

In der Situation des obigen Satzes nennen wir die Nullstellenanzahl $N(\mathbf{z})$ die *Ordnung* der Funktion f bezüglich w.

Die „parameterabhängige" Version von Satz 5.6 lautet

Satz 6.3. *Es sei $f\colon U \times D_R(0) \to \mathbb{C}$ eine holomorphe Funktion der Ordnung k bezüglich w; für $r \leq |w| < R$ sei f nullstellenfrei. Dann existieren holomorphe Funktionen c auf U und h auf $U \times K(r,R)$ mit*

$$w^k \cdot e^{h(\mathbf{z},w)} = c(\mathbf{z})f(\mathbf{z},w);$$

c ist dabei nullstellenfrei.

Beweis: Die Funktion

$$w \mapsto g(\mathbf{z},w) = \frac{f(\mathbf{z},w)}{w^k} \tag{3}$$

erfüllt für jedes $\mathbf{z} \in U$ die Voraussetzungen von Satz 5.6 bezüglich w, und damit hat

$$\frac{g_w(\mathbf{z},w)}{g(\mathbf{z},w)}$$

eine Stammfunktion bezüglich w,

$$h(\mathbf{z},w) = \int_{w_0}^{w} \frac{g_\zeta(\mathbf{z},\zeta)}{g(\mathbf{z},\zeta)}\,d\zeta, \tag{4}$$

auf $U \times K(r,R)$. Das Integral (4) hängt holomorph von $\mathbf{z}$ und w ab. Differentiation nach w liefert

$$\frac{\partial}{\partial w}\frac{e^{h(\mathbf{z},w)}}{g(\mathbf{z},w)} \equiv 0; \tag{5}$$

damit existiert für jedes $\mathbf{z} \in U$ eine Konstante $c(\mathbf{z}) \neq 0$ mit

$$e^{h(\mathbf{z},w)} = c(\mathbf{z})g(\mathbf{z},w). \tag{6}$$

Aus der Identität (6) folgt, dass c holomorph von $\mathbf{z}$ abhängt. Einsetzen von (3) in (6) liefert die Behauptung. $\qquad\qquad\qquad\qquad\qquad\square$

Hauptergebnis dieses Paragraphen ist

Theorem 6.4 (Weierstraßscher Vorbereitungssatz). *Es sei f eine auf $U \times D_R(0)$ holomorphe Funktion, die bezüglich w die Ordnung k hat. $U \subset \mathbb{C}^n$ sei ein Gebiet. Dann existieren eine holomorphe nullstellenfreie Funktion e auf $U \times D_R(0)$ und ein Polynom $\omega \in \mathcal{O}(U)[w]$ vom Grad k und Leitkoeffizienten 1, so dass*

$$f(\mathbf{z},w) = e(\mathbf{z},w)\omega(\mathbf{z},w) \tag{7}$$

ist. Durch (7) und die obigen Bedingungen sind e und ω eindeutig bestimmt.

Beweis: Wir wählen r so, dass f für $r \leq |w| < R$ keine Nullstellen hat, und wenden Satz 6.3 an: es gibt holomorphe Funktionen $c(\mathbf{z})$, $h(\mathbf{z}, w)$ auf U bzw. $U \times K(r, R)$, so dass dort die Beziehung

$$w^k \, e^{h(\mathbf{z},w)} = c(\mathbf{z}) f(\mathbf{z}, w) \tag{8}$$

gilt; $c(\mathbf{z})$ hat keine Nullstellen. Auf h wenden wir den Satz über Laurenttrennung an (Satz 6.1):

$$h(\mathbf{z}, w) = h_0(\mathbf{z}, w) + h_\infty(\mathbf{z}, w), \tag{9}$$

mit $h_0 \in \mathcal{O}(U \times D_R(0))$ und $h_\infty \in \mathcal{O}(U \times \mathbb{C} \setminus \overline{D_r(0)})$, wobei noch

$$\lim_{w \to \infty} h_\infty(\mathbf{z}, w) = 0 \tag{10}$$

gilt. Einsetzen in (8) liefert

$$f(\mathbf{z}, w) = \frac{1}{c(\mathbf{z})} \, e^{h_0(\mathbf{z},w)} \, w^k \, e^{h_\infty(\mathbf{z},w)}. \tag{11}$$

Wir setzen

$$e(\mathbf{z}, w) = \frac{1}{c(\mathbf{z})} \, e^{h_0(\mathbf{z},w)} \tag{12}$$

und untersuchen die übrigen Faktoren in (11). Aus (10) ergibt sich

$$\lim_{w \to \infty} e^{h_\infty(\mathbf{z},w)} = 1; \tag{13}$$

für festes $\mathbf{z}$ hat man also die Laurent-Entwicklung

$$e^{h_\infty(\mathbf{z},w)} = 1 + \sum_{\nu=1}^{\infty} a_\nu(\mathbf{z}) w^{-\nu}, \tag{14}$$

deren Koeffizienten durch Integrale gegeben werden, die holomorph von $\mathbf{z}$ abhängen, also holomorph auf U sind. Wir zerlegen:

$$w^k \, e^{h_\infty(\mathbf{z},w)} = w^k \left(1 + \sum_{\nu=1}^{k} a_\nu(\mathbf{z}) w^{-\nu} \right) + w^k \sum_{\nu=k+1}^{\infty} a_\nu(\mathbf{z}) w^{-\nu}$$

$$= \omega(\mathbf{z}, w) + R_\infty(\mathbf{z}, w)$$

und erhalten

$$f(\mathbf{z}, w) = e(\mathbf{z}, w) \left(\omega(\mathbf{z}, w) + R_\infty(\mathbf{z}, w) \right). \tag{15}$$

Das ist die gewünschte Zerlegung, wenn wir noch $R_\infty(\mathbf{z}, w) \equiv 0$ zeigen können. Nun gilt aber auf $U \times K(r, R)$ gemäß (15):

$$0 = \frac{f(\mathbf{z}, w)}{e(\mathbf{z}, w)} - \omega(\mathbf{z}, w) - R_\infty(\mathbf{z}, w) \overset{\text{def}}{=} R_0(\mathbf{z}, w) - R_\infty(\mathbf{z}, w), \tag{16}$$

und das ist die Laurent-Trennung der Nullfunktion! Wegen der Eindeutigkeit der Laurent-Trennung ist

$$R_0(\mathbf{z}, w) = 0$$
$$R_\infty(\mathbf{z}, w) = 0,$$

und wir haben die Existenz der Zerlegung nachgewiesen.

Die Eindeutigkeit ist fast trivial: für jedes $\mathbf{z}$ haben

$$w \mapsto f(\mathbf{z}, w)$$
$$w \mapsto \omega(\mathbf{z}, w)$$

dieselben Nullstellen. Damit ist $\omega(\mathbf{z}, w)$ festgelegt, also auch $e(\mathbf{z}, \omega)$.   □

Der Vorbereitungssatz enthält sehr viel Information über die lokale Struktur der Nullstellenmenge einer holomorphen Funkton von mehreren komplexen Veränderlichen. Im Rest dieses Paragraphen beschreiben wir derartige Nullstellenmengen.

Es sei f holomorph in einer zusammenhängenden Umgebung W von 0 des $\mathbb{C}^{n+1}$, $f \neq 0$, $f(0) = 0$. Dann kann f nicht auf jeder komplexen Geraden durch 0 identisch verschwinden; wählt man eine komplexe Gerade L mit $f|L \not\equiv 0$ als w-Achse, so darf man nach einem linearen Koordinatenwechsel und einer eventuellen Verkleinerung von W annehmen:

$f \in \mathcal{O}(U \times D_R(0))$, U eine zusammenhängende Umgebung von 0 im $\mathbb{C}^n$, und $f(0, w)$ hat 0 als einzige Nullstelle, von der Nullstellenordnung k. Ohne Einschränkung sei f auf $U \times D_R(0)$ von der Ordnung k.

Wir sind damit in der Situation von Theorem 6.4:

$$f(\mathbf{z}, w) = e(\mathbf{z}, w)\omega(\mathbf{z}, w),$$

wobei e und ω den Bedingungen des Theorems genügen. Insbesondere gilt: die Nullstellenmenge von f ist die von ω.

Dabei ist

$$\omega(\mathbf{z}, w) = w^k + a_1(\mathbf{z})w^{k-1} + \ldots + a_k(\mathbf{z}), \tag{17}$$

$a_\varkappa$ holomorph auf U, und wegen der Voraussetzung an f in 0 ist auch $a_\varkappa(0) = 0$ für $\varkappa = 1, \ldots, k$.

Wir brauchen also von jetzt ab nur noch Nullstellenmengen von Polynomen (17) – sogenannten Weierstraß-Polynomen – zu betrachten, wobei wir annehmen dürfen, dass sie in $U \times D_R(0) = U \times D$, U ein Gebiet im $\mathbb{C}^n$, enthalten sind. Offensichtlich gilt:

für jedes $\mathbf{z} \in U$ gibt es mindestens einen, höchstens k Punkte $(\mathbf{z}, w)$ mit $\omega(\mathbf{z}, w) = 0$. Anders ausgedrückt: die holomorphe Projektion

$$p \colon U \times D \to U$$
$$(\mathbf{z}, w) \mapsto \mathbf{z}$$

bildet die Nullstellenmenge

$$M = \{(\mathbf{z}, w) \colon \omega(\mathbf{z}, w) = 0\} \tag{18}$$

surjektiv auf U ab, und die Fasern $(p|M)^{-1}(\mathbf{z})$ sind höchstens k-elementig.

Wir wollen die Projektion $p|M$ genauer untersuchen. Dazu kürzen wir ab:

$$H = \mathcal{O}(U), \quad K = \mathrm{Quot}(H),$$

der Quotientenkörper des Integritätsringes H, und nehmen an, dass

$$\omega(\mathbf{z}, w) \in H[w] \subset K[w]$$

ein über K irreduzibles Polynom ist. Wir setzen dann

$$\omega' = \omega_w(\mathbf{z}, w),$$

also ist ω' ein Polynom vom Grad $k - 1$ in $H[w]$. Da ω irreduzibel ist, sind ω und ω' in $K[w]$ teilerfremd und genügen daher einer Gleichung

$$a\omega + b\omega' = 1,$$

mit $a, b \in K$. Heraufmultiplizieren des Hauptnenners von a und b liefert eine Identität

$$A\omega + B\omega' = C$$

mit $A, B, C \in H$, also ausführlich

$$A(\mathbf{z})\omega(\mathbf{z}, w) + B(\mathbf{z})\omega_w(\mathbf{z}, w) \equiv C(\mathbf{z}).$$

Außerhalb der Nullstellenmenge von C in U, also einer nirgends dichten Menge, haben damit $\omega(\mathbf{z}, w)$ und $\omega_w(\mathbf{z}, w)$ keine gemeinsamen Nullstellen, und das heißt, dass das Polynom $\omega(\mathbf{z}, w)$ in k verschiedene Linearfaktoren zerfällt: die Faser $(p|M)^{-1}(\mathbf{z})$ hat genau k Punkte. Es sei nun $(\mathbf{z}_0, w_0)$ ein solcher Punkt. In einer Umgebung $V(\mathbf{z}_0) \times D(w_0)$ hat dann ω die Ordnung 1 bezüglich $w - w_0$: nach dem Weierstraßschen Vorbereitungssatz können wir ω faktorisieren:

$$\omega(\mathbf{z}, w) = e_1(\mathbf{z}, w)\omega_1(\mathbf{z}, w)$$

mit $e_1(\mathbf{z}, w) \neq 0$ auf $V(\mathbf{z}_0) \times D(w_0)$ und

$$\omega_1(\mathbf{z}, w) = w - w_0 + A_0(\mathbf{z}),$$

wobei $A_0(\mathbf{z})$ holomorph auf V mit $A_0(\mathbf{z}_0) = 0$ ist. Die Nullstellenmenge von ω wird also in einer Umgebung von $(\mathbf{z}_0, w_0)$ durch eine Gleichung

$$w = w_0 + A_0(\mathbf{z})$$

gegeben, ihre Projektion auf $V(\mathbf{z}_0)$ ist offenbar ein Homöomorphismus.

Fassen wir zusammen:

Satz 6.5. *Es sei*

$$\omega(\mathbf{z}, w) = w^k + a_1(\mathbf{z})w^{k-1} + \ldots + a_k(\mathbf{z})$$

ein über dem Quotientenkörper von $H = \mathcal{O}(U)$, $U \subset \mathbb{C}^n$, *irreduzibles Polynom,* $M = \{(\mathbf{z}, w) \colon \omega(\mathbf{z}, w) = 0\}$ *sei seine Nullstellenmenge. Dann existiert eine holomorphe Funktion* C *auf* U, *die nicht identisch verschwindet, so dass für alle* $\mathbf{z}$ *mit* $C(\mathbf{z}) \neq 0$ *die Projektion*

$$p \colon M \to U,$$
$$p(\mathbf{z}, w) = \mathbf{z},$$

eine lokal-topologische Abbildung ist. Alle Fasern $\left(p|M\right)^{-1}(\mathbf{z})$, $C(\mathbf{z}) \neq 0$, *haben genau* k *Punkte. Ist* $(\mathbf{z}_0, w_0)$ *ein solcher Punkt, so wird in einer Umgebung* $V(\mathbf{z}_0) \times D(w_0)$ *die Menge* M *als Graph einer holomorphen Funktion gegeben:*

$$M \cap (V(\mathbf{z}_0) \times D(w_0)) = \{(\mathbf{z}, w) \colon \mathbf{z} \in V(\mathbf{z}_0),\ w = w_0 + A_0(\mathbf{z})\}.$$

Der Weierstraßsche Vorbereitungssatz leistet noch viel mehr, doch begnügen wir uns hier mit der obigen Anwendung.

Aufgaben

1. U sei eine Umgebung von 0 im $\mathbb{C}^n$, D eine Kreisscheibe um 0 in $\mathbb{C}$, $f(\mathbf{z}, w)$ sei holomorph auf $U \times D$ mit $f(0, 0) = 0$, $f(0, w) \not\equiv 0$. Zeige: Es gibt eine Nullumgebung $U_0 \subset U$, Radien $0 < r < R$ und ein $k \geq 1$, so dass f auf $U_0 \times (D_R(0) \setminus \overline{D_r(0)})$ nullstellenfrei ist und $w \mapsto f(\mathbf{z}, w)$ für $\mathbf{z} \in U_0$ genau k Nullstellen in $D_r(0)$ hat (mit Vielfachheit). – Man kann also Theorem 6.4 auf $f|U \times D_R(0)$ anwenden.

2. Die Funktion $f(\mathbf{z}, w)$ habe in $U \times D_R(0)$ die Ordnung k bezüglich w, $f(0, w)$ habe in $w = 0$ eine k-fache Nullstelle. Ist dann $\varphi \colon U \to D_R(0)$ eine Funktion, die jedem $\mathbf{z}$ eine Nullstelle von $w \mapsto f(\mathbf{z}, w)$ zuordnet, so ist φ stetig in $0 \in U$.

3. Die Funktion f sei holomorph in einer Umgebung U von $0 \in \mathbb{C}^n$, es sei $f(0) = 0$, aber $f \not\equiv 0$. Zeige: Es gibt eine lineare Bijektion $L \colon \mathbb{C}^n \to \mathbb{C}^n$, eine Umgebung V von 0 in $\mathbb{C}^{n-1}$ und Zahlen $0 < r < R$, so dass $g = f \circ L$ auf $V \times D_R(0)$ von einer Ordnung $k \geq 1$ ist, d.h. für $(z_1, \ldots, z_{n-1}) \in V$ hat $z_n \mapsto g(z_1, \ldots, z_{n-1}, z_n)$ in $D_R(0)$ genau k Nullstellen, die alle in $D_r(0)$ liegen.

4. (Weierstraßscher Divisionssatz) Es sei $\omega(\mathbf{z}, w)$ ein Weierstraß-Polynom in w vom Grade k, wie oben definiert über $U \times D$. Weiter sei $g(\mathbf{z}, w)$ eine holomorphe Funktion in einer Nullumgebung im $\mathbb{C}^{n+1}$. Zeige: Es gibt Umgebungen $U_0 \subset U$ von $0 \in \mathbb{C}^n$, D_0 von 0 in der w-Ebene, sowie Funktionen $Q \in \mathcal{O}(U_0 \times D_0)$ und $R \in \mathcal{O}(U_0 \times \mathbb{C})$ mit folgenden Eigenschaften:

(i) $g = Q\omega + R$,

(ii) $R \in \mathcal{O}(U_0)[w]$ mit $\mathrm{Grad}_w R < k$.

Q und R sind durch (i), (ii) eindeutig bestimmt.

Hinweis: Nach dem Beweis von Theorem 6.4 ist

$$\frac{1}{\omega(\mathbf{z}, w)} = \frac{1}{w^k} + \frac{b_1(\mathbf{z})}{w^{k+1}} + \cdots$$

mit holomorphen Koeffizienten $b_1, b_2, \ldots$ Sei

$$\frac{g(\mathbf{z}, w)}{\omega(\mathbf{z}, w)} = H_0(\mathbf{z}, w) + H_\infty(\mathbf{z}, w)$$

die Laurent-Trennung von g/ω (mit H_∞ als Hauptteil). Dann ist

$$g = H_0\omega + H_\infty\omega;$$

$Q = H_0$ und $R = H_\infty\omega$ lösen das Problem, wie ein Koeffizientenvergleich zeigt.

7. Elliptische Funktionen

Wir betrachten auf der ganzen komplexen Ebene definierte Funktionen $f\colon \mathbb{C} \to \hat{\mathbb{C}}$. Eine Zahl $\omega \in \mathbb{C}$ heißt *Periode* von f, wenn stets $f(z + \omega) = f(z)$ gilt. Jede Funktion hat die banale Periode 0; die Perioden einer gegebenen Funktion f bilden eine Untergruppe G_f der additiven Gruppe $\mathbb{C}$. Für konstantes f ist $G_f = \mathbb{C}$. Die Periodengruppe G_f einer nicht konstanten *meromorphen* Funktion f ist diskret in $\mathbb{C}$: Hätte man nämlich $\omega_\nu \to \omega_0$ für eine Folge ω_ν in G_f, so gälte für $z_0 \in \mathbb{C}$ mit $f(z_0) \in \mathbb{C}$ stets $f(z_0) = f(z_0 + \omega_\nu) = f(z_0 + \omega_0)$ – das zweite Gleichheitszeichen wegen der Stetigkeit von f – und nach dem Identitätssatz wäre f konstant.

Wir fragen nun, ob es zu jeder diskreten Untergruppe $G \neq \{0\}$ von $\mathbb{C}$ nichtkonstante meromorphe Funktionen gibt, die mindestens die Elemente von G als Perioden haben. Die einfachsten Beispiele solcher Untergruppen sind die unendlichen zyklischen Gruppen $G = \mathbb{Z}\omega$, $\omega \in \mathbb{C} \setminus \{0\}$; die Funktion $f(z) = \exp(2\pi i\, z/\omega)$ hat $\mathbb{Z}\omega$ als Periodengruppe. Die einzigen nicht-zyklischen diskreten Untergruppen von $\mathbb{C}$ sind die Gitter (Aufgabe 1):

Definition 7.1. *Ein Gitter Ω in $\mathbb{C}$ ist eine additive Untergruppe von $\mathbb{C}$ der Form*

$$\Gamma = \{m\omega_1 + n\omega_2\colon m, n \in \mathbb{Z}\},$$

wobei ω_1, ω_2 über $\mathbb{R}$ linear unabhängige komplexe Zahlen sind.

Wir schreiben dann $\Omega = \langle\omega_1, \omega_2\rangle$. Die *Gitterbasis* (ω_1, ω_2) ist allerdings durch Ω nicht eindeutig bestimmt, so gilt etwa $\langle\omega_1, \omega_2\rangle = \langle\omega_1 + \omega_2, \omega_2\rangle$ (vgl. Aufgabe 2). – Erzeugen ω_1, ω_2 ein Gitter Ω, so liegen ω_1, ω_2 nicht auf einer Geraden durch 0, sie spannen also ein Parallelogramm (vgl. Bild 12)

$$P = P(\omega_1, \omega_2) = \{z = t_1\omega_1 + t_2\omega_2\colon 0 \le t_1, t_2 < 1\}$$

auf, das (halboffene) *Periodenparallelogramm* zu $\langle\omega_1, \omega_2\rangle$. Die Translate $\omega + P = \{\omega + z\colon z \in P\}$ mit $\omega \in \Omega$ pflastern die Zahlenebene: jedes $z \in \mathbb{C}$ lässt sich eindeutig als $z = \omega + z'$ mit $\omega \in \Omega$, $z' \in P$ schreiben.

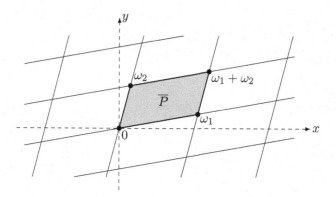

Bild 12. Gitter mit Periodenparallelogramm

Definition 7.2. *Eine elliptische Funktion zum Gitter Ω ist eine auf $\mathbb{C}$ meromorphe Funktion f mit*

$$f(z + \omega) \equiv f(z) \quad \text{für alle } \omega \in \Omega. \tag{1}$$

Die Periodengruppe G_f enthält also das Gitter Ω als – im Allgemeinen echte – Untergruppe: es wird nicht gefordert, dass Ω die genaue Periodengruppe G_f von f ist. Bei $\Omega = \langle \omega_1, \omega_2 \rangle$ ergibt sich (1) natürlich aus $f(z + \omega_1) = f(z) = f(z + \omega_2)$. – Alle Werte, die eine elliptische Funktion annimmt, werden schon im Periodenparallelogramm P angenommen, ebenso in jedem $a + P = \{a + z \colon z \in P\}$.

Im Folgenden sei $\Omega = \langle \omega_1, \omega_2 \rangle$ ein festes Gitter; „elliptisch" bedeute „elliptisch zu Ω". Wir beweisen zunächst einige allgemeine Sätze über elliptische Funktionen – ohne zu wissen, ob es solche (außer den Konstanten) überhaupt gibt.

Satz 7.1. *Die elliptischen Funktionen bilden einen Körper $K(\Omega)$, der $\mathbb{C}$ (als den Körper der konstanten Funktionen) umfasst. Mit $f \in K(\Omega)$ ist auch $f' \in K(\Omega)$.*

Beweis: Die Behauptungen folgen sofort aus (1).   □

Satz 7.2. *Eine holomorphe elliptische Funktion f ist konstant.*

Beweis: Auf dem kompakten Abschluss des Periodenparallelogramms ist f als stetige $\mathbb{C}$-wertige Funktion beschränkt. Also ist f auf ganz $\mathbb{C}$ beschränkt, der Satz von Liouville (oder das Maximumprinzip) liefert die Behauptung.   □

Eine nicht konstante elliptische Funktion muss also Pole haben, dabei können in P nur endlich viele Polstellen liegen.

Satz 7.3. *Es sei f elliptisch mit den Polen $z_1, \ldots, z_n$ in P. Dann gilt*

$$\sum_1^n \operatorname{res}_{z_\nu} f = 0.$$

Hieraus folgt, dass f nicht nur einen Pol erster Ordnung in P haben kann (dann gäbe es ja genau ein von Null verschiedenes Residuum in P), sondern mindestens zwei einfache Pole oder einen Pol zweiter Ordnung in P haben muss.

Beweis von Satz 7.3: Die Gitterbasis ω_1, ω_2 sei so numeriert, dass $\operatorname{Im}(\omega_1/\omega_2) > 0$. Dann ist $\overset{\circ}{P}$ ein positiv berandetes Gebiet mit dem Streckenzug

$$[0, \omega_1] + [\omega_1, \omega_1 + \omega_2] + [\omega_1 + \omega_2, \omega_2] + [\omega_2, 0]$$

als Randzyklus ∂P. Wir nehmen zunächst an, dass auf ∂P keine Polstellen der elliptischen Funktion f liegen. Der Residuensatz besagt dann

$$2\pi i \sum_1^n \operatorname{res}_{z_\nu} f = \int_{\partial P} f(z)\, dz$$

$$= \int_{[0,\omega_1]} f(z)\, dz + \int_{[\omega_1,\omega_1+\omega_2]} f(z)\, dz$$

$$- \int_{[\omega_2,\omega_1+\omega_2]} f(z)\, dz - \int_{[0,\omega_2]} f(z)\, dz.$$

Wegen $f(z + \omega_1) = f(z) = f(z + \omega_2)$ stimmen hier das erste mit dem dritten Integral, das zweite mit dem vierten überein; die Summe ergibt 0. – Liegen einige Polstellen z_ν auf ∂P, so wählen wir a nahe bei 0 so, dass alle z_ν im Innern von $a + P$ liegen, und integrieren über $\partial(a + P)$. $\qquad \square$

Satz 7.4. *Eine nicht konstante elliptische Funktion nimmt in P jeden Wert $w \in \hat{\mathbb{C}}$ gleich oft an (mit Vielfachheiten gezählt).*

Beweis: Es sei $w \in \mathbb{C}$. Wir wählen $a + P$ so, dass auf $\partial(a + P)$ keine Pole und keine w-Stellen der nicht-konstanten elliptischen Funktion f liegen. Da mit f auch $f'/(f - w)$ elliptisch ist, gilt nach dem Beweis von Satz 7.3

$$\frac{1}{2\pi i} \int_{\partial(a+P)} \frac{f'(z)\, dz}{f(z) - w} = 0.$$

Nach Folgerung 5.2 gibt dieses Integral aber die Differenz der Anzahl der w-Stellen und der Anzahl der Pole (mit Vielfachheit gezählt) von f in $a + P$ an. $\qquad \square$

Definition 7.3. *Die Ordnung einer elliptischen Funktion ist die Anzahl ihrer Pole in P, mit Vielfachheit gezählt.*

Dieser Begriff hängt scheinbar von der Wahl der Gitterbasis (ω_1, ω_2) ab; man überzeugt sich leicht, dass er nur von Ω abhängt (Aufgabe 5).

Wir wollen jetzt nicht-konstante elliptische Funktionen mit Hilfe von Partialbruch-Entwicklungen konstruieren. Naheliegende Kandidaten sind die Reihen

$$\sum_{\omega \in \Omega} \frac{1}{(z - \omega)^k} \tag{2}$$

für $k = 1, 2, 3, \ldots$: wenn (2) für ein k gegen eine meromorphe Funktion f_k konvergiert, so ist für $\omega_0 \in \Omega$

$$f_k(z + \omega_0) = \sum_{\omega \in \Omega} \frac{1}{(z - (\omega - \omega_0))^k} = f_k(z),$$

da mit ω auch $\omega - \omega_0$ das ganze Gitter Ω durchläuft.

Es gilt

Satz 7.5. *Für $k \geq 3$ sind die Reihen (2) absolut und lokal gleichmäßig konvergent.*

Sie stellen also elliptische Funktionen f_k dar, die genau in den Gitterpunkten Pole haben; f_k hat die Ordnung k. – Der Beweis beruht auf

Satz 7.6. *Für $k > 2$ ist die Reihe $\sum_{\omega \in \Omega \setminus \{0\}} \omega^{-k}$ absolut konvergent.*

Die hier und im Folgenden oft auftretende Summation über alle von 0 verschiedenen Gitterpunkte schreiben wir kurz als

$$\sideset{}{'}\sum = \sideset{}{'}\sum_{\omega \in \Omega} = \sum_{\omega \in \Omega \setminus \{0\}}.$$

Beweis von Satz 7.6: Es sei ω_1, ω_2 eine Gitterbasis von Ω. Für $\ell = 1, 2, 3, \ldots$ bezeichne P_ℓ das Parallelogramm in $\mathbb{C}$ mit den Ecken $\pm \ell \omega_1 \pm \ell \omega_2$. Es ist $\delta := \text{dist}(\partial P_1, 0) > 0$ und $\text{dist}(\partial P_\ell, 0) = \ell \delta$. Für die 8ℓ Gitterpunkte $\omega \in \partial P_\ell$ gilt $|\omega|^k \geq (\ell \delta)^k$, also hat man für $k > 2$

$$\sideset{}{'}\sum |\omega|^{-k} = \sum_{\ell = 1}^{\infty} \sum_{\omega \in \partial P_\ell} |\omega|^{-k} \leq 8\delta^{-k} \sum_{1}^{\infty} \ell^{-k+1} < +\infty. \qquad \square$$

Beweis von Satz 7.5: Es sei $R > 0$. Dann gibt es nur endlich viele $\omega \in \Omega$ mit $|\omega| < 2R$. Für $|z| \leq R$ und $\omega \geq 2R$ gilt

$$|z - \omega| \geq |\omega| - |z| \geq |\omega|/2,$$

also

$$\sum_{|\omega| \geq 2R} |z - \omega|^{-k} \leq 2^k \sum_{|\omega| \geq 2R} |\omega|^{-k} < +\infty.$$

Damit ist die Behauptung gezeigt (vgl. Definition III.6.1). $\qquad \square$

Nach Satz 7.3 kann es auch eine elliptische Funktion g der Ordnung 2 geben. Da (2) für $k = 2$ divergiert, versuchen wir, ein solches g durch Integration von f_3 zu gewinnen (man könnte auch den Satz von Mittag-Leffler heranziehen):

Die Funktion $\sum'(z - \omega)^{-3}$ ist auf $G = (\mathbb{C} \setminus \Omega) \cup \{0\}$ holomorph. Integriert man sie längs eines in G verlaufenden Weges von 0 nach z, so erhält man als Stammfunktion die ebenfalls absolut und lokal gleichmäßig konvergente Reihe

$$-\frac{1}{2} \sum' \left(\frac{1}{(z - \omega)^2} - \frac{1}{\omega^2} \right),$$

also ist

$$g(z) = -\frac{1}{2} \left(\frac{1}{z^2} + \sum' \left(\frac{1}{(z - \omega)^2} - \frac{1}{\omega^2} \right) \right) \tag{3}$$

eine Stammfunktion von f_3 auf $\mathbb{C} \setminus \Omega$, die meromorph auf $\mathbb{C}$ ist und genau in den Gitterpunkten Pole hat, jeweils von der Ordnung 2. Allerdings ist nicht klar, ob g periodisch ist: die Periodizität von f_3 liefert nur

$$g'(z + \omega) - g'(z) = f_3(z + \omega) - f_3(z) \equiv 0$$

für $\omega \in \Omega$, also $g(z + \omega) - g(z) = C(\omega)$ mit einer Konstanten $C(\omega)$. Setzen wir hier $\omega = \omega_j$ für $j = 1, 2$ (wobei $\langle \omega_1, \omega_2 \rangle = \Omega$) und $z = -\omega_j/2$, so ergibt sich

$$g(\omega_j/2) - g(-\omega_j/2) = C(\omega_j).$$

Aber g ist offenbar eine gerade Funktion, es folgt $C(\omega_j) = 0$ für $j = 1, 2$ und damit die Periodizität von g.

Wir führen nun die Standard-Bezeichnung ein:

Definition 7.4. *Die Weierstraßsche $\wp$-Funktion zum Gitter Ω ist*

$$\wp(z) = \frac{1}{z^2} + \sum' \left(\frac{1}{(z - \omega)^2} - \frac{1}{\omega^2} \right). \tag{4}$$

Nach Konstruktion ist $\wp(z)$ eine gerade elliptische Funktion der Ordnung 2, die Pole liegen in den Gitterpunkten. Ihre Ableitung

$$\wp'(z) = -2 \sum_{\Omega} (z - \omega)^{-3} \tag{5}$$

ist eine ungerade elliptische Funktion der Ordnung 3.

Die $\wp$-Funktion ist gewissermaßen die einfachste elliptische Funktion, aber zusammen mit ihrer Ableitung erzeugt sie schon den Körper $K(\Omega)$ aller elliptischen Funktionen! Da jedes $f \in K(\Omega)$ Summe einer geraden und einer ungeraden Funktion aus $K(\Omega)$ ist:

$$f(z) = \frac{1}{2} (f(z) + f(-z)) + \frac{1}{2} (f(z) - f(-z)),$$

ergibt sich diese Behauptung aus dem folgenden

Satz 7.7.

i. *Jede gerade elliptische Funktion f lässt sich als rationale Funktion von $\wp$ darstellen: $f = R(\wp)$ mit $R(X) \in \mathbb{C}(X)$.*

ii. *Jede ungerade elliptische Funktion g kann als $g = \wp' \cdot R(\wp)$ mit $R(X) \in \mathbb{C}(X)$ geschrieben werden.*

Beweis: Ist $g \in K(\Omega)$ ungerade, so ist $g/\wp'$ gerade. Damit ergibt sich *ii* aus *i*.

Um *i* zu beweisen, nehmen wir zunächst an, dass die gerade Funktion $f \in K(\Omega)$ die Polstellen $z_1, \ldots, z_n$ in $P \setminus \{0\}$ hat. Da $\wp(z) - \wp(z_j)$ in z_j verschwindet, hat die Funktion $(\wp(z) - \wp(z_j))^{m_j} f(z)$ bei genügend großem m_j eine hebbare Singularität in z_j. Wir können also die Exponenten m_j so wählen, dass

$$f_1(z) = \prod_{j=1}^{n} (\wp(z) - \wp(z_j))^{m_j} f(z)$$

in P höchstens 0 als Pol hat. Die Behauptung *i* folgt dann aus

Lemma 7.8. *Ist f_1 eine gerade elliptische Funktion, die höchstens in den Gitterpunkten Pole hat, so ist f_1 ein Polynom in $\wp$: $f_1 = a_0 + a_1\wp + \ldots + a_n\wp^n$ mit $a_\nu \in \mathbb{C}$.*

Für konstantes f_1 ist das klar. Bei nicht-konstantem f_1 betrachten wir die Laurent-Entwicklung um 0; da f_1 gerade ist, treten darin nur gerade Potenzen von z auf:

$$f_1(z) = \frac{b_{-2n}}{z^{2n}} + \ldots \text{ mit } b_{-2n} \neq 0;$$

insbesondere ist die Ordnung von f gerade. Die Laurent-Entwicklung von $\wp$ um 0 hat den Hauptteil $1/z^2$ (nach Formel (4)), also verschwindet in der Laurent-Entwicklung von

$$f_2(z) = f_1(z) - b_{-2n}\wp^n(z)$$

der Koeffizient von z^{-2n}: die gerade elliptische Funktion f_2, welche auch höchstens in den Gitterpunkten singulär wird, hat kleinere Ordnung als f_1 oder ist konstant. Induktion nach der Ordnung liefert das Lemma. Damit ist auch Satz 7.7 bewiesen. $\quad\square$

Die gerade elliptische Funktion $(\wp')^2$ hat Pole nur in den Gitterpunkten, und zwar von sechster Ordnung. Nach Lemma 7.8 gibt es eine Darstellung

$$\wp'^2 = a_0 + a_1\wp + a_2\wp^2 + a_3\wp^3.$$

Wir wollen die a_ν wie im Beweis des Lemmas bestimmen. Dazu werden die Anfangsterme der Laurent-Entwicklung benötigt. Wir schreiben

$$\wp(z) = \frac{1}{z^2} + c_2 z^2 + c_4 z^4 + \ldots \tag{6}$$

(da $\sum'$ in (4) im Nullpunkt verschwindet, tritt hier kein konstantes Glied auf). Dann ist

$$\wp^3(z) = \frac{1}{z^6} + 3c_2\frac{1}{z^2} + 3c_4 + \dots,$$

$$\wp'(z) = \frac{-2}{z^3} + 2c_2 z + 4c_4 z^3 + \dots,$$

$$(\wp'(z))^2 = \frac{4}{z^6} - 8c_2\frac{1}{z^2} - 16c_4 + \dots$$

Damit bekommen wir

$$\wp'^2(z) - 4\wp^3(z) = -20c_2 z^{-2} - 28c_4 + \dots,$$

$$\wp'^2(z) - 4\wp^3(z) + 20c_2\wp(z) = -28c_4 + \dots$$

Die rechte Seite ist eine holomorphe elliptische Funktion, also die Konstante $-28c_4$. Somit genügt $\wp(z)$ der Differentialgleichung

$$\wp'^2 = 4\wp^3 - 20c_2\wp - 28c_4.$$

In dieser Form ist sie noch unbefriedigend, man möchte die Koeffizienten c_2, c_4 oder auch alle $c_{2\nu}$ aus (6) explizit durch das Gitter Ω ausdrücken. Das ist nicht schwer: Mit

$$h(z) = \sum_1^{\infty} c_{2\nu} z^{2\nu} = \wp(z) - \frac{1}{z^2} = \sum' \left(\frac{1}{(z-\omega)^2} - \frac{1}{\omega^2} \right)$$

ist $(2\nu)!c_{2\nu} = h^{(2\nu)}(0)$. Für $\mu \geq 1$ ist aber

$$h^{(\mu)}(z) = (-1)^\mu (\mu+1)! \sum'(z-\omega)^{-\mu-2},$$

das ergibt

$$c_{2\nu} = (2\nu+1) \sum' \omega^{-2\nu-2}. \tag{7}$$

Wir fassen zusammen:

Satz 7.9. *Die Weierstraßsche $\wp$-Funktion zum Gitter Ω genügt der Differentialgleichung*

$$\wp'^2 = 4\wp^3 - g_2\wp - g_3, \tag{8}$$

dabei ist

$$g_2 = g_2(\Omega) = 60 \sum' \omega^{-4} \quad und \quad g_3 = g_3(\Omega) = 140 \sum' \omega^{-6}.$$

Man kann zeigen, dass Ω durch die beiden Zahlen $g_2(\Omega), g_3(\Omega)$ eindeutig bestimmt ist (Aufgabe 13), deswegen nennt man sie auch Invarianten des Gitters.

Wir notieren noch zwei Formeln, die sich aus (8) durch Differentiation ergeben:

$$\wp'' = 6\wp^2 - \frac{1}{2}g_2 = 6\wp^2 - 10c_2,$$

$$\wp''' = 12\wp\wp'. \tag{9}$$

Wir wollen das auf der rechten Seite von (8) auftretende Polynom

$$q(X) = 4X^3 - g_2 \cdot X - g_3$$

faktorisieren. Dazu müssen wir die Nullstellen von $\wp'$ bestimmen: $\wp'(z_0) = 0$ ist gleichbedeutend mit $q(\wp(z_0)) = 0$. Zu diesem Zweck fixieren wir eine Gitterbasis: $\Omega = \langle \omega_1, \omega_2 \rangle$, und setzen

$$\rho_1 = \omega_1/2, \quad \rho_2 = (\omega_1 + \omega_2)/2, \quad \rho_3 = \omega_2/2;$$

dies sind gerade die $z \in P$ mit $2z \in \Omega, z \notin \Omega$.

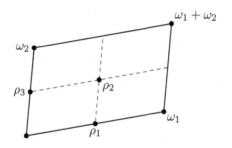

Bild 13. Definition der ρ_i

Lemma 7.10. *Eine ungerade Funktion $g \in K(\Omega)$ hat in den Punkten $0, \rho_1, \rho_2, \rho_3$ Nullstellen oder Pole (mit ungerader Vielfachheit). Eine gerade Funktion $f \in K(\Omega)$ nimmt in diesen Punkten ihren Wert mehrfach an (mit gerader Vielfachheit).*

Beweis: Es sei $z_0 \in \{0, \rho_1, \rho_2, \rho_3\}$. Dann gilt für ungerades $g \in K(\Omega)$ mit $g(z_0) \neq \infty$ wegen $2z_0 \in \Omega$

$$-g(z_0) = g(-z_0) = g(-z_0 + 2z_0) = g(z_0),$$

also $g(z_0) = 0$. – Ist $f \in K(\Omega)$ gerade, so ist $g = f'$ ungerade, und für $f(z_0) \neq \infty$ folgt $f'(z_0) = 0$ aus obigem; bei $f(z_0) = \infty$ betrachte man $1/f$. – Die Aussage über die Vielfachheiten überlassen wir dem Leser (Aufgabe 7). □

Insbesondere hat $\wp'(z)$ Nullstellen in ρ_1, ρ_2, ρ_3; da $\wp'$ die Ordnung 3 hat, sind diese alle einfach und es gibt keine weiteren in P. Setzt man

$$\wp(\rho_i) = e_i, \quad i = 1, 2, 3,$$

so sind die e_i gerade die Werte, die von $\wp$ mit Vielfachheit 2 angenommen werden. Sie sind voneinander verschieden, da $\wp$ jeden Wert nur zweimal in P annimmt. Damit hat $q(X)$ die drei verschiedenen Nullstellen e_1, e_2, e_3:

$$q(X) = 4(X - e_1)(X - e_2)(X - e_3), \tag{10}$$

und wir können die Differentialgleichung (8) in neuer Form schreiben:

Satz 7.11.

$$(\wp')^2 = 4 \prod_1^3 (\wp - e_j). \tag{11}$$

Mit elementarer Algebra erhalten wir aus (10) oder (11) die Beziehungen

$$e_1 + e_2 + e_3 = 0,$$
$$-4(e_1 e_2 + e_2 e_3 + e_3 e_1) = g_2,$$
$$4 e_1 e_2 e_3 = g_3,$$

und die Diskriminante

$$\Delta = 16(e_1 - e_2)^2 (e_2 - e_3)^2 (e_3 - e_1)^2$$

des Polynoms $q(X)$ lässt sich als

$$\Delta = g_2^3 - 27 g_3^2$$

schreiben. Da die e_j voneinander verschieden sind, ist $\Delta \neq 0$.

Wir haben oben erwähnt, dass die Zahlen $g_2(\Omega), g_3(\Omega)$ das Gitter Ω charakterisieren. Es lässt sich zeigen, dass zu jedem Zahlenpaar g_2, g_3 mit $g_2^3 - 27 g_3^2 \neq 0$ tatsächlich ein Gitter Ω mit $g_2 = g_2(\Omega), g_3 = g_3(\Omega)$ existiert (vgl. [FL2]).

Schließlich können wir auch die algebraische Struktur von $K(\Omega)$ genau beschreiben:

Satz 7.12. *$K(\Omega)$ ist isomorph zum Quotienten des Polynomrings $\mathbb{C}(X)[Y]$ über dem rationalen Funktionenkörper $\mathbb{C}(X)$ nach dem von $Y^2 - (4X^3 - g_2 X - g_3)$ erzeugten Ideal.*

Der durch $X \mapsto \wp$, $Y \mapsto \wp'$ gegebene Homomorphismus von $\mathbb{C}(X)[Y]$ in $K(\Omega)$ ist nämlich surjektiv nach Satz 7.7 und hat nach Satz 7.9 das angegebene Ideal als Kern.

$\square$

Zum Schluss wollen wir einen Spezialfall genauer ansehen und beispielhaft zeigen, wie man Integrale gewisser algebraischer Funktionen mit Hilfe elliptischer Funktionen berechnen kann. Wir betrachten ein „Rechteckgitter" Ω, d.h. ein von $\omega_1 \in \mathbb{R}$, $\omega_2 \in i\mathbb{R}$ erzeugtes Gitter. Mit ω gehört dann auch $\bar{\omega}$ zu Ω, und für

$$\wp(z) = \frac{1}{z^2} + \sideset{}{'}\sum \left(\frac{1}{(z-\omega)^2} - \frac{1}{\omega^2} \right) \tag{4}$$

bekommt man $\wp(\bar{z}) = \overline{\wp(z)}$. Damit sind alle $c_{2\nu}$ in der Laurent-Entwicklung (6) reell, also auch die Invarianten g_2, g_3. Ebenso sind die Werte von $\wp$ auf der reellen und der imaginären Achse reell (oder ∞). Aber auch die Werte auf den Geraden $\rho_1 + i\mathbb{R}$ und $\rho_3 + \mathbb{R}$ sind reell, denn man hat z.B.

$$\wp(\rho_1 + iy) = \wp(-\rho_1 + iy) = \wp(\rho_1 - iy) = \wp(\overline{\rho_1 + iy}) = \overline{\wp(\rho_1 + iy)}.$$

Wir untersuchen den Funktionsverlauf genauer. Gleichung (4) zeigt $\lim \wp(t) = +\infty$ und $\lim \wp(it) = -\infty$, wenn t durch positive Werte gegen Null geht. Da $\wp$ gerade ist, gilt $\wp(\rho_1 + x) = \wp(\rho_1 - x)$; überdies nimmt $\wp$ jeden Wert nur zweimal an. Daher muss $\wp(x)$ streng monoton von $+\infty$ nach $e_1 = \wp(\rho_1)$ fallen, wenn x das Intervall $]0, \rho_1[$ durchläuft. Ebenso sieht man: Auf der Strecke von ρ_1 nach ρ_2 (von ρ_2 nach ρ_3 bzw. von ρ_3 nach 0) fällt $\wp(z)$ streng monoton von e_1 nach e_2 (von e_2 nach e_3 bzw. von e_3 nach $-\infty$). Der in dieser Weise durchlaufene Rand des Rechtecks Q mit den Ecken $0, \rho_1, \rho_2, \rho_3$ wird also durch $\wp$ bijektiv auf die von $+\infty$ nach $-\infty$ durchlaufene reelle Achse abgebildet. Man schließt: $\wp$ liefert eine biholomorphe Abbildung von $\overset{\circ}{Q}$ auf die untere Halbebene.

Wir richten nun unsere Aufmerksamkeit auf das reelle Intervall $]0, \rho_1]$. Dieses wird durch $\wp$ streng monoton fallend auf $[e_1, +\infty[$ abgebildet, die Umkehrfunktion bezeichnen wir mit

$$E \colon [e_1, \infty[\to]0, \rho_1], \ u \mapsto E(u) = \wp^{-1}(u).$$

Sie hat auf $]e_1, +\infty[$ die Ableitung

$$E'(u) = \frac{1}{\wp'(E(u))} = \frac{-1}{\sqrt{4u^3 - g_2 u - g_3}};$$

für die letzte Formel haben wir die Differentialgleichung (8) und $\wp(E(u)) = u$ benutzt; das Minus-Zeichen steht, da $E(u)$ monoton fällt. Anders gewendet:

$$\frac{1}{\sqrt{4u^3 - g_2 u - g_3}}$$

hat auf $]e_1, +\infty[$ die Stammfunktion $-E$. Also gilt für $u_0, u_1 \in]e_1, +\infty[$

$$\int_{u_0}^{u_1} \frac{du}{\sqrt{4u^3 - g_2 u - g_3}} = E(u_0) - E(u_1) = \wp^{-1}(u_0) - \wp^{-1}(u_1). \tag{12}$$

Zusammengefasst: Das Polynom $q(X) = 4X^3 - g_2 X - g_3$ habe drei reelle Nullstellen e_1, e_2, e_3, es sei $e_1 > e_2 > e_3$. Dann gibt es genau ein Gitter Ω in $\mathbb{C}$, dessen Invarianten die Koeffizienten g_2, g_3 von $q(X)$ sind, Ω ist ein Rechteckgitter. Mit der Weierstraßschen Funktion $\wp = \wp_\Omega$ gilt dann Formel (12).

Die Existenz von Ω können wir hier, wie gesagt, nicht beweisen; dass Ω ein Rechteckgitter ist, lässt sich einfacher einsehen (vgl. Aufgaben 10, 11).

Mit mehr funktionentheoretischem Aufwand kann man für jedes Polynom $q(X) = 4X^3 - g_2 X - g_3$ mit $g_2, g_3 \in \mathbb{C}$, das getrennte Nullstellen hat, Wegintegrale

$$\int_\gamma \frac{du}{\sqrt{q(u)}}$$

mit Hilfe der Umkehrung einer geeigneten $\wp$-Funktion auswerten.

Formeln wie

$$\int (1 - u^2)^{-1/2}\, du = \arcsin u$$

zeigen, dass sich Integrale

$$\int q(u)^{-1/2}\, du$$

mit Hilfe von Umkehrfunktionen trigonometrischer Funktionen berechnen lassen, falls q ein quadratisches Polynom mit getrennten Nullstellen ist. Man kann folgendes zeigen: Ist q ein reelles Polynom 3. oder 4. Grades mit getrennten Nullstellen, so hat das unbestimmte Integral $\int q(u)^{-1/2}\, du$ Umkehrfunktionen, die sich ins Komplexe zu einer elliptischen Funktion fortsetzen lassen. So ist die Theorie der elliptischen Funktionen zunächst aufgebaut worden – durch Gauß, Legendre, Abel, Jacobi, Weierstraß u.a. Die Beschränkung auf reelle Polynome ist dabei vom funktionentheoretischen Standpunkt aus unnatürlich: Sie entspricht der Beschränkung auf Rechteck- bzw. Rhomben-Gitter (vgl. Aufgabe 10).

Aufgaben

1. Jede diskrete Untergruppe $G \neq \{0\}$ der additiven Gruppe $\mathbb{C}$ ist von einem der folgenden Typen:
   $\alpha)$ $G = \mathbb{Z}\omega$ mit $\omega \neq 0$,
   $\beta)$ $G = \{m\omega_1 + n\omega_2 : m, n \in \mathbb{Z}\}$, wobei ω_1, ω_2 linear unabhängig über $\mathbb{R}$ sind.
   Anleitung: Wähle $\omega_1 \in G \setminus \{0\}$ mit minimalem Betrag. Dann ist $G \cap \mathbb{R}\omega_1 = \mathbb{Z}\omega_1$. Wenn $G \neq \mathbb{Z}\omega_1$, wähle $\omega_2 \in G \setminus \mathbb{R}\omega_1$ mit minimalem Betrag; zeige $G = \langle \omega_1, \omega_2 \rangle$.

2. Es sei ω_1, ω_2 Basis eines Gitters Ω. Zeige: ω_1', ω_2' bilden genau dann eine Basis von Ω, wenn

   $$\omega_1' = a\omega_1 + b\omega_2, \qquad \omega_2' = c\omega_1 + d\omega_2$$

   mit ganzen Zahlen a, b, c, d und $ad - bc = \pm 1$.

3. a) Eine Basis ω_1, ω_2 des Gitters Ω sei gemäß der Anleitung in Aufgabe 1 gewählt, außerdem gelte $\tau := \omega_2/\omega_1 \in \mathbb{H}$ (das lässt sich, wenn nötig, durch Übergang von ω_2 zu $-\omega_2$ erreichen). Dann ist $|\tau| \geq 1$ und $|\operatorname{Re} \tau| \leq \frac{1}{2}$.

b) Durch Modifikation der Basis kann man noch $-\frac{1}{2} \leq \operatorname{Re}\tau < \frac{1}{2}$ und $\operatorname{Re}\tau \leq 0$ für $|\tau| = 1$ erreichen.

4. Für ein Gitter Ω ist $\sum_{\Omega}' |\omega|^{-2}$ divergent.

5. Zeige: Der Begriff „Ordnung einer elliptischen Funktion" ist unabhängig von der Wahl der Gitterbasis.

6. Es sei Ω ein Gitter, $z_1 \notin \frac{1}{2}\Omega$. Man gebe alle geraden elliptischen Funktionen zu Ω an, die Pole – und zwar einfache – nur in den Punkten $z_1 + \omega, -z_1 + \omega$ ($\omega \in \Omega$) haben.

7. Es sei f eine gerade elliptische Funktion zu Ω. Hat f in z_0 einen Pol der Ordnung m, so auch in $-z_0$. Im Fall $2z_0 \in \Omega$ ist die Polordnung gerade. – Man gebe nun zu f eine minimale Punktmenge $\{z_1, \ldots, z_r\} \subset P \setminus \{0\}$ und minimale Exponenten an, so dass

$$\prod_1^r (\wp(z) - \wp(z_j))^{m_j} f(z)$$

höchstens in den Gitterpunkten Pole hat.

8. Durch Einsetzen der Laurent-Reihe (6) in die Gleichung $\wp'' = 6\wp^2 - 10c_2$ leite man eine Rekursionsformel für die $c_{2\nu}$, $\nu \geq 3$, her. Damit zeige man:

   (∗)   Es gibt Polynome $P_\nu(X, Y)$ mit positiven rationalen Koeffizienten für $\nu \geq 3$, so dass $c_{2\nu} = P_\nu(c_2, c_4)$ gilt.

9. Es sei Ω ein Gitter mit den Invarianten g_2, g_3. Dann sind äquivalent:
   i. $g_2, g_3 \in \mathbb{R}$,
   ii. alle $c_{2\nu}$ in (6) sind reell,
   iii. $\wp(\overline{z}) = \overline{\wp(z)}$,
   iv. $\omega \in \Omega$ genau für $\overline{\omega} \in \Omega$.
   (Benutze (∗) aus Aufgabe 8!)

10. Ein Gitter Ω wie in Aufgabe 9 heißt reell. Rechteckgitter und Rhombengitter, das sind solche mit einer Basis der Form $\omega_1, \overline{\omega}_1$, sind reell. Zeige umgekehrt: Jedes reelle Gitter ist ein Rechteck- oder Rhombengitter.

11. Es sei $\Omega = \langle \omega_1, \overline{\omega}_1 \rangle$ ein Rhombengitter, $\rho_2 = (\omega_1 + \overline{\omega}_1)/2$. Dann ist $\wp_\Omega$ reellwertig (oder ∞) auf den Geraden $\mathbb{R}$, $\omega_1 + \mathbb{R}$, $i\mathbb{R}$, $\omega_1 + i\mathbb{R}$. Insbesondere ist $e_2 = \wp(\rho_2) \in \mathbb{R}$, $e_1 = \wp(\omega_1/2)$ und $e_3 = \wp(\overline{\omega}_1/2)$ sind nicht reell. Die reelle Funktion $\wp(x)$ fällt monoton von $+\infty$ nach e_2 für $x \in]0, \rho_2]$. Diskutiere $\int_{u_0}^{u_1} (4u^3 - g_2 u - g_3)^{-1/2}\, du$ (dabei sei $u_0, u_1 > e_2$, $g_j = g_j(\Omega)$).

12. Es sei Ω ein Quadratgitter, d.h. mit Gitterbasis $\omega_1 \in \mathbb{R}$, $\omega_2 = i\omega_1$. Dann ist $\sum' \omega^{-2k} = 0$ für ungerades $k \geq 3$. Also gilt $c_{4\mu} = 0$ (für $\mu \geq 1$) in der Laurent-Reihe (6). $\wp_\Omega$ hat rein-imaginäre Werte auf den Diagonalen des Fundamentalquadrates; es ist $e_3 < e_2 = 0 < e_1 = -e_3$.

13. Es seien Ω und $\widetilde{\Omega}$ Gitter mit $g_2(\Omega) = g_2(\widetilde{\Omega})$ und $g_3(\Omega) = g_3(\widetilde{\Omega})$. Dann ist $\Omega = \widetilde{\Omega}$ (benutze (∗) aus Aufgabe 8).

8. Holomorphe Automorphismen

Biholomorphe Abbildungen eines Gebietes $G \subset \hat{\mathbb{C}}$ auf sich nennt man auch kurz (holomorphe) *Automorphismen* von G. Ein triviales Beispiel eines solchen ist die identische Abbildung $\mathrm{id}\colon G \to G$; manche Gebiete haben auch nur diesen Automorphismus. Sind f und g Automorphismen von G, so auch $f \circ g$ und f^{-1}: Die Komposition von Abbildungen liefert eine Gruppenstruktur.

Definition 8.1. *Es sei G ein Gebiet in $\hat{\mathbb{C}}$. Die Gruppe der biholomorphen Abbildungen von G auf sich heißt Automorphismengruppe von G und wird mit $\operatorname{Aut} G$ bezeichnet.*

In Satz III.4.2 haben wir bereits die Automorphismengruppen von $\hat{\mathbb{C}}$ und $\mathbb{C}$ bestimmt:

$\operatorname{Aut} \hat{\mathbb{C}}$ *ist die Gruppe $\mathcal{M}$ aller Möbius-Transformationen,* $\operatorname{Aut} \mathbb{C}$ *ist die Gruppe der ganzen linearen Transformationen.*

Zur Bestimmung weiterer Automorphismengruppen ist die folgende Aussage hilfreich:

Satz 8.1. *Es sei $F: G_1 \to G_2$ eine biholomorphe Abbildung von Gebieten in $\hat{\mathbb{C}}$. Ist dann $f \in \operatorname{Aut} G_1$, so ist $F_*(f) = F f F^{-1} \in \operatorname{Aut} G_2$, und die Abbildung $F_* \colon \operatorname{Aut} G_1 \to \operatorname{Aut} G_2$ ist ein Gruppenisomorphismus.*

Die einfache Verifikation überlassen wir dem Leser.

Zum Beispiel kennen wir die biholomorphe Abbildung

$$S \colon \mathbb{H} \to \mathbb{D}, \quad z \mapsto \frac{i-z}{i+z}. \tag{1}$$

Also sind $\operatorname{Aut} \mathbb{H}$ und $\operatorname{Aut} \mathbb{D}$ isomorph! Wir wollen diese Gruppen bestimmen und beginnen mit der oberen Halbebene. Es wird sich zeigen, dass sie aus Möbius-Transformationen bestehen – vgl. hierzu III.4.

Die Translationen $z \mapsto z+b$ mit reellem b und die Homothetien $z \mapsto \lambda z$ mit $\lambda > 0$ sind Möbius-Transformationen, welche in $\operatorname{Aut} \mathbb{H}$ liegen. Jedes $z \in \mathbb{H}$ lässt sich mit einer solchen Translation in die imaginäre Achse schieben, dann mit einer Homothetie nach i bringen. Also operiert die Gruppe $\operatorname{Aut} \mathbb{H} \cap \mathcal{M}$ transitiv auf $\mathbb{H}$ (d.h. zu $z_1, z_2 \in \mathbb{H}$ gibt es $T \in \operatorname{Aut} \mathbb{H} \cap \mathcal{M}$ mit $T z_1 = z_2$).

Wir werden unten zeigen, dass alle Automorphismen von $\mathbb{H}$, die i festlassen, Möbius-Transformationen sind:

$$\mathcal{F}_i = \{ f \in \operatorname{Aut} \mathbb{H} \colon f(i) = i \} \subset \mathcal{M}. \tag{$*$}$$

Hiermit folgt leicht $\operatorname{Aut} \mathbb{H} \subset \mathcal{M}$: Sei $h \in \operatorname{Aut} \mathbb{H}, h(i) = z_0$. Dann gibt es $T \in \operatorname{Aut} \mathbb{H} \cap \mathcal{M}$ mit $T z_0 = i$. Also ist i Fixpunkt von $T \circ h$, nach $(*)$ gilt $T \circ h \in \mathcal{M}$, also auch $h \in \mathcal{M}$.

Wir bestimmen nun die Möbius-Transformationen T mit $T(\mathbb{H}) = \mathbb{H}$. Dies ist äquivalent zu $T(\mathbb{R} \cup \{\infty\}) = \mathbb{R} \cup \{\infty\}$ (dann ist $T(\mathbb{H}) = \mathbb{H}$ oder $T(\mathbb{H}) = -\mathbb{H}$) und $T(i) \in \mathbb{H}$. Für

$$T z = \frac{\alpha z + \beta}{\gamma z + \delta} \tag{2}$$

ist $T(\mathbb{R}\cup\{\infty\}) = \mathbb{R}\cup\{\infty\}$ gleichbedeutend damit, dass die Koeffizienten $\alpha, \beta, \gamma, \delta$ reell gewählt werden können – man beachte, dass sie durch T nur bis auf einen gemeinsamen Faktor festgelegt sind! Wir können nämlich T als Doppelverhältnis schreiben:

$$Tz = \mathrm{DV}(z, z_1, z_2, z_3) = \frac{z - z_1}{z - z_3} : \frac{z_2 - z_1}{z_2 - z_3}, \tag{3}$$

wobei z_1, z_2, z_3 die T-Urbilder von $0, 1, \infty$ sind. Ist $\mathbb{R}\cup\{\infty\}$ T-invariant, so sind $z_1, z_2, z_3 \in \mathbb{R}\cup\{\infty\}$, und (3) ergibt die Formel (2) mit reellen Koeffizienten. – Die umgekehrte Implikation ist trivial.

Für reelle Koeffizienten in (2) rechnet man

$$\mathrm{Im}\, T(i) = \frac{\alpha\delta - \beta\gamma}{\gamma^2 + \delta^2}$$

nach, $Ti \in \mathbb{H}$ ist also äquivalent zur Positivität der Determinante $\alpha\delta - \beta\gamma$. Damit haben wir

Satz 8.2. Aut $\mathbb{H}$ *ist die Gruppe der Möbius-Transformationen*

$$Tz = \frac{\alpha z + \beta}{\gamma z + \delta}$$

mit $\alpha, \beta, \gamma, \delta \in \mathbb{R}$ *und* $\alpha\delta - \beta\gamma > 0$.

Aut $\mathbb{H}$ ist also isomorph zur Gruppe $\mathrm{SL}(2, \mathbb{R})/\{\pm I\}$, vgl. Satz III.4.3.

Zum vollständigen Beweis dieses Satzes ist noch die Aussage $(*)$ zu begründen. Das geht leichter, wenn wir das Problem mittels des Isomorphismus

$$S_*\colon \mathrm{Aut}\,\mathbb{H} \to \mathrm{Aut}\,\mathbb{D}, \quad T \mapsto STS^{-1},$$

nach $\mathbb{D}$ verlagern; dabei wählen wir S wie in (1). Wegen $S(i) = 0$ geht unter S_* die Fixgruppe $\mathcal{F}_i$ von i in Aut $\mathbb{H}$ über in die Fixgruppe $\mathcal{F}_0$ von 0 in Aut $\mathbb{D}$. Da S in $\mathcal{M}$ liegt, genügt es zu zeigen

$$\mathcal{F}_0 = \{g \in \mathrm{Aut}\,\mathbb{D}\colon g(0) = 0\} \subset \mathcal{M}. \tag{$*'$}$$

Der Beweis von $(*')$ stützt sich auf eine Wachstumsaussage für beschränkte holomorphe Funktionen, die auch in vielen anderen Zusammenhängen wichtig ist:

Satz 8.3 (Schwarzsches Lemma). *Es sei* $f\colon \mathbb{D} \to \mathbb{D}$ *eine holomorphe Funktion mit* $f(0) = 0$. *Dann gilt* $|f(z)| \leq |z|$ *für alle* $z \in \mathbb{D}$ *und* $|f'(0)| \leq 1$. *Besteht in einem Punkt* $z_0 \in \mathbb{D} \setminus \{0\}$ *die Gleichheit* $|f(z_0)| = |z_0|$ *oder ist* $|f'(0)| = 1$, *so ist* f *eine Drehung:* $f(z) = e^{i\lambda}z$ *mit* $\lambda \in \mathbb{R}$.

Beweis: Die Funktion $g \colon \mathbb{D} \to \mathbb{C}$ mit

$$g(z) = \frac{f(z)}{z} \quad \text{für } z \neq 0, \quad g(0) = f'(0)$$

ist wegen $f(0) = 0$ holomorph auf $\mathbb{D}$. Für $|z| \leq r < 1$ gilt nach dem Maximum-Prinzip

$$|g(z)| \leq \max_{|\zeta|=r} |g(\zeta)| < \frac{1}{r},$$

dabei haben wir $|f(\zeta)| < 1$ benutzt. Mit $r \to 1$ erhalten wir $|g(z)| \leq 1$ für $z \in \mathbb{D}$; das ist die erste Aussage des Satzes. Aus $|f(z_0)| = |z_0|$ bzw. $|f'(z_0)| = 1$ folgt, dass $|g|$ in z_0 bzw. 0 das Maximum annimmt. Dann ist aber g eine Konstante vom Betrag 1. $\quad\square$

Mit dem Schwarzschen Lemma können wir die Gruppe $\mathcal{F}_0$ leicht bestimmen. Es sei $g \in \operatorname{Aut} \mathbb{D}$ mit $g(0) = 0$, dann ist $|g'(0)| \leq 1$ nach Satz 8.3. Die Umkehrabbildung g^{-1} hat ebenfalls 0 als Fixpunkt, also gilt auch $|(g^{-1})'(0)| \leq 1$. Mit $g'(0) \cdot (g^{-1})'(0) = 1$ folgt nun $|g'(0)| = 1$, nach Satz 8.3 ist $g(z) = e^{i\lambda} z$ mit $\lambda \in \mathbb{R}$. Umgekehrt gehören natürlich alle diese Drehungen zu $\mathcal{F}_0$. Damit ist gezeigt:

$\mathcal{F}_0$ ist die Gruppe der Drehungen um den Nullpunkt, insbesondere $\mathcal{F}_0 \subset \mathcal{M}$.

Satz 8.2 ist nun vollständig bewiesen. Überdies folgt wegen $S \in \mathcal{M}$, dass auch $\operatorname{Aut} \mathbb{D} = S_*(\operatorname{Aut} \mathbb{H})$ aus Möbius-Transformationen besteht.

Um die Elemente von $\operatorname{Aut} \mathbb{D}$ explizit zu bestimmen, kann man STS^{-1} für $T \in \operatorname{Aut} \mathbb{H}$ ausrechnen – wir überlassen das dem Leser. Man erhält

Satz 8.4. $\operatorname{Aut} \mathbb{D}$ *ist die Gruppe der Möbius-Transformationen, die in der Form*

$$Tz = \frac{az + b}{\bar{b}z + \bar{a}} \tag{4}$$

mit $a, b \in \mathbb{C}$, $a\bar{a} - b\bar{b} > 0$, geschrieben werden können.

Wir wollen (4) noch in eine „geometrischere" Form bringen. Wegen $a\bar{a} - b\bar{b} > 0$ ist $a \neq 0$ und $|b/a| < 1$. Wir schreiben

$$Tz = \frac{az + b}{\bar{b}z + \bar{a}} = \frac{a}{\bar{a}} \cdot \frac{z + (b/a)}{(\bar{b}/\bar{a})z + 1};$$

definieren wir $\lambda \in \mathbb{R}$ durch $a = |a| e^{i\lambda/2}$ und setzen $-b/a = z_0 \in \mathbb{D}$, so ergibt sich

$$Tz = e^{i\lambda} \frac{z - z_0}{1 - \bar{z}_0 z} \tag{5}$$

mit $\lambda \in \mathbb{R}$, $z_0 \in \mathbb{D}$. – Formel (5) zerlegt T in einen Automorphismus, der z_0 in 0 überführt, und eine anschließende Drehung um den Nullpunkt.

Wir bemerken zum Schluss, dass jede biholomorphe Abbildung zwischen Gebieten G_1 und G_2 in $\hat{\mathbb{C}}$, die durch Möbius-Kreise berandet werden, eine Möbius-Transformation ist. Insbesondere gilt $\operatorname{Aut} G \subset \mathcal{M}$ für jedes solche G. Nach Satz III.4.6, gibt es nämlich $T_j \in \mathcal{M}$ mit $T_j(\mathbb{H}) = G_j$, $j = 1, 2$. Ist nun $f\colon G_1 \to G_2$ biholomorph, so hat man $T_2^{-1} f T_1 \in \operatorname{Aut} \mathbb{H} \subset \mathcal{M}$ und damit auch $f \in \mathcal{M}$.

Aufgaben

1. Es sei $F\colon G_1 \to G_2$ eine biholomorphe Abbildung von Gebieten in $\hat{\mathbb{C}}$. Für $h \in \mathcal{O}(G_2)$ setzen wir $F^*(h) = h \circ F$. Dann ist F^* ein Algebren-Isomorphismus von $\mathcal{O}(G_2)$ auf $\mathcal{O}(G_1)$, der überdies lokal gleichmäßig konvergente Funktionenfolgen in ebensolche überführt.

2. Es sei
$$Tz = \frac{az + b}{\bar{b}z + \bar{a}} \quad \text{mit } |a| \neq |b|$$
oder
$$Tz = e^{i\lambda} \frac{z - z_0}{1 - \overline{z_0}z} \quad \text{mit } \lambda \in \mathbb{R},\ |z_0| \neq 1.$$
Man verifiziere: Aus $|z| = 1$ folgt $|Tz| = 1$; ist $|a| > |b|$ bzw. $z_0 \in \mathbb{D}$, so gilt $T(\mathbb{D}) = \mathbb{D}$. Was passiert bei $|a| < |b|$ bzw. $|z_0| > 1$?

3. a) Zu $z_0 \in \mathbb{D}$ und $z_1, z_2 \in \partial \mathbb{D}$ gibt es genau ein $T \in \operatorname{Aut} \mathbb{D}$ mit $Tz_0 = z_0$, $Tz_1 = z_2$.
   b) Zu $z_0 \in \mathbb{D}$ beschreibe man $\{T \in \operatorname{Aut} \mathbb{D}\colon Tz_0 = z_0\}$;
      zu $z_0, w_0 \in \mathbb{D}$ beschreibe man $\{T \in \operatorname{Aut} \mathbb{D}\colon Tz_0 = w_0\}$.

4. Man leite aus dem Schwarzschen Lemma Aussagen ähnlichen Typs ab für holomorphe Funktion $f\colon D_r(a) \to \mathbb{C}$ mit $|f| < M$ oder $f\colon D_r(a) \to D_\rho(b)$ mit $f(a) = b$.

5. Wir betrachten Kreisringe $K_1 = \{z\colon r_1 < |z - a| < r_2\}$ und $K_2 = \{z\colon \rho_1 < |z - b| < \rho_2\}$. Man zeige: genau dann gibt es ein $T \in \mathcal{M}$ mit $T(K_1) = K_2$, wenn $r_1/r_2 = \rho_1/\rho_2$ gilt.

6. Es seien $z_1, \dots, z_r$ verschiedene Punkte in $\hat{\mathbb{C}}$ und $G = \hat{\mathbb{C}} \setminus \{z_1, \dots, z_r\}$.
   a) Man zeige: Jeder Automorphismus von G setzt sich zu einem $T \in \mathcal{M}$ fort, welches $z_1, \dots, z_r$ permutiert.
   b) Man bestimme $\operatorname{Aut} G$ für $r = 1, 2, 3$.
   c) Man untersuche den Fall $r = 4$ ($\operatorname{Aut} G$ hängt von $\operatorname{DV}(z_1, z_2, z_3, z_4)$ ab!).

7. Bestimme $\operatorname{Aut} G$ für $G = \mathbb{D} \setminus \{0\}$, $G = \mathbb{D} \setminus \{0, 1/2\}$ und $G = \mathbb{D} \setminus \{0, 1/2, i/3\}$.

8. Untersuche die Beziehung zwischen $\operatorname{Aut} G$ und $\operatorname{Aut}(G \setminus \{z_1, \dots, z_r\})$. Dabei ist G ein Gebiet, $z_1, \dots, z_r$ sind Punkte von G.

9. Die hyperbolische Metrik

Die Weglänge in $\mathbb{C}$ ist invariant unter euklidischen Bewegungen: $L(S \circ \gamma) = L(\gamma)$ für $S\colon z \mapsto az + b$ mit $|a| = 1$. Wir leiten jetzt eine andere Art der Längenmessung für Wege in $\mathbb{D}$ bzw. $\mathbb{H}$ her, die invariant unter $\operatorname{Aut} \mathbb{D}$ bzw. unter $\operatorname{Aut} \mathbb{H}$ ist. Diese *hyperbolische Metrik* ist zum einen wesentlich in der Theorie der Riemannschen Flächen, zum andern dient sie zur Konstruktion einer nichteuklidischen Geometrie. Das zweite Thema behandeln wir im nächsten Paragraphen.

In IV.8 haben wir gesehen, dass $\operatorname{Aut}\mathbb{D}$ transitiv auf $\mathbb{D}$ operiert: zu $z_0, w_0 \in \mathbb{D}$ gibt es $T \in \operatorname{Aut}\mathbb{D}$ mit $Tz_0 = w_0$. Insbesondere bildet

$$T_{z_0}: z \mapsto \frac{z - z_0}{1 - \overline{z}_0 z} \tag{1}$$

den Punkt $z_0 \in \mathbb{D}$ in den Nullpunkt ab.

Hingegen gibt es zu zwei Paaren $(z_0, z_1), (w_0, w_1)$ verschiedener Punkte von $\mathbb{D}$ nicht immer ein $T \in \operatorname{Aut}\mathbb{D}$ mit $Tz_0 = w_0$ und $Tz_1 = w_1$: Ist etwa $z_0 = w_0 = 0$ und $Tz_0 = w_0$, so ist T eine Drehung um 0 und $Tz_1 = w_1$ ist genau dann möglich, wenn $|z_1| = |w_1|$ ist. Ein beliebiges Punktepaar (z_0, z_1) lässt sich genau dann durch einen Automorphismus von $\mathbb{D}$ in (w_0, w_1) überführen, wenn $(T_{z_0}z_0, T_{z_0}z_1) = (0, T_{z_0}z_1)$ in $(T_{w_0}w_0, T_{w_0}w_1) = (0, T_{w_0}w_1)$ überführt werden kann, d.h. wenn $|T_{z_0}z_1| = |T_{w_0}w_1|$ gilt.

Satz 9.1. *Es seien (z_0, z_1) und (w_0, w_1) Paare verschiedener Punkte von $\mathbb{D}$. Genau dann gibt es $T \in \operatorname{Aut}\mathbb{D}$ mit $Tz_j = w_j$ $(j = 1, 2)$, wenn*

$$\left| \frac{z_1 - z_0}{1 - \overline{z}_0 z_1} \right| = \left| \frac{w_1 - w_0}{1 - \overline{w}_0 w_1} \right|$$

ist. Falls T existiert, ist es eindeutig bestimmt.

Insbesondere hat man für $T \in \operatorname{Aut}\mathbb{D}$, $z, z_0 \in \mathbb{D}$ stets

$$\left| \frac{Tz - Tz_0}{1 - \overline{Tz_0} \cdot Tz} \right| = \left| \frac{z - z_0}{1 - \overline{z}_0 z} \right|.$$

Dividiert man hier durch $z - z_0$, so erhält man im Limes $z \to z_0$ die unten benötigte Beziehung

$$\frac{|T'(z_0)|}{1 - |Tz_0|^2} = \frac{1}{1 - |z_0|^2}. \tag{2}$$

Um zur hyperbolischen Länge eines Weges in $\mathbb{D}$ zu gelangen, beginnen wir mit einer allgemeinen Überlegung zum Längenbegriff. Die euklidische Länge eines Integrationsweges $\gamma: [a, b] \to G$ im Gebiet $G \subset \mathbb{C}$ ist das Integral über die Länge der Tangentialvektoren: $L(\gamma) = \int_a^b |\gamma'(t)|\, dt$. Man modifiziert nun diesen Begriff, indem man die Tangentialvektoren „gewichtet", d.h. man wählt eine stetige überall positive Funktion λ auf G und setzt

$$L_\lambda(\gamma) = \int_a^b \lambda(\gamma(t))|\gamma'(t)|\, dt. \tag{3}$$

Aus dieser Definition folgt unmittelbar:

   i. $L_\lambda(\gamma) \geq \varepsilon(\gamma) \cdot L(\gamma) > 0$, sofern γ kein Punktweg ist; dabei setzen wir

$$\varepsilon(\gamma) = \min\{\lambda(z) \colon z \in \operatorname{Sp}\gamma\},$$

ii. $L_\lambda(-\gamma) = L_\lambda(\gamma)$,

iii. $L_\lambda(\gamma_1 + \gamma_2) = L_\lambda(\gamma_1) + L_\lambda(\gamma_2)$, sofern $\gamma_1 + \gamma_2$ definiert ist.

Welcher Bedingung muss $\lambda(z)$ genügen, damit die „λ-Länge" invariant unter $\operatorname{Aut} G$ ist, d.h. damit gilt

iv. $L_\lambda(T \circ \gamma) = L_\lambda(\gamma)$ für alle $T \in \operatorname{Aut} G$ und alle γ?

Mit

$$L_\lambda(T \circ \gamma) = \int_a^b \lambda(T\gamma(t)) \cdot |(T \circ \gamma)'(t)|\, dt = \int_a^b \lambda(T\gamma(t)) \cdot |T'(\gamma(t))| \cdot |\gamma'(t)|\, dt$$

erhalten wir als hinreichende (auch notwendige) Bedingung für die Gültigkeit von *iv*

$$\lambda(Tz) \cdot |T'(z)| = \lambda(z) \tag{4}$$

für alle $z \in G$, $T \in \operatorname{Aut} G$.

Wir wenden dies nun auf $G = \mathbb{D}$ an. Setzen wir T_{z_0} aus (1) in (4) ein, so erhalten wir für $z = z_0$

$$\lambda(0) \cdot |T'_{z_0}(z_0)| = \lambda(z_0);$$

rechnet man $|T'_{z_0}(z_0)|$ aus und schreibt z für z_0, so bekommt man als notwendige Bedingung für die $\operatorname{Aut} \mathbb{D}$-Invarianz von L_λ:

$$\lambda(z) = \frac{1}{1 - |z|^2} \lambda(0).$$

Wir normieren durch $\lambda(0) = 1$, setzen also

$$\lambda(z) = \frac{1}{1 - |z|^2}. \tag{5}$$

Gleichung (4) lautet dann

$$\frac{|T'(z)|}{1 - |Tz|^2} = \frac{1}{1 - |z|^2},$$

nach (2) ist dies für alle $T \in \operatorname{Aut} \mathbb{D}$ erfüllt, L_λ ist also $\operatorname{Aut} \mathbb{D}$-invariant.

Definition 9.1. *Es sei* $\gamma \colon [a,b] \to \mathbb{D}$ *ein Integrationsweg. Die hyperbolische Länge von* γ *ist*

$$L_h(\gamma) = \int_a^b \frac{|\gamma'(t)|}{1 - |\gamma(t)|^2}\, dt. \tag{6}$$

Sie hat nach Konstruktion die Eigenschaften *i* bis *iv*; in *i* gilt $L_h(\gamma) \geq L(\gamma)$.

Als Beispiel berechnen wir die hyperbolische Länge der Strecke $[0, s]$ für $0 \leq s \leq 1$:

$$L_h([0, s]) = \int_0^s \frac{dx}{1 - x^2} = \frac{1}{2} \log \frac{1 + s}{1 - s}. \tag{7}$$

Bei $s \to 1$ wächst $L_h([0, s])$ gegen $+\infty$!

Eine Längendefinition vom Typ (3) bzw. (6) legt eine neue Abstandsdefinition nahe:

Definition 9.2. *Der hyperbolische Abstand (h-Abstand) von $z_0, z_1 \in \mathbb{D}$ ist*

$$\delta(z_0, z_1) = \inf\{L_h(\gamma) \colon \gamma \text{ Integrationsweg in } \mathbb{D} \text{ von } z_0 \text{ nach } z_1\}.$$

In der Tat genügt δ aufgrund von *i* bis *iv* den Axiomen eines Abstandes auf $\mathbb{D}$ und ist invariant unter den Automorphismen von $\mathbb{D}$.

Es stellt sich die Frage, ob es zu gegebenen $z_0, z_1 \in \mathbb{D}$ ($z_0 \neq z_1$) eine Verbindung kürzester h-Länge gibt, die also das Infimum in Definition 9.2 zu einem Minimum macht. Mit einem $T \in \operatorname{Aut}\mathbb{D}$ bringen wir zunächst z_0 nach 0 und z_1 in den Punkt

$$s = \left| \frac{z_0 - z_1}{1 - \overline{z_1} z_0} \right| \in \,]0, 1[.$$

Es sei nun $\gamma = \gamma_1 + i\gamma_2 \colon [a, b] \to \mathbb{D}$ ein beliebiger Integrationsweg von 0 nach s. Dann ist

$$L_h(\gamma) = \int_a^b \frac{|\gamma'(t)| \, dt}{1 - |\gamma(t)|^2} \geq \int_a^b \frac{\gamma_1'(t) \, dt}{1 - |\gamma_1(t)|^2} = \int_0^s \frac{dx}{1 - x^2} = L_h([0, s]), \tag{8}$$

also ist die Strecke $[0, s]$ auch die hyperbolisch kürzeste Verbindung von 0 und s. Das Urbild von $[0, s]$ unter T ist dann die hyperbolisch kürzeste Verbindung von z_0 und z_1. Wegen der Winkeltreue von T^{-1} ist das Urbild des Durchmessers von $\mathbb{D}$ durch s ein Kreisbogen (oder ein Durchmesser), der den Randkreis $\mathbb{S} = \partial\mathbb{D}$ senkrecht schneidet. Wir nennen solche Kreisbögen und auch die Durchmesser *Orthokreise*. Es gilt

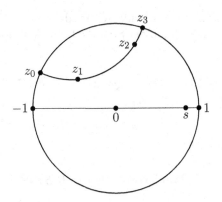

Bild 14. Orthokreise; $\delta(0, s) = \delta(z_1, z_2)$

Satz 9.2. *Zwei verschiedene Punkte $z_0, z_1 \in \mathbb{D}$ liegen auf einem eindeutig bestimmten Orthokreis. Die hyperbolisch kürzeste Verbindung von z_0 und z_1 ist der entsprechende Bogen dieses Orthokreises.*

Mit einem Ausdruck aus der Differentialgeometrie sagt man hierfür auch: Die Orthokreise sind die Geodätischen der hyperbolischen Metrik auf $\mathbb{D}$.

Die Beziehungen (7) und (8) liefern eine Formel für den hyperbolischen Abstand:

$$\delta(z_0, z_1) = \frac{1}{2} \log \frac{1 + d(z_0, z_1)}{1 - d(z_0, z_1)} \quad \text{mit} \quad d(z_0, z_1) = \left| \frac{z_0 - z_1}{1 - \overline{z}_1 z_0} \right|. \tag{9}$$

Diese Formel lässt sich mit Hilfe des Hyperbeltangens

$$\tanh x = \frac{e^{2x} - 1}{e^{2x} + 1}$$

umformen zu

$$\tanh \delta(z_0, z_1) = \left| \frac{z_0 - z_1}{1 - \overline{z}_1 z_0} \right| = d(z_0, z_1). \tag{10}$$

Mit (9) oder (10) können wir Satz 9.1 umformulieren: Zwei Paare (z_0, z_1), (w_0, w_1) verschiedener Punkte von $\mathbb{D}$ lassen sich genau dann durch einen Automorphismus von $\mathbb{D}$ ineinander transformieren, wenn $\delta(z_0, z_1) = \delta(w_0, w_1)$ gilt.

Der h-Abstand ist nicht kleiner als der euklidische: $\delta(z_0, z_1) \geq |z_1 - z_0|$. Er kann sehr viel größer sein: Hält man z_0 fest und lässt z_1 gegen den Randkreis $\mathbb{S}$ laufen, so gilt $\delta(z_0, z_1) \to +\infty$ wegen $\delta(0, |z_1|) = \delta(0, z_1) \leq \delta(0, z_0) + \delta(0, z_1)$ und $\delta(0, |z_1|) \to +\infty$ für $|z_1| \to 1$.

Erfreulicherweise gilt trotzdem

Satz 9.3. *Der h-Abstand liefert die gleiche Topologie auf $\mathbb{D}$ wie die euklidische.*

Beweis: Es reicht zu zeigen, dass beide Abstände zum gleichen Konvergenzbegriff führen. Wegen $\delta(z, w) \geq |z - w|$ und der Stetigkeit der Funktion δ in beiden Variablen ist das klar. $\qquad \square$

Wir übertragen nun diese Begriffsbildungen auf die obere Halbebene $\mathbb{H}$ mittels einer biholomorphen Abbildung $S \colon \mathbb{H} \to \mathbb{D}$.

Für einen Integrationsweg $\gamma \colon [a, b] \to \mathbb{H}$ erklären wir die hyperbolische Länge durch

$$L_{\mathbb{H}}(\gamma) = L_h(S \circ \gamma).$$

Das ist unabhängig von der Wahl von S: Ist auch $\widetilde{S} \colon \mathbb{H} \to \mathbb{D}$ biholomorph, so ist $\widetilde{S} S^{-1} \in \text{Aut}\,\mathbb{D}$, also

$$L_h(\widetilde{S}\gamma) = L_h((\widetilde{S} S^{-1}) S \gamma) = L_h(S\gamma).$$

Ähnlich erhalten wir die Aut $\mathbb{H}$-Invarianz: Für $T \in$ Aut $\mathbb{H}$ ist

$$L_{\mathbb{H}}(T\gamma) = L_h((STS^{-1})S\gamma) = L_h(S\gamma) = L_{\mathbb{H}}(\gamma),$$

denn $STS^{-1} \in$ Aut $\mathbb{D}$.

Um einen expliziten Ausdruck für $L_{\mathbb{H}}$ zu bekommen, benutzen wir die spezielle Abbildung

$$S: z \mapsto \frac{i-z}{i+z}, \quad \mathbb{H} \to \mathbb{D}.$$

Eine kurze Rechnung liefert $|S'(z)|(1-|S(z)|^2)^{-1} = (2\,\mathrm{Im}\,z)^{-1}$, also

$$L_{\mathbb{H}}(\gamma) = \int_a^b \frac{|(S \circ \gamma)'(t)|\,dt}{1-|S \cdot \gamma(t)|^2} = \int_a^b \frac{|\gamma'(t)|\,dt}{2\,\mathrm{Im}\,\gamma(t)}.$$

Für den zugehörigen h-Abstand auf $\mathbb{H}$,

$$\delta_{\mathbb{H}}(z_0, z_1) = \inf\{L_{\mathbb{H}}(\gamma)\colon \gamma \text{ verbindet } z_0 \text{ und } z_1 \text{ in } \mathbb{H}\}$$

gilt dann $\delta_{\mathbb{H}}(z_0, z_1) = \delta(Sz_0, Sz_1)$ und die explizite Formel

$$\delta_{\mathbb{H}}(z_0, z_1) = \frac{1}{2}\log\frac{1+d^*(z_0, z_1)}{1-d^*(z_0, z_1)} \quad \text{mit} \quad d^*(z_0, z_1) = d(Sz_0, Sz_1) = \left|\frac{z_0-z_1}{z_0-\overline{z_1}}\right|$$

oder auch

$$\tanh \delta_{\mathbb{H}}(z_0, z_1) = d^*(z_0, z_1).$$

Die Geodätischen bezüglich der Metrik $L_{\mathbb{H}}$ sind die S-Urbilder der Orthokreise in $\mathbb{D}$, also Halbkreisbögen (mit Mittelpunkt auf $\mathbb{R}$) oder vertikale Halbgeraden $\{z\colon \mathrm{Re}\,z = c, \mathrm{Im}\,z > 0\}$ in $\mathbb{H}$. Wir reden auch von Orthokreisen in $\mathbb{H}$.

Beispiele:

i. Für $\lambda > 1$ ist

$$\delta_{\mathbb{H}}(i, \lambda i) = \int_1^\lambda \frac{dt}{2t} = \frac{1}{2}\log\lambda.$$

Mit der Aut $\mathbb{H}$-Invarianz erhält man hieraus

$$\delta_{\mathbb{H}}(x_1 + \lambda_1 i, x_1 + \lambda_2 i) = \frac{1}{2}\left|\log(\lambda_1/\lambda_2)\right|.$$

ii. Die Punkte z_1, z_2 mit $\mathrm{Re}\,z_1 \neq \mathrm{Re}\,z_2$ mögen auf dem Orthokreis mit Mittelpunkt a und Radius r liegen, etwa $z_1 - a = r\,e^{i\varphi}$, $z_2 - a = r\,e^{i\psi}$ mit $0 < \varphi \leq \psi < \pi$. Dann ist

$$\delta_{\mathbb{H}}(z_1, z_2) = \int_\varphi^\psi \frac{dt}{2\sin t} = \frac{1}{2}\log\frac{\tan(\psi/2)}{\tan(\varphi/2)}.$$

Zum Schluss formulieren wir eine Verallgemeinerung des Schwarzschen Lemmas mit Hilfe der hyperbolischen Metrik:

Satz 9.4 (Lemma von Schwarz-Pick). *Eine holomorphe Funktion $f\colon \mathbb{D} \to \mathbb{D}$ verkleinert hyperbolische Abstände, d.h. für $z_1, z_2 \in \mathbb{D}$ ist $\delta(f(z_1), f(z_2)) \leq \delta(z_1, z_2)$. Gilt für ein Paar verschiedener Punkte das Gleichheitszeichen, so ist f ein Automorphismus von $\mathbb{D}$.*

Beweis: Ist $z_1 \in \mathbb{D}$ beliebig und $w_1 = f(z_1)$, so genügt $T_{w_1} \circ f \circ T_{z_1}^{-1}$ den Voraussetzungen des Schwarzschen Lemmas (dabei sind T_{z_1} und T_{w_1} nach (1) erklärt). Man hat also entweder $|T_{w_1} \circ f \circ T_{z_1}^{-1}(\zeta)| < |\zeta|$ für $\zeta \in \mathbb{D} \setminus \{0\}$ oder $T_{w_1} \circ f \circ T_{z_1}^{-1}(\zeta) = e^{i\lambda}\zeta$ mit $\lambda \in \mathbb{R}$. Im zweiten Fall ist $f \in \operatorname{Aut}\mathbb{D}$, im ersten Fall ergibt sich durch Einsetzen von $\zeta = T_{z_1}(z)$

$$\tanh \delta(f(z), f(z_1)) = \left| \frac{f(z) - f(z_1)}{1 - \overline{f(z_1)}f(z)} \right| \leq \left| \frac{z - z_1}{1 - \overline{z}_1 z} \right| = \tanh \delta(z, z_1) \tag{11}$$

für $z \neq z_1$. Der Satz folgt nun aus der strengen Monotonie von $\tanh$. $\qquad\square$

Durch Grenzübergang $z \to z_1$ in der Ungleichung (11) ergibt sich eine „infinitesimale" Version des Satzes, die die Gleichung (2) verallgemeinert:

Folgerung 9.5. *Für holomorphe Funktionen $f\colon \mathbb{D} \to \mathbb{D}$ gilt*

$$\frac{|f'(z)|}{1 - |f(z)|^2} \leq \frac{1}{1 - |z|^2}.$$

Aufgaben

1. Beweise die Formel $\delta(z_1, z_2) = \frac{1}{2}\left|\log \mathrm{DV}(z_1, z_0, z_2, z_3)\right|$. Dabei sei $z_1 \neq z_2$; z_0 und z_3 sind die Schnittpunkte des Orthokreises durch z_1 und z_2 mit $\partial\mathbb{D}$.

2. Übertrage Satz 9.4 und seine Folgerung auf holomorphe Funktionen $g\colon \mathbb{H} \to \mathbb{H}$.

3. Man zeige: In $\mathbb{D}$ gilt

$$\lim_{z \to z_0} \frac{\delta(z, z_0)}{|z - z_0|} = \frac{1}{1 - |z_0|^2}.$$

   Hinweis: Entwickle $\frac{1}{2}\log\frac{1+s}{1-s}$ in eine Potenzreihe um 0.

4. Zeige:

$$d(z_0, z_1) = \left| \frac{z_0 - z_1}{1 - \overline{z}_1 z_0} \right|$$

   definiert einen Abstand auf $\mathbb{D}$.

5. Es sei $\gamma\colon [a, b] \to \mathbb{D}$ stetig differenzierbar. Zu jeder Zerlegung $Z\colon a = t_0 < t_1 < \ldots < t_n = b$ von $[a, b]$ sei

$$S_Z(\gamma) = \sum_{\nu=1}^{n} d(\gamma(t_{\nu-1}), \gamma(t_\nu)).$$

   Zeige: Der Grenzwert der $S_Z(\gamma)$ für immer feinere Zerlegungen ist $L_h(\gamma)$.

6. Für $w, z \in \mathbb{H}$ gilt $\cosh 2\delta_{\mathbb{H}}(w, z) = 1 + \frac{|w-z|^2}{2(\operatorname{Im} w)(\operatorname{Im} z)}$.

7. Für $z_1 = x_1 + iy_1$, $z_2 = x_2 + iy_2 \in \mathbb{H}$ mit $|z_1| = |z_2| = 1$ gilt

$$\delta_{\mathbb{H}}(z_1, z_2) = \frac{1}{4} \left| \log \frac{(1 - x_2)(1 + x_1)}{(1 + x_2)(1 - x_1)} \right|.$$

10. Hyperbolische Geometrie

Punkt, Gerade, Strecke, Abstand, ... sind Grundbegriffe der ebenen euklidischen Geometrie. Wir geben jetzt diesen Worten eine neue Bedeutung und definieren damit eine neue Geometrie: die hyperbolische Geometrie. Es wird sich zeigen, dass viele Aussagen der euklidischen Geometrie auch in der hyperbolischen gelten – und dass bedeutende Unterschiede bestehen.

Die Konstruktion neuer „nicht-euklidischer" Geometrien war wesentlich bei der Klärung der (axiomatischen) Grundlagen der Geometrie; hierauf gehen wir am Ende des Paragraphen ein.

Der Grundgedanke der hyperbolischen Geometrie ist, als Punkte der hyperbolischen Ebene (h-Punkte) nur die Punkte im Inneren des Einheitskreises $\mathbb{D}$ zuzulassen und für die Abstandsmessung die hyperbolische Metrik von $\mathbb{D}$ zu benutzen. Die Ergebnisse des vorigen Paragraphen legen dann folgende Erklärungen nahe:

Die hyperbolische Ebene (h-Ebene) ist $\mathbb{D}$. Die *Geraden* der h-Ebene (h-Geraden) sind die Orthokreisbögen in $\mathbb{D}$ (einschließlich der Durchmesser). Die *h-Strecke* $[z_1, z_2]_h$ von z_1 nach z_2 ($z_1 \neq z_2$) ist der zwischen z_1 und z_2 gelegene Bogen des durch z_1 und z_2 bestimmten Orthokreises. Die *h-Länge* dieser Strecke ist der hyperbolische Abstand $\delta(z_1, z_2)$.

Die h-Begriffe sind invariant unter $\operatorname{Aut} \mathbb{D}$, z.B. ist für beliebige $T \in \operatorname{Aut} \mathbb{D}$ das T-Bild der h-Strecke $[z_1, z_2]_h$ die h-Strecke $[Tz_1, Tz_2]_h$, die h-Länge bleibt gleich. Wir können daher $\operatorname{Aut} \mathbb{D}$ als Gruppe von orientierungserhaltenden Bewegungen der h-Ebene auffassen; wir werden später zeigen, dass $\operatorname{Aut} \mathbb{D}$ schon die volle Gruppe dieser Bewegungen ist (Satz 10.6).

Viele elementargeometrische Begriffe lassen sich auch in der h-Geometrie formulieren, z.B. Halbgerade, Winkel (zwei von einem Punkt ausgehende Halbgeraden), Dreieck. Die Präzisierungen seien dem Leser überlassen.

Wegen der Winkeltreue von biholomorphen Abbildungen ist das (euklidische) Winkelmaß invariant unter $\operatorname{Aut} \mathbb{D}$; das legitimiert es, Winkel in der h-Ebene zu messen wie gewohnt.

Die Betrachtung von Orthokreisen in $\mathbb{D}$ zeigt, dass die folgenden Aussagen in der h-Geometrie ebenso wie in der euklidischen gelten:

– Zwei verschiedene h-Punkte bestimmen eindeutig eine h-Gerade.

– Zwei verschiedene h-Geraden schneiden sich in höchstens einem Punkt.

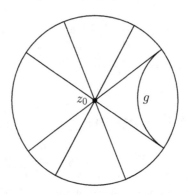

Bild 15. h-Parallelen zu g durch z_0

– Zu jeder h-Geraden g_1 und jedem h-Punkt $z_0 \in g_1$ gibt es eindeutig ein Lot in z_0 auf g_1, d.h. eine h-Gerade g_2, die g_1 in z_0 senkrecht schneidet. (Mit einer h-Bewegung kann man g_1 zu einem Durchmesser von $\mathbb{D}$ machen, dann ist die Aussage evident.)

– Zu jeder h-Geraden g_1 und jedem h-Punkt $z_0 \notin g_1$ gibt es eindeutig ein Lot von z_0 auf g_1, d.h. eine h-Gerade g_2 durch z_0, die g_1 senkrecht schneidet.

Der wichtigste Unterschied: In der euklidischen Ebene gilt das Parallelen-Axiom „Zu jeder Geraden g und jedem Punkt $P \notin g$ gibt es genau eine Gerade durch P, die g nicht schneidet." In der h-Geometrie gibt es zu jeder h-Geraden g und jedem h-Punkt $z_0 \notin g$ unendlich viele h-Geraden durch z_0, die g nicht schneiden. Dies wird offensichtlich, wenn man für z_0 den Nullpunkt wählt – die h-Geraden durch 0 sind die Durchmesser von $\mathbb{D}$.

Geht man von einem axiomatischen Aufbau der ebenen euklidischen Geometrie aus, der das Parallelen-Axiom enthält, so kann man zeigen: In der h-Geometrie gelten alle Sätze der euklidischen Geometrie, zu deren Beweis das Parallelen-Axiom nicht benötigt wird.

Die Punkte des Randkreises $\mathbb{S}$ von $\mathbb{D}$ gehören nicht zur hyperbolischen Ebene. Wegen $\delta(z_0, z) \to +\infty$ für $|z| \to 1$ können wir sie aber als „unendlich ferne" Punkte betrachten. Zu jeder h-Geraden gehören dann zwei unendlich ferne Punkte (während beim projektiven Abschluss der euklidischen Ebene zu jeder Geraden nur ein unendlich ferner Punkt gehört).

Wir möchten nicht nur Längen, sondern auch Flächeninhalte in der h-Geometrie messen. Die Differentialgeometrie zeigt: hat man auf einem Gebiet $G \subset \mathbb{C}$ eine Weglängen-Definition $L_\lambda(\gamma) = \int_a^b \lambda(\gamma(t))|\gamma'(t)|\, dt$ (für $\gamma \colon [a, b] \to G$), so wird ein dazu passender Flächeninhalt gegeben durch $F_\lambda(A) = \int_A \lambda^2(z)\, dx\, dy$.

Also

Definition 10.1. *Der h-Flächeninhalt von* $A \subset \mathbb{D}$ *ist*

$$F_h(A) = \int_A \frac{dx\,dy}{(1 - |z|^2)^2},$$

sofern das Integral existiert.

Der Flächeninhalt ist invariant: $F_h(TA) = F_h(A)$ für $T \in \operatorname{Aut} \mathbb{D}$ (Aufgabe 6).

Da biholomorphe Abbildungen von $\mathbb{D}$ auf $\mathbb{H}$ isometrisch bezüglich der hyperbolischen Metrik sind, können wir die h-Geometrie von $\mathbb{D}$ auf $\mathbb{H}$ übertragen. Wir reden dann vom Halbebenen-Modell und nennen $\mathbb{D}$ auch das Kreis-Modell der h-Geometrie. Manche Überlegungen und Rechnungen lassen sich bequemer im Halbebenen-Modell durchführen. – Im Einzelnen: Die h-Geraden in $\mathbb{H}$ sind die Orthokreise in $\mathbb{H}$, also die Halbkreisbögen mit Mittelpunkt auf $\mathbb{R}$ sowie die vertikalen euklidischen Halbgeraden $\{z \colon \operatorname{Re} z = c\} \cap \mathbb{H}$. Die unendlich fernen Punkte sind jetzt die Punkte von $\mathbb{R} \cup \{\infty\}$. Der Flächeninhalt von $B \subset \mathbb{H}$ wird durch

$$F_{\mathbb{H}}(B) = \int_B \frac{dx\,dy}{(2y)^2}$$

gegeben; er ist invariant unter $\operatorname{Aut} \mathbb{H}$ und erfüllt $F_{\mathbb{H}}(B) = F_h(SB)$ für biholomorphe $S \colon \mathbb{H} \to \mathbb{D}$.

Wir untersuchen jetzt Kreise und Dreiecke im Kreismodell. Die h-*Kreislinie* um $z_0 \in \mathbb{D}$ mit dem h-Radius r definiert man natürlich als $K_r(z_0) = \{z \in \mathbb{D} \colon \delta(z, z_0) = r\}$. Im Falle $z_0 = 0$ ist das wegen $\delta(z, 0) = \delta(|z|, 0)$ eine euklidische Kreislinie um 0 mit Radius $\rho = \tanh r$. Da die Automorphismen von $\mathbb{D}$ Kreise in Kreise überführen, ist $K_r(z_0)$ stets eine in $\mathbb{D}$ liegende euklidische Kreislinie, deren euklidischer Mittelpunkt allerdings für $z_0 \neq 0$ von z_0 verschieden ist.

Um die h-Länge von $K_r(z_0)$ zu bestimmen, können wir $z_0 = 0$ annehmen und $K_r(0)$ durch $\gamma(t) = \rho\,e^{it}$ parametrisieren. Man bekommt mit Formel (4) unten

$$L_h\bigl(K_r(0)\bigr) = \int_0^{2\pi} \frac{\rho\,dt}{1 - \rho^2} = \frac{2\pi\rho}{1 - \rho^2} = 2\pi \frac{\tanh r}{1 - \tanh^2 r} = \pi \sinh(2r).$$

Für den Flächeninhalt der Kreisscheibe $D_r^h(z_0) = \{z \in \mathbb{D} \colon \delta(z, z_0) \leq r\}$ nehmen wir wieder $z_0 = 0$ an und erhalten

$$F_h\bigl(D_r^h(z_0)\bigr) = \int_{|z| \leq \rho} \frac{dx\,dy}{(1 - |z|^2)^2} = 2\pi \int_0^\rho \frac{t\,dt}{(1 - t^2)^2} = \frac{\pi\rho^2}{1 - \rho^2} = \pi \sinh^2 r.$$

Wegen $\sinh x > x$ für $x > 0$ sind h-Kreisumfang und h-Kreisfläche stets größer als die entsprechenden euklidischen Größen.

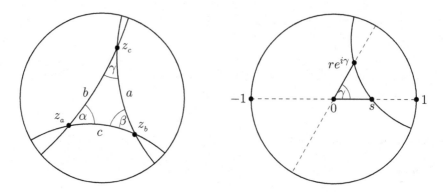

Bild 16. h-Dreiecke

Ein *h-Dreieck* ist durch seine Eckpunkte z_a, z_b, z_c bestimmt, die natürlich nicht in einer h-Geraden liegen dürfen. Seine Seiten sind die h-Strecken $[z_b, z_c]_h$ etc., ihre h-Längen bezeichnen wir mit $a = \delta(z_b, z_c)$ etc., die Innenwinkel mit α (bei z_a) etc.

Man kann ein gegebenes h-Dreieck mit einem $T \in \mathrm{Aut}\,\mathbb{D}$ so transformieren, dass eine Ecke im Nullpunkt liegt, die davon ausgehenden Seiten liegen dann auf Radien von $\mathbb{D}$. In dieser speziellen Lage wird unübersehbar, dass die Winkelsumme $\alpha + \beta + \gamma$ kleiner als π ist – im Gegensatz zur euklidischen Geometrie!

In einem Dreieck ist die Summe der h-Längen von zwei Seiten größer als die Länge der dritten: δ genügt ja der Dreiecksungleichung. Umgekehrt kann man zu gegebenen Seitenlängen, die dieser Bedingung genügen, wie bei Euklid ein Dreieck konstruieren: Es sei etwa

$$\max(a, b) \leq c < a + b. \tag{1}$$

Man wählt eine h-Strecke $[z_a, z_b]_h$ der h-Länge c und schlägt die Kreise $K_b(z_a)$ und $K_a(z_b)$. Wegen (1) schneiden sie sich in zwei Punkten z'_c und z''_c. Jeder von diesen liefert mit z_a, z_b ein Dreieck mit den gewünschten Seitenlängen (diese beiden Dreiecke gehen durch Spiegelung an der h-Geraden durch z_a und z_b auseinander hervor, siehe unten).

Gelegentlich ist es nützlich, auch „uneigentliche" Dreiecke zu betrachten, das sind solche, bei denen mindestens ein Eckpunkt im Unendlichen, d.h. auf $\mathbb{S}$ (bzw. im Halbebenen-Modell auf $\mathbb{R} \cup \{\infty\}$) liegt. Der Innenwinkel in einem unendlich fernen Eckpunkt ist 0, die von ihm ausgehenden Seiten haben unendliche Länge. Nichtsdestoweniger bleibt der Flächeninhalt endlich, wie wir gleich sehen werden.

Um den Flächeninhalt eines Dreiecks Δ mit den Ecken z_a, z_b, z_c zu berechnen, ist es praktisch, das Halbebenen-Modell zu benutzen. Als erstes bringen wir Δ durch Anwendung eines geeigneten $T \in \mathrm{Aut}\,\mathbb{H}$ in eine günstige Lage: T überführe die unendlich fernen Punkte der h-Geraden durch z_a und z_b in -1 und $+1$ sowie einen passenden

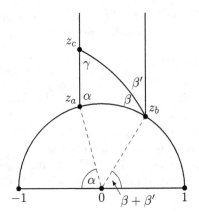

Bild 17. Zum Beweis von Satz 10.1

unendlich fernen Punkt der h-Geraden durch z_a und z_c nach ∞. Danach können wir annehmen: $|z_a| = |z_b| = 1$, $\operatorname{Re} z_c = \operatorname{Re} z_a$, $\operatorname{Im} z_c > \operatorname{Im} z_a$ (siehe Bild 17). Zunächst berechnen wir die Fläche des uneigentlichen Dreiecks Δ_1 mit den Ecken z_a, z_b, ∞ und den Winkeln $\alpha, \beta + \beta', 0$. Es ist

$$\Delta_1 = \left\{ z = x + iy \colon \cos(\pi - \alpha) \leq x \leq \cos(\beta + \beta'), \ y \geq \sqrt{1 - x^2} \right\},$$

$$4F_{\mathbb{H}}(\Delta_1) = \int_{\Delta_1} \frac{dx \, dy}{y^2} = \int_{\cos(\pi - \alpha)}^{\cos(\beta + \beta')} \left(\int_{\sqrt{1 - x^2}}^{\infty} \frac{dy}{y^2} \right) dx$$

$$= \int_{\cos(\pi - \alpha)}^{\cos(\beta + \beta')} \frac{dx}{\sqrt{1 - x^2}} = \int_{\beta + \beta'}^{\pi - \alpha} dt = \pi - \alpha - (\beta + \beta').$$

Ebenso erhält man für die Fläche des uneigentlichen Dreiecks Δ_2 mit den Ecken z_c, z_b, ∞ und den Winkeln $\pi - \gamma, \beta', 0$ das Ergebnis $4F_{\mathbb{H}}(\Delta_2) = \pi - (\pi - \gamma) - \beta'$. Damit hat man

$$4F_{\mathbb{H}}(\Delta) = 4F_{\mathbb{H}}(\Delta_1) - 4F_{\mathbb{H}}(\Delta_2) = \pi - (\alpha + \beta + \gamma).$$

Satz 10.1. *Der Flächeninhalt eines h-Dreiecks Δ mit den Innenwinkeln α, β, γ ist*

$$F(\Delta) = \frac{1}{4} \left(\pi - (\alpha + \beta + \gamma) \right).$$

Hieraus ergibt sich wieder, dass die Winkelsumme $\alpha + \beta + \gamma$ stets $< \pi$ ist, denn der Flächeninhalt ist positiv! Überdies sieht man, dass es keine h-Dreiecke mit beliebig großem Flächeninhalt gibt: $\pi/4$ ist die obere Grenze der Flächeninhalte; sie wird angenommen durch uneigentliche Dreiecke, deren drei Ecken im Unendlichen liegen.

In der euklidischen Geometrie werden Dreiecksberechnungen von den trigonometrischen Funktionen beherrscht. Die grundlegenden Aussagen sind dabei:

Sinus-Satz: $\dfrac{\sin\alpha}{a} = \dfrac{\sin\beta}{b} = \dfrac{\sin\gamma}{c}$;

Cosinus-Satz: $c^2 = a^2 + b^2 - 2ab\cos\gamma.$

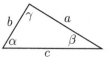

Für die h-Geometrie beweisen wir Analoga zu diesen beiden Sätzen sowie einen weiteren „Cosinus-Satz". Dabei treten die h-Seitenlängen als Argumente hyperbolischer Funktionen auf – das ist ein Grund für die Bezeichnung „hyperbolische Geometrie". Vorweg notieren wir einige Formeln; sie sind leicht aus den Definitionen der Funktionen abzuleiten:

$$\cosh^2 x - \sinh^2 x = 1, \tag{2}$$

$$\cosh(2x) = \cosh^2 x + \sinh^2 x = \frac{1 + \tanh^2 x}{1 - \tanh^2 x}, \tag{3}$$

$$\sinh(2x) = 2\cosh x \cdot \sinh x = \frac{2\tanh x}{1 - \tanh^2 x}. \tag{4}$$

Wir betrachten nun ein h-Dreieck in $\mathbb{D}$ und benutzen die üblichen Bezeichnungen.

Satz 10.2 (Erster Cosinus-Satz).

$$\cosh(2c) = \cosh(2a)\cosh(2b) - \sinh(2a)\sinh(2b)\cos\gamma.$$

Beweis: Nach Anwendung einer geeigneten Transformation aus $\operatorname{Aut}\mathbb{D}$ können wir für die Ecken annehmen

$$z_c = 0, \quad z_a = s \in\,]0,1[, \quad z_b = w = r\,e^{i\gamma} \quad \text{mit } 0 < r < 1, 0 < \gamma < \pi.$$

Dann gilt für die Seitenlängen $a = \delta(z_b, z_c), b, c$

$$\tanh a = r, \quad \tanh b = s, \quad \tanh c = \left|\frac{w - s}{1 - sw}\right| =: t.$$

Wir benutzen nun (3):

$$\cosh(2c) = \frac{1 + t^2}{1 - t^2} = \frac{|1 - sw|^2 + |w - s|^2}{|1 - sw|^2 - |w - s|^2}$$

$$= \frac{1 + r^2 + s^2 + r^2 s^2 - 2s(w + \overline{w})}{1 - r^2 - s^2 + r^2 s^2},$$

also wegen $w + \overline{w} = 2r\cos\gamma$

$$\cosh(2c) = \frac{1 + r^2}{1 - r^2}\cdot\frac{1 + s^2}{1 - s^2} - \frac{2r}{1 - r^2}\cdot\frac{2s}{1 - s^2}\cos\gamma. \tag{5}$$

Nach (3) und (4) ist (5) gerade die Behauptung. $\square$

Satz 10.3 (Sinus-Satz).

$$\frac{\sin\alpha}{\sinh(2a)} = \frac{\sin\beta}{\sinh(2b)} = \frac{\sin\gamma}{\sinh(2c)}.$$

Beweis: Wir schreiben kurz $A = \cosh 2a$, $B = \cosh 2b$, $C = \cosh 2c$, haben also $\sinh 2a = (A^2 - 1)^{1/2}$ etc. Satz 10.2 lautet dann

$$\cos\gamma = \frac{AB - C}{\sqrt{A^2 - 1}\sqrt{B^2 - 1}}, \tag{6}$$

entsprechend für die anderen Winkel. Daraus ergibt sich

$$\sin^2\gamma = 1 - \cos^2\gamma = \frac{D}{(A^2 - 1)(B^2 - 1)} \tag{7}$$

mit $D = 1 - A^2 - B^2 - C^2 + 2ABC$, also

$$\frac{\sin^2\gamma}{\sinh^2 2c} = \frac{D}{(A^2 - 1)(B^2 - 1)(C^2 - 1)}.$$

Der letzte Term ist symmetrisch in A, B, C, muss also mit $\sin^2\alpha/\sinh^2(2a)$ und $\sin^2\beta/\sinh^2(2b)$ übereinstimmen. Die Behauptung ergibt sich durch Wurzelziehen, da alle in Frage kommenden Werte von sin und sinh positiv sind. $\qquad\square$

Satz 10.4 (Zweiter Cosinus-Satz).

$$\cosh(2c)\sin\alpha\sin\beta = \cos\alpha\cos\beta + \cos\gamma.$$

Beweis: Die linke Seite dieser Gleichung ist nach (7)

$$C\frac{D^{1/2}}{\sqrt{(B^2 - 1)(C^2 - 1)}} \cdot \frac{D^{1/2}}{\sqrt{(A^2 - 1)(C^2 - 1)}} = \frac{CD}{\sqrt{(A^2 - 1)(B^2 - 1)(C^2 - 1)}},$$

die rechte Seite ist nach (6)

$$\frac{BC - A}{\sqrt{(B^2 - 1)(C^2 - 1)}} \cdot \frac{AC - B}{\sqrt{(A^2 - 1)(C^2 - 1)}} + \frac{AB - C}{\sqrt{(A^2 - 1)(B^2 - 1)}}$$

$$= \frac{(BC - A)(AC - B) + (AB - C)(C^2 - 1)}{\sqrt{(A^2 - 1)(B^2 - 1)(C^2 - 1)}}.$$

Der Zähler des letzten Bruches ist wieder CD, damit ist der Satz bewiesen. $\qquad\square$

Satz 10.4 hat hat kein Analogon in der euklidischen Geometrie, aber eine bemerkenswerte Konsequenz:

Folgerung 10.5. *Durch die drei Winkel eines h-Dreiecks sind die Längen seiner Seiten eindeutig bestimmt.*

Je zwei gleichorientierte h-Dreiecke mit gleichen Winkeln können also durch eine Bewegung $T \in \text{Aut}\,\mathbb{D}$ ineinander überführt werden; im Gegensatz zur euklidischen Geometrie gibt es in der h-Geometrie keine „ähnlichen Dreiecke". – Übrigens gibt es zu gegebenen α, β, γ mit $\alpha + \beta + \gamma < \pi$ auch stets ein Dreieck, das diese Winkel als Innenwinkel hat. Das lässt sich im Kreismodell gut sehen, wenn man eine Ecke in den Nullpunkt legt.

Die holomorphen Automorphismen von $\mathbb{D}$ lassen h-Abstände invariant, sind also Isometrien im Sinne von

Definition 10.2. *Eine Isometrie der h-Ebene $\mathbb{D}$ ist eine Bijektion $\tau\colon \mathbb{D} \to \mathbb{D}$ mit $\delta(\tau z, \tau w) = \delta(z, w)$ für alle $z, w \in \mathbb{D}$.*

Aus der Definition von δ folgt sofort, dass auch $\kappa\colon z \mapsto \bar{z}$, also die Spiegelung an der h-Geraden $g_0 = \mathbb{R} \cap \mathbb{D}$, eine Isometrie ist; sie ist offenbar nicht holomorph. Ist g eine beliebige h-Gerade, so ist $g = Tg_0$ mit einem $T \in \text{Aut}\,\mathbb{D}$, und $\sigma_g = T\kappa T^{-1}$ ist die h-*Spiegelung* an g, charakterisiert durch $\sigma_g^2 = \text{id}$ und $\{z \in \mathbb{D}\colon \sigma_g(z) = z\} = g$.

Die Isometrien von $\mathbb{D}$ bilden bei Hintereinanderausführung eine Gruppe $\text{Iso}\,\mathbb{D}$, sie enthält $\text{Aut}\,\mathbb{D}$ als Untergruppe.

Satz 10.6. $\text{Iso}\,\mathbb{D}$ *wird von* $\text{Aut}\,\mathbb{D}$ *und den Geradenspiegelungen erzeugt.*

Bemerkungen:

a) Wegen $\sigma_g = T\kappa T^{-1}$ wird $\text{Iso}\,\mathbb{D}$ von $\text{Aut}\,\mathbb{D}$ und κ erzeugt. Man verifiziert leicht $\kappa T \kappa^{-1} \in \text{Aut}\,\mathbb{D}$ für $T \in \text{Aut}\,\mathbb{D}$, also ist $\text{Aut}\,\mathbb{D}$ ein Normalteiler vom Index 2 in $\text{Iso}\,\mathbb{D}$.

b) Jede nicht zu $\text{Aut}\,\mathbb{D}$ gehörende Isometrie τ kann also als $\tau = T\kappa$ mit $T \in \text{Aut}\,\mathbb{D}$, d.h. in der Form

$$z \mapsto \frac{a\bar{z} + b}{\bar{b}\bar{z} + \bar{a}} \quad \text{mit } a\bar{a} - b\bar{b} = 1$$

geschrieben werden.

Beweis von Satz 10.6: Es sei $\tau \in \text{Iso}\,\mathbb{D}$, $\tau \neq \text{id}$.

a) τ habe (mindestens) zwei Fixpunkte $z_0, z_1 \in \mathbb{D}$. Dann ist τ die Spiegelung an der h-Geraden g durch z_0 und z_1: Die Isometrie-Eigenschaft liefert, dass g punktweise fest bleibt (es sei etwa $z \in [z_0, z_1]_h$, dann ist $\delta(z_0, z) + \delta(z, z_1) = \delta(z_0, z_1)$, also auch $\delta(z_0, \tau z) + \delta(\tau z, z_1) = \delta(z_0, z_1)$, d.h. $\tau z \in [z_0, z_1]_h$; wegen $\delta(z_0, \tau z) = \delta(z_0, z)$ ist dann $\tau z = z$). Jedes feste $z \in \mathbb{D} \setminus g$ ist ein Schnittpunkt der Kreise $K_{r_0}(z_0)$ und $K_{r_1}(z_1)$ mit $r_0 = \delta(z, z_0)$, $r_1 = \delta(z, z_1)$. Also muss τz mit z oder mit dem anderen Schnittpunkt z^* dieser Kreise übereinstimmen. Da τ als Isometrie stetig ist, gilt entweder $\tau z = z^*$ für alle z oder $\tau z = z$ für alle z. Der zweite Fall war ausgeschlossen.

b) τ habe genau einen Fixpunkt z_0. Mit T_{z_0} wie in IV.9, Formel (1), gehen wir zu $T_{z_0}\tau T_{z_0}^{-1}$ über, d.h. wir können $z_0 = 0$ annehmen. Wir wählen einen Punkt $z_1 \neq 0$. Wegen $\delta(0, \tau z_1) = \delta(0, z_1)$ gibt es eine Drehung $D_\varphi z = e^{i\varphi} z$ mit $D_\varphi(\tau z_1) = z_1$. Dann hat $D_\varphi \tau$ die Fixpunkte 0 und z_1, ist also nach a eine Geradenspiegelung oder die Identität.

c) τ habe keinen Fixpunkt. Wir setzen $z_0 = \tau(0)$, dann hat $T_{z_0}\tau$ mindestens den Fixpunkt 0, wir können a oder b anwenden. $\qquad\square$

Für den axiomatischen Aufbau der Geometrie ist auch die folgende Aussage interessant:

Satz 10.7. Iso $\mathbb{D}$ *wird von den Geradenspiegelungen erzeugt.*

Beweis: Nach Satz 10.6 reicht es zu zeigen, dass jedes $T \in \operatorname{Aut}\mathbb{D}$ Produkt von Geradenspiegelungen ist. Wir können $T = D_\varphi T_{z_0}$ schreiben und brauchen uns nur um die einzelnen Faktoren zu kümmern.

a) $D_\varphi = (D_{\varphi/2} \kappa D_{-\varphi/2})\kappa$, wie man schnell nachrechnet: D_φ ist Produkt zweier Geradenspiegelungen.

b) Wir betrachten T_{z_0} mit $z_0 \neq 0$. Es seien g_1 und g_2 die Lote auf der h-Geraden durch 0 und z_0 in 0 bzw. im h-Mittelpunkt von $[0, z_0]_h$. Dann ist $\sigma_{g_1}\sigma_{g_2}$ in $\operatorname{Aut}\mathbb{D}$, lässt die Gerade durch 0 und z_0 invariant und bildet z_0 in 0 ab. Diese Eigenschaften charakterisieren T_{z_0}, es ist also $T_{z_0} = \sigma_{g_1}\sigma_{g_2}$. $\qquad\square$

Bei unserer Einführung der h-Geometrie haben wir zwei Normierungen benutzt: Wir haben die Geometrie in dem Kreis von Radius $R = 1$ entwickelt und für die Metrik $\lambda(z)$ gefordert $\lambda(0) = 1$ (siehe IV.9, vor (5)). Letzteres bewirkt $\lim\limits_{z \to 0} \delta(z, 0)/|z - 0| = 1$: in einer sehr kleinen Umgebung von 0 stimmen hyperbolische und euklidische Metrik fast überein. Diese Normierung behalten wir bei, betrachten aber jetzt $D_R = D_R(0)$ für beliebiges R als hyperbolische Ebene.

Die früheren Rechnungen übertragen sich leicht auf die neue Situation; wir geben einige Ergebnisse an:

$$\operatorname{Aut} D_R = \left\{ T \colon z \mapsto e^{it} R \frac{z - z_0}{R^2 - \overline{z_0}z} \quad \text{mit } |z_0| < R, t \in \mathbb{R} \right\};$$

die $\operatorname{Aut} D_R$-invariante Metrik λ_R auf D_R mit $\lambda_R(0) = 1$ ist

$$\lambda_R(z) = \frac{R^2}{R^2 - |z|^2};$$

für den h-Abstand $\delta^R(w, z)$ von $w, z \in D_R$ ergibt sich

$$\tanh\left(\frac{1}{R}\delta^R(w, z)\right) = R \frac{|w - z|}{|R^2 - \overline{z}w|}.$$

damit erhält man für die h-Länge eines h-Kreises K_r vom h-Radius r in D_R

$$L_h^R(K_r) = \pi R \sinh \frac{2r}{R} \tag{8}$$

und für die h-Fläche der von K_r berandeten Kreisscheibe B_r

$$F_h^R(B_r) = \pi R^2 \sinh^2 \frac{r}{R}. \tag{9}$$

In den trigonometrischen Formeln sind die Seitenlängen a, b, c durch a/R, b/R, c/R zu ersetzen, z.B. lautet der 1. Cosinus-Satz in D_R

$$\cosh(2c/R) = \cosh(2a/R)\cosh(2b/R) - \sinh(2a/R)\sinh(2b/R)\cos\gamma. \tag{10}$$

Lässt man in diesen Formeln R gegen ∞ wachsen, so sieht man, etwa indem man die Potenzreihen der hyperbolischen Funktionen benutzt: Bei festem r ist

$$\lim_{R\to\infty} L_h^R(K_r) = 2\pi r, \quad \lim_{R\to\infty} F_h^R(B_r) = \pi r^2,$$

und (10) geht bei $R \to \infty$ in den Cosinus-Satz der euklidischen Geometrie über:

$$c^2 = a^2 + b^2 - 2ab\cos\gamma.$$

Anschaulich gesagt: Für hinreichend großes R unterscheidet sich auf jedem festen kompakten Teil von D_R die h-Geometrie beliebig wenig von der euklidischen Geometrie; die euklidische Geometrie der Ebene erscheint als Grenzfall der h-Geometrie auf D_R bei $R \to \infty$.

Ähnliches gilt für die Geometrie auf einer Sphäre vom Radius R. Wir untersuchen dies kurz: Es sei $S_R = \{\mathbf{x} \in \mathbb{R}^3 : |\mathbf{x}| = R\}$. Die kürzeste Verbindung zweier Punkte $A, B \in S_R$ durch Wege auf S_R ist ein Bogen des durch A, B laufenden Großkreises, seine Länge ist der sphärische Abstand $\delta_s^R(A, B) = R \cdot \sphericalangle AOB$, wenn $\sphericalangle AOB \le \pi$ (O ist der Nullpunkt im $\mathbb{R}^3$). Für die Länge der Kreislinie $K_r(M) = \{A \in S_R : \delta_s^R(A, M) = r\}$ bekommt man

$$L_s^R(K_r) = 2\pi R \sin \frac{r}{R}; \tag{11}$$

die Fläche der (kleineren) von K_r begrenzten Kalotte $B_r = \{A \in S_R : \delta_s^R(A, M) \le r\}$ ist

$$F_s^R(B_r) = 2\pi R^2 \left(1 - \cos \frac{r}{R}\right) = 4\pi R^2 \sin^2 \frac{r}{2R}. \tag{12}$$

Für ein Dreieck ABC auf S_R mit den Innenwinkeln α, β, γ und den Seitenlängen $a = \delta_s^R(B, C), b, c$ lässt sich leicht der 1. Cosinus-Satz der sphärischen Trigonometrie herleiten:

$$\cos(c/R) = \cos(a/R)\cos(b/R) + \sin(a/R)\sin(b/R)\cos\gamma. \tag{13}$$

Lässt man in (11)–(13) R gegen ∞ gehen, so erhält man im Limes wieder die entsprechenden Formeln der ebenen euklidischen Geometrie: sie erscheint als Grenzfall der sphärischen Geometrie auf S_R.

Ein merkwürdiger Zusammenhang ergibt sich, wenn man in den „sphärischen" Formeln (11)–(13) den Radius R durch iR ersetzt (man benutze $\cos ix = \cosh x$ und $\sin ix = i \sinh x$): (11)–(13) gehen in die Formeln (8)–(10) der hyperbolischen Geometrie auf D_{2R} über! Deshalb schlug z.B. Lambert (1766) vor, die h-Geometrie, die er in Ansätzen entwickelte (s.u.), als Geometrie auf einer „Kugel mit imaginärem Radius" zu betrachten.

Der differentialgeometrische Begriff der (Gaußschen) Krümmung κ einer mit einer Metrik versehenen Fläche wirft weiteres Licht auf die Situation. Für die euklidische Ebene ist $\kappa \equiv 0$ (und jede Fläche mit $\kappa \equiv 0$ ist lokal isometrisch zu einem Teil der euklidischen Ebene); die Sphäre S_R hat vernünftigerweise die konstante Krümmung $\kappa \equiv 1/R^2$. Wird in einem Gebiet $G \subset \mathbb{R}^2 = \mathbb{C}$ die Metrik durch (3) aus IV.9 definiert, so gilt

$$\kappa(z) = -\frac{1}{\lambda(z)^2} \Delta \log \lambda(z).$$

Für die h-Metrik λ_R auf D_R errechnet man $\kappa \equiv -4/R^2$: die h-Ebene hat konstante negative Krümmung! Und für $R \to \infty$ streben die Krümmungen von D_R und S_R gegen 0: Die euklidische Ebene erscheint als gemeinsamer Grenzfall von Flächen konstanter positiver oder negativer Krümmung.

Historische Anmerkung

Euklids Buch „Elemente" beginnt mit Definitionen, Postulaten und Axiomen. Sie sind alle einfach (z.B. fordert das dritte Postulat, dass man zu gegebenem Mittelpunkt und Radius stets einen Kreis ziehen kann), bis auf das 5. Postulat:

> *Es wird gefordert: Schneidet eine Gerade h zwei in einer Ebene liegende Geraden g_1 und g_2 so, dass die auf einer Seite von h enstehenden Innenwinkel zusammen kleiner als 2 rechte Winkel sind, so schneiden sich g_1 und g_2 auf dieser Seite von h.*

Im Folgenden bezeichnen wir dieses (hier leicht umformulierte) Postulat als P.5. – Euklid entwickelt dann die Geometrie streng deduktiv; als Satz 17 beweist er die Umkehrung der Implikation in P.5, erst beim Beweis von Satz 29 (über die Gleichheit der Wechselwinkel an Parallelen) wird P.5 benutzt; die Umkehrung von Satz 29 wird vorher bewiesen.

Diese unübersichtliche Situation ließ schon spätere hellenistische Mathematiker versuchen, P.5 als Satz zu beweisen, und zwar auf der Grundlage der ersten 28 Sätze Euklids. Diese Versuche wurden von islamischen Mathematikern (ca. 900–1300) fortgeführt; das Thema wurde in der europäischen Mathematik, die im späten 16. Jahrhundert begann, Euklid ernsthaft zu studieren, wieder aufgenommen.

Diese Bemühungen führten zu vielen „Beweisen", die aber immer andere, ihrerseits unbewiesene Aussagen benutzten. Modern gesprochen erkannte man, dass P.5 äquivalent ist z.B. zu:

– Zu jeder Geraden g und jedem Punkt P außerhalb von g gibt es genau eine Parallele zu g durch P.

– Die Winkelsumme im Dreieck beträgt 2 rechte Winkel.

– Es gibt ähnliche, nicht kongruente Dreiecke.

– Die Punkte, die von einer festen Geraden gleichen Abstand haben, liegen auf zwei Geraden.

– Durch drei Punkte, die nicht auf einer Geraden liegen, lässt sich stets ein Kreis legen.

Weiterführende Ansätze fanden Saccheri und Lambert im 18. Jahrhundert. Lambert ging von einem Viereck mit drei rechten Winkeln aus. Die Annahme, der vierte Winkel sei stumpf, führt bald zu einem Widerspruch; die Annahme, er sei ein rechter, liefert P.5. Auf der Annahme, der vierte Winkel sei spitz, errichtete Lambert – in der Hoffnung, auf einen Widerspruch zu stoßen – ein ganzes Satzgebäude, z.B. zeigte er, dass unter dieser Annahme der Flächeninhalt eines Dreiecks proportional zu $\pi - (\alpha + \beta + \gamma)$ ist. Den gewünschten Widerspruch fand er nicht.

Der Fortschritt zu Beginn des 19. Jahrhundert ging einher mit einem Wechsel des Standpunkts. Die Protagonisten Gauß (der nichts darüber publizierte), N.I. Lobatschewski (seit 1826) und J. Bolyai (1832) suchten nicht einen Widerspruch, sondern hielten eine andere Geometrie für denkbar. Sie bauten, ausgehend von der Negation von P.5, eine „nicht-euklidische" (ebene und räumliche) Geometrie auf, mit Trigonometrie, Flächen- und Volumenmessung – eine umfassende, „in sich sinnvolle" Theorie. – Bei Gauß tritt in der quantitativen nicht-euklidischen Geometrie eine universelle positive Konstante k auf, z.B. gibt er den Kreisumfang mit $2\pi k \sinh(r/k)$ an. In unseren Bezeichnungen ist k also nichts anderes als der Radius des Kreises D_R, auf dem man die h-Geometrie betrachtet.

Geometrie wurde damals weitgehend noch als Beschreibung des physikalischen Raums verstanden. Die Frage, ob dieser „euklidisch" oder „nicht-euklidisch" sei, ließ sich empirisch nicht beantworten, da, grob gesagt, in „hinreichend kleinen" Bereichen die Unterschiede der beiden Geometrien unterhalb der physikalischen Messgenauigkeit liegen. Misst man z.B. Radius r und Umfang L eines Kreises, so kann man nicht sicher sagen, ob $L = 2\pi r$ oder $L = \pi R \sinh(2r/R)$ mit einem gegenüber r sehr großen R gilt.

In der zweiten Hälfte des 19. Jahrhunderts wurde, insbesondere durch Riemann, der mathematische Raumbegriff wesentlich erweitert; das Problem der mathematischen Modellierung des Raums der Physik erreichte eine andere Ebene. – Da inzwischen diverse „nicht-euklidische" Geometrien erfunden worden waren, bezeichnen wir hier die Theorie von Lobatschewski-Bolyai als „hyperbolische Geometrie".

Auch bei einer gut ausgebauten, aus plausiblen Grundannahmen abgeleiteten Theorie könnte im Prinzip irgendwo ein Widerspruch lauern. Seit aber Klein 1871 ein Modell für die hyperbolische Geometrie im Rahmen der projektiven Geometrie angab, ist klar: Wenn die hyperbolische Geometrie einen Widerspruch enthält, so auch die euklidische. Poincaré fand 1882 bei Untersuchungen von Differentialgleichungen im Komplexen ein einfacheres Modell der hyperbolischen Ebene – dieses haben wir hier behandelt. Es lässt sich übrigens leicht zu einem Modell des dreidimensionalen hyperbolischen Raumes ausbauen.

Aufgaben

1. Beweise Existenz und Eindeutigkeit des h-Lotes von einem h-Punkt z_0 auf eine nicht durch z_0 laufende h-Gerade. (Tipp: Halbebenen-Modell)

2. Untersuche, wann zwei h-Geraden ein gemeinsames Lot haben. (Tipp: Halbebenen-Modell)

3. a) Es seien z_1, z_2 verschiedene h-Punkte. Dann ist ihre Mittelsenkrechte (d.h. das Lot auf $[z_1, z_2]_h$ im h-Mittelpunkt) charakterisiert durch

$$\{z \colon \delta(z, z_1) = \delta(z, z_2)\}.$$

   b) Es sei Δ ein h-Dreieck. Man zeige: Entweder schneiden sich die drei Mittelsenkrechten auf den Seiten von Δ in einem Punkt (dieser ist dann der Mittelpunkt des h-Kreises durch die Ecken von Δ) oder die Mittelsenkrechten haben keine Schnittpunkte. Der zweite Fall tritt genau dann ein, wenn der euklidische Kreis durch die Ecken von Δ nicht ganz in $\mathbb{D}$ bzw. $\mathbb{H}$ liegt.

4. Es sei g eine h-Gerade und $d > 0$. Man untersuche die Menge der Punkte, die von g den Abstand d haben. („Abstandslinie zu g")

5. Halbebenen in der h-Geometrie sind h-konvex, d.h. mit je zwei Punkten z_1, z_2 enthalten sie auch $[z_1, z_2]_h$. Also sind h-Dreiecke h-konvex. Auch h-Kreisscheiben sind h-konvex. (Tipp: Halbebenen-Modell)

6. Verifiziere für den hyperbolischen Flächeninhalt die Formeln $F_h(TA) = F_h(A)$ und $F_{\mathbb{H}}(B) = F_h(SB)$. Dabei: $A \subset \mathbb{D}$, $B \subset \mathbb{H}$, $T \in \operatorname{Aut} \mathbb{D}$, $S \colon \mathbb{H} \to \mathbb{D}$ biholomorph.

7. Alle uneigentlichen Dreiecke, deren Innenwinkel alle 0 sind, sind kongruent, d.h. sie lassen sich durch Isometrien ineinander überführen.

8. Man betrachte ein uneigentliches Dreieck mit den Winkeln $\pi/2, \alpha, 0$, die h-Länge der endlichen Seite sei ℓ. Man beweise die (äquivalenten) Formeln

$$e^{-2\ell} = \tan \frac{\alpha}{2}, \quad \cosh 2\ell = 1/\sin \alpha.$$

   Warnung: Der 2. Cosinus-Satz ist nicht für uneigentliche Dreiecke bewiesen!
   Tipp: Man nehme Ecken i, z_0, ∞ in $\mathbb{H}$.

9. Man untersuche die Trigonometrie für ein rechtwinkliges h-Dreieck (etwa $\gamma = \pi/2$). Man leite z.B. die Formeln

$$\sinh 2a = \cot \beta \cdot \tanh 2b, \quad \sin \beta \cdot \cosh 2a = \sin \alpha, \quad \tanh 2a = \cos \beta \cdot \tanh 2c$$

   her.

10. Zwei h-Dreiecke mit übereinstimmenden Innenwinkeln gehen durch eine Isometrie auseinander hervor.

11. Ein h-Dreieck ist genau dann gleichseitig ($a = b = c$), wenn alle seine Innenwinkel gleich sind. Zu jeder Seitenlänge a gibt es ein gleichseitiges Dreieck; für dieses gilt $2 \cosh a \cdot \sin(\alpha/2) = 1$.

12. Die Isometriegruppe des Halbebenenmodells besteht aus den Abbildungen

$$z \mapsto \frac{\alpha z + \beta}{\gamma z + \delta} \quad \text{und} \quad z \mapsto \frac{\alpha(-\bar{z}) + \beta}{\gamma(-\bar{z}) + \delta},$$

   jeweils mit $\alpha, \beta, \gamma, \delta \in \mathbb{R}, \alpha\delta - \beta\gamma > 0$.

13. Jede Isometrie der h-Ebene ist Produkt von höchstens drei Geradenspiegelungen.

14. Im Kreismodell finde man eine Abschätzung der Form: für $|z|, |w| \le r, z \ne w$ ist

$$1 \le \frac{\delta(z, w)}{|z - w|} \le 1 + \varepsilon(r)$$

   mit $\lim_{r \to 0} \varepsilon(r) = 0$ oder sogar $\lim_{r \to 0} \varepsilon(r)/r = 0$.

11. Der Riemannsche Abbildungssatz

Zwischen Funktionentheorie und (ebener) hyperbolischer Geometrie stellt das Lemma von Schwarz-Pick eine enge Verbindung her: die holomorphen Automorphismen des Einheitskreises oder der oberen Halbebene sind gerade die orientierungserhaltenden hyperbolischen Bewegungen. Dieser Zusammenhang gewinnt noch erheblich an Bedeutung durch die folgende Aussage:

Theorem 11.1 (Riemannscher Abbildungssatz). *Jedes einfach zusammenhängende Teilgebiet der Sphäre $\hat{\mathbb{C}}$, welches mindestens zwei Randpunkte hat, ist zum Einheitskreis biholomorph äquivalent.*

Bevor wir den Satz beweisen, sind einige Kommentare nützlich.

Wir nennen ein Teilgebiet von $\hat{\mathbb{C}}$ *einfach zusammenhängend*, wenn es entweder $\hat{\mathbb{C}}$ selbst ist oder biholomorph auf ein einfach zusammenhängendes Teilgebiet von $\mathbb{C}$ abgebildet werden kann. Damit gibt es aufgrund des Riemannschen Abbildungssatzes bis auf biholomorphe Äquivalenz genau drei einfach zusammenhängende Gebiete:

– die Sphäre $\hat{\mathbb{C}}$,

– die Ebene $\mathbb{C}$,

– den Einheitskreis $\mathbb{D}$.

Klarerweise sind diese drei Gebiete untereinander nicht biholomorph äquivalent: $\hat{\mathbb{C}}$ ist zu $\mathbb{D}$ oder $\mathbb{C}$ noch nicht einmal homöomorph; der Einheitskreis $\mathbb{D}$ kann zwar homöomorph auf $\mathbb{C}$ abgebildet werden –

$$z \mapsto \frac{z}{1 - |z|}$$

leistet das zum Beispiel –, aber sicher nicht biholomorph: eine holomorphe Abbildung von $\mathbb{C}$ nach $\mathbb{D}$ ist eine beschränkte holomorphe Funktion, also konstant.

Noch weitere Bedeutung gewinnt der Einheitskreis mit seinen Automorphismen und seiner Geometrie durch die folgende, als *Uniformisierungssatz* bekannte, Tatsache:

Theorem 11.2. *Es sei G ein beliebiges Teilgebiet von $\hat{\mathbb{C}}$, welches mindestens drei Randpunkte hat. Dann existiert eine holomorphe surjektive unverzweigte Abbildung f von $\mathbb{D}$ auf G.*

„Unverzweigt" heißt: $f' \neq 0$ überall, f ist also lokal biholomorph. – Diesen Satz beweist man am übersichtlichsten im Rahmen der Theorie Riemannscher Flächen – siehe etwa [FL2]; es gibt aber auch „direkte" Beweise, die nur Funktionentheorie in der Ebene benötigen – vergleiche [RS2].

Beweis von Theorem 11.1: *1. Schritt.* Wir bilden G biholomorph auf ein Teilgebiet des Einheitskreises ab.

Nach Voraussetzung hat G mindestens zwei Randpunkte. Durch eine Möbius-Transformation transformieren wir einen davon nach ∞ und erhalten als Bild von G ein wieder mit G bezeichnetes einfach zusammenhängendes Teilgebiet von $\mathbb{C}$ mit mindestens einem Randpunkt $a \in \mathbb{C}$. Durch eine Translation bringen wir a in den Nullpunkt. Ist nun G ein einfach zusammenhängendes Gebiet, welches den Nullpunkt nicht enthält, so existiert auf G ein holomorpher Zweig der Quadratwurzelfunktion

$$h\colon G \to G' = h(G),$$
$$z \mapsto w = h(z), \quad h(z)^2 \equiv z.$$

Die Umkehrung von h auf G' ist die Funktion $w \mapsto w^2$; da sie auf G' injektiv sein muss, gilt: falls w zu G' gehört, ist $-w$ nicht in G' enthalten. Es sei also $w_0 \in G'$ und r so klein, dass der Kreis $D_r(w_0)$ noch zu G' gehört. Der „gespiegelte" Kreis

$$-D_r(w_0) = \{w\colon -w \in D_r(w_0)\}$$

trifft dann G' nicht: d.h. G' liegt im Äußeren eines gewissen Kreises. Durch eine Translation und Homothetie bilden wir dann G' auf ein Teilgebiet im Äußeren des Einheitskreises ab, die Spiegelung $z \mapsto \frac{1}{z}$ vertauscht Äußeres und Inneres des Einheitskreises, und wir haben insgesamt G biholomorph auf ein Teilgebiet von $\mathbb{D}$ abgebildet. Indem wir noch einen Automorphismus von $\mathbb{D}$ ausführen, dürfen wir annehmen, dass 0 im Bildgebiet liegt.

2. Schritt. Es bleibt zu zeigen: Jedes einfach zusammenhängende Teilgebiet $G \subset \mathbb{D}$ mit $0 \in G$ lässt sich biholomorph auf $\mathbb{D}$ abbilden.

Es bezeichne $\mathcal{F}$ die folgende Familie holomorpher Abbildungen $f\colon G \to \mathbb{D}$:

$$\mathcal{F} = \{f\colon G \to \mathbb{D}, f \text{ injektiv}, f(0) = 0, f'(0) > 0\}.$$

Zu $\mathcal{F}$ gehört sicherlich die identische Abbildung, also ist $\mathcal{F}$ nicht leer. Nun sei

$$\alpha = \sup\{f'(0)\colon f \in \mathcal{F}\}.$$

Es ist $1 \le \alpha \le \infty$, und definitionsgemäß existiert eine Folge $f_\nu \in \mathcal{F}$ mit $f_\nu'(0) \to \alpha$. – Da die f_ν eine gleichmäßig beschränkte Folge bilden, enthält diese nach dem Satz von Montel (Theorem II.5.3) eine lokal gleichmäßig konvergente Teilfolge, die wir auch wieder mit f_ν bezeichnen. Nach dem Satz von Weierstraß (Theorem II.5.2) gilt für die Grenzfunktion f

$$\lim f_\nu(0) = f(0) = 0,$$
$$\lim_{\nu \to \infty} f_\nu'(0) = f'(0) = \alpha;$$

somit ist jedenfalls $\alpha < \infty$. Wegen $f'(0) \ne 0$ ist f nicht konstant und damit nach Satz 5.5 sogar injektiv.

3. Schritt. Wir zeigen nun, dass die obige Abbildung $f \colon G \to \mathbb{D}$ auch surjektiv ist und damit das Verlangte leistet.

Zunächst ist $|f(z)| \le 1$ für alle z, nach dem Maximumprinzip also $|f(z)| < 1$, da f nicht konstant ist. $G_0 = f(G)$ ist somit ein einfach zusammenhängendes Teilgebiet von $\mathbb{D}$, welches 0 enthält. Falls es nicht ganz $\mathbb{D}$ ist, wählen wir gemäß der folgenden Umkehrung (Satz 11.3) des Schwarzschen Lemmas (Satz 8.3) eine injektive holomorphe Abbildung $h \colon G_0 \to \mathbb{D}$ mit $h(0) = 0$ und $h'(0) > 1$. Dann wäre auch $h \circ f \in \mathcal{F}$ mit

$$(h \circ f)'(0) > \alpha,$$

im Widerspruch zur Konstruktion von α.

4. Schritt. Es bleibt die Abbildung h zu finden, d.h. wir zeigen

Satz 11.3. *$G_0 \subset \mathbb{D}$ sei ein echtes Teilgebiet von $\mathbb{D}$, welches einfach zusammenhängt und 0 enthält. Dann existiert eine injektive holomorphe Abbildung $h \colon G_0 \to \mathbb{D}$ mit $h(0) = 0$ und $h'(0) > 1$.*

Beweis: Es sei $a \in \mathbb{D} \setminus G_0$. Durch den Automorphismus

$$Tz = \frac{z - a}{1 - \overline{a}z}$$

wird G_0 biholomorph auf ein einfach zusammenhängendes Teilgebiet $G_1 \subset \mathbb{D}$ abgebildet mit $Ta = 0$, also $0 \notin G_1$. Durch $f(z) = \sqrt{z}$ lässt sich G_1 biholomorph auf ein Teilgebiet $G_2 \subset \mathbb{D}$ abbilden (dabei ist $\sqrt{z}$ ein fest gewählter Zweig der Wurzelfunktion) mit $f(-a) = b = \sqrt{-a}$. Schließlich bildet

$$Sz = \frac{z - b}{1 - \overline{b}z},$$

also wieder $S \in \mathrm{Aut}\,\mathbb{D}$, das Gebiet G_2 biholomorph auf $G_3 \subset \mathbb{D}$ ab, mit $Sb = 0$. Wir setzen

$$h_0 = S \circ f \circ T$$

und berechnen:

$$h_0(0) = 0$$

$$|h_0'(0)| = \left| \frac{1 + |b|^2}{2b} \right| > 1.$$

Eine weitere Drehung um einen geeigneten Winkel ϑ, also $S_\vartheta z = e^{i\vartheta} z$, liefert dann

$$h = S_\vartheta h_0$$

mit $h'(0) > 1$. $\square$

Damit ist auch der Riemannsche Abbildungssatz vollständig bewiesen. $\square$

Bemerkungen:

a) Sind $f, g \colon G \to \mathbb{D}$ zwei konforme Abbildungen, so unterscheiden sie sich nur um einen Automorphismus von $\mathbb{D}$:

$$f \circ g^{-1} \in \operatorname{Aut} \mathbb{D}.$$

Damit können wir $f \colon G \to \mathbb{D}$ folgendermaßen festlegen: ein Punkt $a \in G$ werde fixiert, und wir verlangen $f(a) = 0$, $f'(a) > 0$.

b) Obwohl fast jedes einfach zusammenhängende Gebiet auf $\mathbb{D}$ konform abgebildet werden kann, sagt der Beweis nichts über die „effektive Konstruktion" einer solchen Abbildung. Elementar ist zunächst nur der Fall von „Kreisbogenzweiecken" – siehe Übungsaufgaben. Die effektive Angabe konformer Abbildungen bei gegebenen Figuren – Polygonen etwa – hängt eng mit der Theorie spezieller Funktionen zusammen; man vergleiche etwa [FL2].

c) In der Theorie mehrerer komplexer Variabler gibt es keinen Riemannschen Abbildungssatz! Wir beweisen abschließend das

Theorem 11.4. *Für $n > 1$ sind der Polyzylinder $\mathbb{D}^n = \{\mathbf{z} \colon |z_\nu| < 1\}$ und die Einheitskugel $\mathbb{B}^n = \{\mathbf{z} \colon \sum |z_\nu|^2 < 1\}$ nicht biholomorph äquivalent.*

Beweis: Es sei

$$\mathbb{D}^n = \mathbb{D}^{n-1} \times \mathbb{D} = \{(\mathbf{z}, w) \colon |z| < 1, |w| < 1\}$$

der n-dimensionale Einheitspolyzylinder, den wir als Produkt aus dem $(n-1)$-dimensionalen Einheitspolyzylinder (Koordinaten $\mathbf{z} = (z_1, \ldots, z_{n-1})$) und dem Einheitskreis der w-Ebene schreiben; es ist $n \geq 2$. Die Einheitskugel $\mathbb{B}^n \subset \mathbb{C}^n$ wird durch

$$\mathbb{B}^n = \{\mathbf{u} \in \mathbb{C}^n \colon \|\mathbf{u}\|^2 = \sum |u_\nu|^2 < 1\}$$

gegeben. Nun möge

$$F = (f_1, \ldots, f_n) \colon \mathbb{D}^n \to \mathbb{B}^n$$

eine biholomorphe Abbildung sein, also sind

$$u_\nu = f_\nu(\mathbf{z}, w), \quad \nu = 1, \ldots, n$$

holomorphe Funktionen. Wir bezeichnen für jedes $\mathbf{z} \in \mathbb{D}^{n-1}$ mit

$$F_{\mathbf{z}} \colon \mathbb{D} \to \mathbb{B}^n$$

die Abbildung

$$w \mapsto F(\mathbf{z}, w),$$

also $F_{\mathbf{z}} = (f_{1\mathbf{z}}, \ldots, f_{n\mathbf{z}})$; die $f_{\nu\mathbf{z}}$ sind demnach unabhängig von $\mathbf{z}$ beschränkte holomorphe Funktionen im Einheitskreis $\mathbb{D}$ der w-Ebene.

Es sei nun $\mathbf{z}_j \in \mathbb{D}^{n-1}$ eine Folge, die gegen einen Randpunkt $\mathbf{z}_0 \in \partial\mathbb{D}^{n-1}$ konvergiert. Für jedes $\nu = 1, \ldots, n$ ist dann die Folge $f_{\nu\mathbf{z}_j}$ beschränkt, enthält also nach dem Satz von Montel eine lokal gleichmäßig konvergente Teilfolge. Indem wir zu einer Teilfolge der $\mathbf{z}_j$ übergehen, dürfen wir gleich

$$\mathbf{z}_j \to \mathbf{z}_0 \in \partial\mathbb{D}^{n-1}$$
$$f_{\nu\mathbf{z}_j} \to \varphi_\nu, \quad \nu = 1, \ldots, n,$$

annehmen; die φ_ν sind auf dem Einheitskreis $\mathbb{D}$ holomorph, und aus $F(\mathbf{z}_j, w) \in \mathbb{B}^n$, d.h. also

$$\sum_{\nu=1}^{n} |f_\nu(\mathbf{z}_j, w)|^2 < 1,$$

folgt im Limes

$$\sum_{\nu=1}^{n} |\varphi_\nu(w)|^2 \leq 1,$$

d.h. also, für $w \in \mathbb{D}$ gehört der Punkt

$$\Phi(w) = (\varphi_1(w), \ldots, \varphi_n(w))$$

zu $\overline{\mathbb{B}}^n$. Hätte man nun $\Phi(w) \in \mathbb{B}^n$ für *ein* $w \in \mathbb{D}$, so folgte

$$F^{-1} \circ \Phi(w) = (\mathbf{z}, w) \in \mathbb{D}^n$$

mit einem $\mathbf{z} \in \mathbb{D}^{n-1}$. Aber es gilt:

$$(\mathbf{z}_j, w) \to (\mathbf{z}_0, w)$$
$$F(\mathbf{z}_j, w) \to \Phi(w)$$
$$F^{-1} \cdot F(\mathbf{z}_j, w) = (\mathbf{z}_j, w) \to F^{-1}\Phi(w) = (\mathbf{z}, w),$$

und da $\mathbf{z}$ im Inneren, $\mathbf{z}_0$ auf dem Rand von $\mathbb{D}^{n-1}$ liegt, ist das ein Widerspruch! Somit haben wir auf $\mathbb{D}$:

$$\sum_{\nu=1}^{n} |\varphi_\nu(w)|^2 \equiv 1.$$

Wir bezeichnen die Ableitung von φ_ν mit φ_ν'; Differentiation nach w und $\overline{w}$ liefert

$$\sum_{\nu=1}^{n} |\varphi_\nu'(w)|^2 \equiv 0,$$

d.h. $\varphi_\nu' \equiv 0$ auf $\mathbb{D}$.

Nach Konstruktion von φ_ν bedeutet das:

$$\lim_{j \to \infty} \frac{\partial}{\partial w} f_\nu(\mathbf{z}_j, w) = 0.$$

Die holomorphe Funktion auf $\mathbb{D}^{n-1}$:

$$\mathbf{z} \mapsto \frac{\partial}{\partial w} f_\nu(\mathbf{z}, w), \quad w \in \mathbb{D} \text{ fest},$$

wird also durch 0 stetig auf den Rand von $\mathbb{D}^{n-1}$ fortgesetzt; nach dem Maximumprinzip ist sie dann identisch Null. Somit hängt F überhaupt nicht von w ab und kann insbesondere nicht injektiv sein. $\qquad\qquad\square$

Aufgaben

1. Es sei $W_\alpha = \{z = r\,e^{it} \colon 0 < t < \alpha\}$ der offene Winkelraum vom Öffnungswinkel $\alpha \leq 2\pi$. Finde eine (elementare) Funktion, die ihn konform auf $\mathbb{D}$ abbildet.

2. Bilde mittels elementarer Funktionen ein Kreisbogenzweieck konform auf $\mathbb{D}$ ab, ebenso einen Parallelstreifen.

3. Verwende elliptische Funktionen zur konformen Abbildung eines Quadrats auf den Einheitskreis.

4. Zeige: Kugel und Polyzylinder im $\mathbb{C}^n$ sind homöomorph. Allgemeiner: Jedes sternförmige Teilgebiet des $\mathbb{R}^m$ ist zur offenen Kugel im $\mathbb{R}^m$ homöomorph.

5. Es sei $\mathbb{H}_{n+1} = \{(\mathbf{z}, w)\} \in \mathbb{C}^{n+1} \colon \operatorname{Im} w > \|z\|^2\}$, dabei bedeutet $\|z\|$ die euklidische Norm. $\mathbb{H}_{n+1}$ heißt Siegelscher oberer Halbraum. Wir definieren eine Abbildung $u \mapsto (\mathbf{z}, w)$ der Kugel $\mathbb{B}^{n+1}$ in $\mathbb{H}_{n+1}$ durch

$$z_j = \frac{u_j}{1 + u_{n+1}} \quad \text{für } j = 1, \dots, n; \quad w = i\frac{1 - u_{n+1}}{1 + u_{n+1}}.$$

Man zeige: $\mathbb{B}^{n+1}$ wird dadurch biholomorph auf $\mathbb{H}_{n+1}$ abgebildet (für $n = 0$ ist das eine Abbildung von $\mathbb{D}$ auf $\mathbb{H} = \mathbb{H}_1$). Man untersuche die Abbildung der Ränder!

Lösungen und Hinweise zu einigen Aufgaben

Die hier vorgeschlagenen Lösungswege sind in der Regel nicht die einzig möglichen – vielleicht findet der Leser bessere!

Im Folgenden bezieht sich z.B. IV.10.7 auf Aufgabe 7 in IV.10. Innerhalb eines Hinweises werden ohne Kommentar die Bezeichnungen aus dem Text der jeweiligen Aufgabe benutzt.

Kapitel I

I.2.6. Beschreibt $\bar{b}z + b\bar{z} + c = 0$ die Gerade g, so wird die Spiegelung an g durch $z \mapsto z_0 + (b/\bar{b})(\overline{z_0 - z})$ gegeben; dabei ist z_0 ein Punkt von g.

I.4.3. $f(z) = |z|^2$ ist genau im Nullpunkt komplex differenzierbar, die anderen Funktionen nirgends.

I.5.1. Die Kettenregel für die Wirtinger-Ableitungen lautet

$$\frac{\partial}{\partial z}(f \circ g) = \frac{\partial f}{\partial w} \cdot \frac{\partial g}{\partial z} + \frac{\partial f}{\partial \overline{w}} \cdot \frac{\partial \overline{g}}{\partial z}, \qquad \frac{\partial}{\partial \overline{z}}(f \circ g) = \frac{\partial f}{\partial w} \cdot \frac{\partial g}{\partial \overline{z}} + \frac{\partial f}{\partial \overline{w}} \cdot \frac{\partial \overline{g}}{\partial \overline{z}}.$$

I.5.4. Mit $A = \begin{pmatrix} 1 & i \\ 1 & -i \end{pmatrix}$ ist $A J_f^{\mathbb{R}} A^{-1} = J_f^{\mathbb{C}}$.

I.6.2. Sei $M \subset \mathbb{R}^n$ eine beliebige Teilmenge. Eine auf M lokal gleichmäßig konvergente Funktionenfolge konvergiert auch kompakt auf M. Besitzt jeder Punkt von M eine kompakte Umgebung in M, so gilt auch die Umkehrung. Ist diese Bedingung nicht erfüllt, so kann es kompakt konvergente Folgen geben, die nicht lokal gleichmäßig konvergieren. Beispiel: $M = \mathbb{R} \setminus \{1, \frac{1}{2}, \frac{1}{3}, \ldots\}$, $f_n(x) = n$ für $1/(n+1) < x < 1/n$, $f_n(x) = 0$ sonst. Die Folge konvergiert auf keiner Umgebung von 0 gleichmäßig.

I.6.5. Die Konvergenzradien sind 1, ∞, 0, 0, $\frac{1}{4}$.

I.6.8. Zur nichttrivialen Implikation: Wenn die besagten Teilreihen konvergieren, so konvergieren jeweils auch die Summen der Beträge der Real- und Imaginärteile. Damit ist $\sum |\operatorname{Re} a_\nu| < \infty$, $\sum |\operatorname{Im} a_\nu| < \infty$, also

$$\sum |a_\nu| \leq \sum (|\operatorname{Re} a_\nu| + |\operatorname{Im} a_\nu|) < \infty.$$

I.7.3. Annahme: G ist nicht endlich. Da $\mathbb{S}$ kompakt ist, gibt es $z_\nu \in G$ mit $z_\nu \to 1$. In jedem Teilbogen von $\mathbb{S}$ gibt es Punkte der Form z_ν^k (für hinreichen großes ν), d.h. G ist eine dichte Teilmenge von $\mathbb{S}$. Ist G überdies abgeschlossen, so $G = \mathbb{S}$. – Unser G ist daher endlich und besteht somit aus Einheitswurzeln.

I.7.6. Zur Untersuchung des Abbildungsverhaltens zerlege $\tan z = g \circ h(z)$ mit $\zeta = g(z) = e^{2iz}$ und $h(\zeta) = \frac{1}{i} \frac{\zeta - 1}{\zeta + 1}$.

Kapitel II

II.2.2. Das erste Integral ergibt $\sqrt{\pi} \exp(-a^2)$, das zweite $\sqrt{\pi} \exp(-\lambda^2/4)$.

II.2.4. Die Behauptungen sind äquivalent zu

$$(1 - ia) \int_0^\infty \exp\big(-(1 - ia)^2 x^2\big)\, dx = \frac{\sqrt{\pi}}{2}.$$

Der Cauchysche Integralsatz, angewandt auf die Funktion $\exp(-z^2)$ und das Dreieck mit den Ecken $0, R, (1 - ia)R$ (wobei $R > 0$), liefert für $R \to \infty$ die Behauptung, denn das Integral über den Teilweg $[(1 - ia)R, R]$ geht gegen 0 für $R \to \infty$.

II.3.1.c) Die Funktion $f(z) = \frac{\exp(1 - z)}{1 - z}$ ist holomorph in einer Umgebung von $\overline{D_{\frac{1}{2}}(0)}$, nach Theorem 3.5 hat das Integral den Wert $\pi i f''(0) = i\pi e$.

II.3.3. Für $z \notin \overline{D}$ ist der Integrand holomorph in einer Umgebung von $\overline{D}$, das Integral ist also 0.

II.4.3. Rekursionsformel: $E_0 = 1$, $\sum_0^m \binom{2m}{2n} E_{2_n} = 0$.

Tipp für die Zusätze: Mit $f(z) = \tan z$ ist $f^{(n)}(z) = f(z) P_n(\tan z)$; dabei ist $P_n(X)$ ein Polynom, welches einer Rekursionsformel genügt.

II.4.7.a) Auf G ist $\overline{f(\overline{z})}$ holomorph und stimmt auf $G \cap \mathbb{R}$ mit $f(z)$ überein.

II.5.2. Für $|z| \le r < 1$ ist $\left|\frac{z^n}{1 - z^n}\right| \le \frac{r^n}{1 - r}$: die Reihe konvergiert gleichmäßig auf $\overline{D_r(0)}$. Setzt man die geometrischen Reihen für $z^n/(1 - z^n)$ in die gegebene Reihe ein, so erhält man die Potenzreihe $\sum_1^\infty a_m z^m$, wobei $a_m = $ Anzahl der Teiler von m.

II.5.3.a) Es ist $p(z) = z^n q(1/z)$. Wenn q nicht konstant ist, so gilt $1 = q(0) < M_1(q) = M_1(p)$.

II.5.3.b) $r^{-n} M_r(p) = M_{1/r}(q)$, letzteres ist für $q \not\equiv 1$ eine streng monoton fallende Funktion von r. Es folgt überdies $\lim_{r \to \infty} r^{-n} M_r(p) = 1$.

II.5.9. Bei $a_0 = 0$ ist nichts zu zeigen. Also o. B. d. A. $a_0 = 1$. Schreibe $f(z) = 1 + a_m z^m (1 + z h(z))$, wähle r_0 kleiner als den Konvergenzradius der Reihe, wähle C mit $|h(z)| \le C$ für $|z| \le r_0$. Für $0 < r \le r_0$ wähle z_0 so, dass $a_m z_0^m = |a_m| r^m > 0$. Dann gilt für $r < 1/(2C)$

$$|f(z_0)| \ge 1 + |a_m| r^m - |a_m| r^{m+1} C > 1.$$

II.5.11.a) Mit $|a_n| \le \rho^{-n} M_\rho(f)$ bekommt man für $|z| < \rho$

$$|f(z) - 1| \le \sum_1^\infty \rho^{-n} M_\rho(f) |z|^n = M_\rho(f) |z| (\rho - |z|)^{-1} < 1,$$

sofern $|z| < (1 + M_\rho(f))^{-1} \rho$.

II.6.4. Ist z_0 hebbare oder wesentliche Singularität für f, so auch für e^f. Ist z_0 Pol von f, so enthält $f\big(D_r(z_0) \setminus \{z_0\}\big)$ für jedes hinreichend kleine r das Äußere eines Kreises, dieses enthält Periodenstreifen von $\exp$. Also nimmt e^f auf $D_r(z_0) \setminus \{z_0\}$ jeden Wert $\ne 0$ an, z_0 ist eine wesentliche Singularität von e^f.

II.6.8. O. B. d. A. $z_0 = 0$, $a_n(0) \ne 0$. Ist $z_n \to 0$ mit $f(z_n) \to 0$, so gilt $g(z_n) \to a_n(0) \ne 0$; ist $z_n' \to 0$ eine Folge, für die $f(z_n')$ gegen eine Nullstelle von $w^n + a_1(0) w^{n-1} + \ldots + a_n(0)$ konvergiert, so gilt $g(z_n') \to 0$. Also ist 0 wesentliche Singularität von g. Der Fall meromorpher Koeffizienten wird durch Multiplikation mit einer Potenz von $z - z_0$ auf den „holomorphen Fall" zurückgeführt.

Kapitel III

III.1.2.a) $\min\{m : b_m \ne 0\}$.

III.1.2.b) Für die erste Funktion ist $f(\infty) = 2$ mit Vielfachheit 2, für die zweite $f(\infty) = 1$ mit Vielfachheit 3.

III.2.4.a) Schreibe $q(z) = z^n (1 - q_*(z))$. In $]0, +\infty[$ fällt q_* streng monoton von $+\infty$ nach 0; es gibt also genau ein $r > 0$ mit $q_*(r) = 1$, d.h. $q(r) = 0$.

III.2.4.b) Mit $p(z_0) = 0$ folgt $|z_0| \leq r$ aus

$$0 = |p(z_0)| \geq |z_0|^n - \sum_0^{n-1} |a_\nu| \, |z_0|^\nu = q(|z_0|).$$

III.3.5.a) Die Integralformel für die a_n liefert $|a_n| \leq r^{-n} M_r = (1/r) r^{-n+1} M_r$. Falls $a_n \neq 0$, folgt $r^{-n+1} M_r \to \infty$ für $r \to \infty$.

III.3.5.b) Falls $r^{-n} M_r \to \infty$ für $r \to \infty$, so ist $\log M_r / \log r > n$ für große r. Für transzendentes f gilt also $\log M_r / \log r \to \infty$. (Für Polynome hat man $\log M_r / \log r \to \mathrm{Grad}\, f$, vgl. II.6.7.)

III.3.7.a) Mit $z = r\, e^{it}$ ist $|\exp z^2| = \exp(r^2 \cos 2t)$.
Für $|t| \leq \alpha < \frac{\pi}{4}$ ist $\cos 2t \geq \cos 2\alpha > 0$, also $|\exp z^2| \geq \exp(r^2 \cos 2\alpha) \to \infty$;
für $|t - \frac{\pi}{2}| \leq \alpha$ ist $\cos 2t \leq -\cos 2\alpha < 0$, also $|\exp z^2| \leq \exp(-r^2 \cos 2\alpha) \to 0$.

III.4.4. i) f habe einen zweifachen Pol in z_1. Dann gibt es $T \in \mathcal{M}$, so dass $f_1 = fT$ einen zweifachen Pol in ∞ hat: $f_1(z) = a_\nu + a_1 z + a_2 z^2$ mit $a_2 \neq 0$. Finde $S_1 \in \mathrm{Aut}\,\mathbb{C}$ mit $f_1 S_1(z) = \widetilde{a}_0 + z^2$ und $S_2 \in \mathrm{Aut}\,\mathbb{C}$ mit $S_2 f_1 S_1(z) = z^2$.
ii) f habe zwei einfache Pole. Finde $T \in \mathcal{M}$, so dass $f_1 = fT$ Pole in 0 und ∞ hat: $f_1(z) = az + b + c/z$ mit $a, c \neq 0$. Finde $S_1 \in \mathrm{Aut}\,\mathbb{C}$ mit $f_1 S_1(z) = \alpha(z + 1/z) + b$, dann $S_2 \in \mathrm{Aut}\,\mathbb{C}$ mit $S_2 f_1 S_1(z) = z + 1/z$.

III.5.3.a) Auf $\mathbb{C} \setminus [1, +\infty[$ ist $2 \mathrm{Log}(1 - z)$ ein Logarithmus von $(1 - z)^2$. – Mit dem Hauptzweig der Wurzel bildet $z + \sqrt{z}$ die geschlitzte Ebene $\mathbb{C} \setminus \mathbb{R}_{\leq 0}$ in sich ab.

III.5.3.b) Der Tangens bildet G in $\mathbb{C} \setminus \mathbb{R}_{\leq 0}$ ab.

III.5.5. Auf S_0 ist $f(z) = 1 - \cos z = z^2 \widetilde{f}_0(z)$ mit nullstellenfreiem $\widetilde{f}_0$. Da S_0 konvex ist, hat $\widetilde{f}_0$ eine holomorphe Quadratwurzel $\widetilde{g}_0$, o. B. d. A. $\widetilde{g}_0 > 0$ auf $S_0 \cap \mathbb{R}$. Setze $g_0(z) = z\widetilde{g}_0(z)$. Auf $S_1 = \{z \colon |\mathrm{Re}\, z - 2\pi| < 2\pi\}$ hat man analog $f(z) = (z - 2\pi)^2 \widetilde{g}_1(z)^2$ mit $\widetilde{g}_1 > 0$ auf $S_1 \cap \mathbb{R}$. Setze $g_1(z) = (z - 2\pi)\widetilde{g}_1(z)$. Auf $S_0 \cap S_1 \cap \mathbb{R}$ stimmen g_0 und g_1 überein, also auch auf $S_0 \cap S_1$; man bekommt eine auf $S_0 \cup S_1$ holomorphe Funktion g mit $g^2 = f$. Setze das Verfahren fort.

III.5.8. Das Abbildungsverhalten des Sinus lässt sich mittels $\sin z = h \circ g(z)$, wobei $\zeta = g(z) = e^{iz}$ und $w = h(\zeta) = \frac{1}{2i}(\zeta + 1/\zeta)$ ist, übersichtlich diskutieren. Diese Zerlegung liefert auch die Umkehrfunktion

$$\arcsin w = \frac{1}{i} \mathrm{Log}(iw + \sqrt{1 - w^2});$$

dabei ist auf G_1 der Zweig von $\sqrt{1 - w^2}$ zu wählen, der in $w = 0$ den Wert 1 hat.

III.6.5. Die erste Formel ergibt sich durch Koeffizientenvergleich aus

$$1 = \frac{e^z - 1}{z} \cdot f(z) = \left(\sum_{\nu=0}^{\infty} \frac{1}{(\nu + 1)!} z^\nu \right) \left(\sum_{\mu=0}^{\infty} \frac{B_\mu}{\mu!} z^\mu \right),$$

die zweite analog aus

$$\frac{e^z - 1}{z} \cdot \sum_{\mu=1}^{\infty} \frac{B_{2\mu}}{(2\mu)!} z^{2\mu} = 1 - \frac{e^z - 1}{z} \left(1 - \frac{z}{2} \right).$$

III.6.7.a) Mit der ersten Formel aus Aufgabe 6 erhält man

$$\frac{\pi}{\sin \pi z} = 1 + 2 \sum_1^{\infty} (1 - 2^{1-2\mu}) \zeta(2\mu) z^{2\mu}.$$

III.6.7.b) $\tan z = \sum_1^{\infty} (-1)^{\mu-1} 2^{2\mu} (2^{2\mu} - 1) \frac{B_{2\mu}}{(2\mu)!} z^{2\mu-1}.$

Kapitel IV

IV.1.3. Es sei F eine biholomorphe Abbildung des einfach zusammenhängenden Gebietes G auf G' und $\Gamma' = \sum n_\rho \gamma_\rho$ ein Zyklus in G'. Wir setzen $\Gamma = \sum n_\rho F^{-1} \circ \gamma_\rho$. Dann ist für jede auf G' holomorphe Funktion f, z.B. $f(w) = \frac{1}{w-w_0}$ für $w_0 \notin G'$

$$\int_{\Gamma'} f(w)\,dw = \int_\Gamma f(F(z))\,F'(z)\,dz = 0.$$

Für $G = \mathbb{H}$ und die lokal biholomorphe Funktion $F(z) = z^3$ ist $F(G) = \mathbb{C}^*$.

IV.2.1. Die Konvergenzmengen sind

$$\{z\colon 1/2 < |z| < 2\}, \quad \{z\colon 1 < |z-1| < 3\}, \quad \{z\colon |z| = 1\}, \quad \emptyset.$$

IV.2.3.b) Für $0 < |z-i| < 1$ ist

$$\frac{z^2-1}{z^2+1} = \frac{i}{z-i} + \frac{1}{2} - \frac{1}{2}\sum_1^\infty (i/2)^\nu (z-i)^\nu,$$

für $|z+i| > 2$ ist

$$\frac{z^2-1}{z^2+1} = 1 + i\sum_{-2}^{-\infty}(2i)^{-\nu-1}(z+i)^\nu.$$

IV.2.4. Der Hauptteil von $z(z^2+b^2)^{-2}$ in ib ist $\frac{1}{4ib}\,(z-ib)^{-2}$.

IV.3.3. Die Residuen sind $1;\ 4;\ -1$.

IV.3.4. Für jeden geschlossenen Weg γ in $G\setminus$ Singularitätenmenge ist $\int_\gamma f(z)\,dz = 2\pi i\sum_{z\in G} n(\Gamma,z)\operatorname{res}_z f = 0$. Wende Satz 1.2 an.

IV.4.2. Mit dem Hauptzweig von z^α ist $f(z) = z^\alpha/(1+z^n)$ holomorph auf einer Umgebung des Sektors bis auf einen einfachen Pol in $z_0 = e^{\pi i/n}$ mit dem Residuum $-z_0^{\alpha+1}/n$. Das Integral von f über $[0, rz_0^2]$ ist $z_0^{2(\alpha+1)}\int_0^r f(z)\,dz$, das Integral über den Kreisbogen verschwindet für $r \to \infty$ (Standard-Abschätzung). Also $\left(1 - z_0^{2(\alpha+1)}\right)\int_0^\infty f(z)\,dz = -2\pi i\,z_0^{\alpha+1}/n$, d.h.

$$\int_0^\infty f(z)\,dz = \frac{\pi/n}{\sin(\pi(\alpha+1)/n)}.$$

IV.4.3. Mit $f(z) = \dfrac{\pi\cot\pi z}{(z+w)^2}$ imitiere man die Herleitung der Partialbruch-Entwicklung des Cotangens.

IV.4.4.a) $\pi/2\sqrt{2}$, \qquad b) $\pi(a - \sqrt{a^2-1})$,

IV.4.4.c) $2\pi/(1-a^2)$ für $|a| < 1$, \quad $2\pi/(a^2-1)$ für $|a| > 1$,

IV.4.4.d) π für $|a| < 1$, \quad π/a^2 für $|a| > 1$.

IV.4.5.a) $\pi/6$, \qquad c) $\pi/2\sqrt{2}$.

IV.4.6.b) $I(a) = \pi\exp(-|a|)$, nicht differenzierbar in $a = 0$.

IV.4.8. Das erste Integral hat den Hauptwert πt, das zweite ist der halbe Realteil des ersten, also $\pi t/2$. Das dritte wird mit $2\sin^2 x = 1 - \cos 2x$ auf das zweite zurückgeführt.

IV.4.10. Integriere $R(z)z^\alpha \log z$ über den Weg γ aus dem Text.

IV.5.2. Integralformel für die Umkehrfunktion: Ist $f(z) = w$ für ein festes w und gilt $z \notin \mathrm{Sp}\,\Gamma$, so ist

$$\frac{1}{2\pi i} \int_\Gamma \frac{\zeta f'(\zeta)}{f(\zeta) - w}\, d\zeta = n(\Gamma, z)z.$$

Ist $\Gamma = \partial D_r(z_0)$ mit $\overline{D_r(z_0)} \subset G$, so hat man also für f^{-1} auf $f(D_r(z_\nu))$:

$$f^{-1}(w) = \frac{1}{2\pi i} \int_{|\zeta - z_0| = r} \frac{\zeta f'(\zeta)}{f(\zeta) - w}\, d\zeta.$$

IV.5.4. Die gesuchten Nullstellenanzahlen: 3 bzw. 4 bzw. 4.

IV.7.6. $f(z) = \big(a\wp(z) - b\big)/\big(\wp(z) - \wp(z_1)\big)$ mit $a \neq 0$, $b \neq a\wp(z_1)$.

IV.7.8. Für $n \geq 2$ ist

$$(n-1)(2n+5)c_{2n+2} = 3 \sum_{1}^{n-1} c_{2\nu}\, c_{2(n-\nu)}.$$

Vollständige Induktion ergibt dann $(*)$.

IV.7.10. Aus $\Omega = \overline{\Omega}$ folgt $\Omega \cap \mathbb{R} = \mathbb{Z}\omega_0$ mit $\omega_0 \neq 0$, o. B. d. A. $\omega_0 > 0$. Wähle $\omega_1 \in \Omega \backslash \mathbb{R}$ mit minimalem Betrag, o. B. d. A. $\mathrm{Re}\,\omega_1 \geq 0$, $\mathrm{Im}\,\omega_1 > 0$. Dann ist entweder $\omega_1 + \overline{\omega}_1 = \omega_0$ oder $\omega_1 + \overline{\omega}_1 = 0$. Sei P das von ω_0, ω_1 aufgespannte offene Parallelogramm. Im ersten Fall ist $\Omega \cap P = \emptyset$ nach Wahl von ω_0, ω_1, also $\Omega = \langle \omega_0, \omega_1 \rangle = \langle \omega_1, \overline{\omega}_1 \rangle$. Im zweiten Fall: Wenn $\Omega \cap P = \emptyset$, so ist $\Omega = \langle \omega_0, \omega_1 \rangle$ ein Rechteckgitter. Wenn es $\omega_2 \in \Omega \cap P$ gibt, so ist notwendig $\omega_2 = (\omega_0 + \omega_1)/2$ und $\Omega = \langle \omega_0, \omega_2 \rangle = \langle \omega_2, \overline{\omega}_2 \rangle$.

IV.7.13. Nach $(*)$ stimmen alle Laurent-Koeffizienten von $\wp_\Omega$ und $\wp_{\widetilde{\Omega}}$ überein: $\wp_\Omega \equiv \wp_{\widetilde{\Omega}}$. Es ist aber Ω bzw. $\widetilde{\Omega}$ die Polstellenmenge von $\wp_\Omega$ bzw. $\wp_{\widetilde{\Omega}}$.

IV.8.5. O. B. d. A. $K_1 = \{z\colon r < |z| < 1\}$, $K_2 = \{z\colon \rho < |z| < 1\}$. Es gebe $T \in \mathcal{M}$ mit $TK_1 = K_2$. Indem man T ggf. mit $Sz = \rho/z$ zusammensetzt, kann man $T(\partial \mathbb{D}) = \partial \mathbb{D}$ annehmen, also $T \in \mathrm{Aut}\,\mathbb{D}$. Die Bedingung $|Tz| = \rho$ für $|z| = r$ liefert $Tz = e^{i\lambda}z$, also $\rho = r$. – Die Umkehrung ist banal.

IV.9.1. Sowohl $\delta(z_1, z_2)$ als auch das Doppelverhältnis sind $\mathrm{Aut}\,\mathbb{D}$-invariant. Wir können also $z_0 = 1$, $z_1 = 0$, $z_2 = s \in\,]0, 1[$, $z_3 = -1$ annehmen. Dann ist $\mathrm{DV}(z_0, z_1, z_2, z_3) = (1 + s)/(1 - s) > 1$.

Bemerkung: Wegen $\mathrm{DV}(z_1, z_0, z_2, z_3) = \mathrm{DV}(z_2, z_0, z_1, z_3)^{-1} = \mathrm{DV}(z_1, z_3, z_2, z_0)^{-1}$ kommt es auf die Reihenfolge von z_1, z_2 bzw. z_0, z_3 nicht an.

IV.9.2. Folgerung 9.5 bekommt die Form: Für holomorphes $g\colon \mathbb{H} \to \mathbb{H}$ gilt $|g'(z)| \leq |\,\mathrm{Im}\,g(z)/\,\mathrm{Im}\,z|$.

IV.9.6. Beide Seiten der Gleichung sind $\mathrm{Aut}\,\mathbb{H}$-invariant, es genügt also, sie z.B. für $z = i$, $w = \lambda i$ ($\lambda > 1$) nachzuprüfen.

IV.10.4. O. B. d. A. ist $g = i\mathbb{R}_{>0}$ im Halbebenenmodell. Auf $|z| = 1$ seien z_1, z_2 die Punkte mit $\delta_\mathbb{H}(z_1, i) = d = \delta_\mathbb{H}(i, z_2)$. Für $\lambda > 0$ ist $z \mapsto \lambda z$ in $\mathrm{Aut}\,\mathbb{H}$, die Abstandslinien sind also die euklidischen Halbgeraden von 0 durch z_1 bzw. z_2 – sicher keine h-Geraden! Der allgemeine Fall ergibt sich durch Anwendung eines $T \in \mathrm{Aut}\,\mathbb{H}$: Die Abstandslinien sind euklidische Kreisbögen durch die beiden unendlich fernen Punkte von g.

IV.10.7. Zu zwei Tripeln verschiedener Punkte auf $\partial \mathbb{D}$ gibt es ein $T \in \mathrm{Aut}\,\mathbb{D}$, welches die Punkte des einen Tripels in die des anderen überführt.

IV.10.8. Für das h-Dreieck mit den Ecken i, z_0, ∞ in $\mathbb{H}$ kann man Beispiel ii zu $\delta_\mathbb{H}$ in IV.9 verwenden.

IV.10.10. Nach dem 2. Cosinus-Satz stimmen die entsprechenden Seitenlängen überein; auf Grund der Konstruktion eines h-Dreiecks aus gegebenen Seiten ist dieses bis auf Isometrie eindeutig.

IV.10.11. Benutze die beiden Cosinus-Sätze.

IV.10.13. Arbeite in $\mathbb{D}$. Es reicht zu zeigen: $D_\lambda T_{z_0}$ ist Produkt von zwei Geradenspiegelungen ($D_\lambda z = e^{i\lambda}z$). Schreibe $T_{z_0} = \sigma_{g_1}\sigma_{g_2}$ wie im Beweis von Satz 10.7. Dabei geht g_1 durch 0, also $D_\lambda = (D_{\lambda/2}\,\sigma_{g_1}\,D_{-\lambda/2})\sigma_{g_1} =: \sigma_{g_0}\sigma_{g_1}$ und $D_\lambda T_{z_0} = \sigma_{g_0}\sigma_{g_1}^2\sigma_{g_2} = \sigma_{g_0}\sigma_{g_2}$.

Literaturverzeichnis

[A]   AHLFORS, L. V.: *Complex Analysis.* 3. Aufl. New York: McGraw Hill (1979).

[B]   BEARDON, A. F.: *The Geometry of Discrete Groups.* New York: Springer (1983).

[BS]   BEHNKE, H. und SOMMER, F.: *Theorie der analytischen Funktionen einer komplexen Veränderlichen.* 3. Aufl. Berlin: Springer (1965).

[C]   CARATHÉODORY, C.: *Funktionentheorie 1 & 2.* Basel: Birkhäuser (1950).

[D]   DIXON, J. D.: „A Brief Proof of Cauchy's Integral Theorem". *Proc. Am. Math. Soc.* **29** (1971): S. 625–626.

[E]   EBBINGHAUS, H.-D. et al.: *Zahlen.* 3. Aufl. Berlin: Springer (1992).

[FL1] FISCHER, W. und LIEB, I.: *Funktionentheorie.* 9. Aufl. Wiesbaden: Vieweg (2005).

[FL2] FISCHER, W. und LIEB, I.: *Ausgewählte Kapitel aus der Funktionentheorie.* Braunschweig: Vieweg (1988).

[F1]   FORSTER, O.: *Analysis 1–3.* Wiesbaden: Vieweg+Teubner (2008).

[F2]   FORSTER, O.: „Lokale analytische Geometrie" (1975/76). Vorlesung Münster.

[FB]   FREITAG, E. und BUSAM, R.: *Funktionentheorie.* 2. Aufl. Berlin: Springer (1995).

[GF]   GRAUERT, H. und FRITZSCHE, K.: *Einführung in die Funktionentheorie mehrerer Veränderlicher.* Berlin: Springer (1974).

[GR]   GRAUERT, H. und REMMERT, R.: *Analytische Stellenalgebren.* Berlin: Springer (1971).

[GFL] GRAUERT, H.; FISCHER, W. und LIEB, I.: *Differential- und Integralrechnung 1–3.* 2.–4. Aufl. Berlin: Springer (1977–78).

[GK]   GREENE, R. E. und KRANTZ, S.: *Function Theory of One Complex Variable.* New York: Wiley (1997).

[H]   HÖRMANDER, R.: *An Introduction to Complex Analysis in Several Variables.* 3. Aufl. Amsterdam: North Holland (1990).

[HC]   HURWITZ, A. und COURANT, R.: *Funktionentheorie.* 4. Aufl. Berlin: Springer (1964).

[K]   KNESER, H.: *Funktionentheorie*. Göttingen: Vandenhoeck u. Ruprecht (1958).

[La]   LANG, S.: *An Introduction to Complex Hyperbolic Spaces*. New York: Springer (1987).

[Le]   LENZ, H.: *Nichteuklidische Geometrie*. Mannheim: Bibliographisches Institut (1967).

[L]   LIEB, I.: „Das Levische Problem". *Bonner math. Schr.* **387** (2007): S. 1–34.

[M]   MILNOR, J.: „Hyperbolic Geometry: The first 150 years". *Bull. Am. Math. Soc.* **6** (1982): S. 9–24.

[N]   NARASIMHAN, R. und NIEVERGELT, Y.: *Complex Analysis in One Variable*. 2. Aufl. Boston: Birkhäuser (2001).

[R]   RANGE, R. M.: *Holomorphic Functions and Integral Representations in Several Complex Variables*. 2. Aufl. Berlin: Springer (1998).

[RS1]   REMMERT, R. und SCHUMACHER, G.: *Funktionentheorie 1*. Berlin: Springer (2006).

[RS2]   REMMERT, R. und SCHUMACHER, G.: *Funktionentheorie 2*. Berlin: Springer (2007).

[RSt]   REMMERT, R. und STEIN, K.: „Eigentliche holomorphe Abbildungen". *Math. Z.* **73** (1960): S. 159–189.

[Ru]   RUDIN, W.: *Real and Complex Analysis*. 2. Aufl. New York: McGraw Hill (1974).

[Sti]   STICKELBERGER, L.: „Ueber einen Satz des Herrn Noether". *Math. Ann.* **30** (1887): S. 401–409.

[Sto]   STOLZ, O.: *Grundzüge der Differential- und Integralrechnung*. Leipzig: Teubner (1893).

[Y]   YOUNG, W. H.: „On Differentials". *Proc. London Math. Soc.* **7** (1909): S. 157–180.

Wichtige Bezeichnungen

Namen- und Sachverzeichnis